普通高等教育“十二五”规划教材

生物技术 生物工程综合实验指南

邱业先 主编

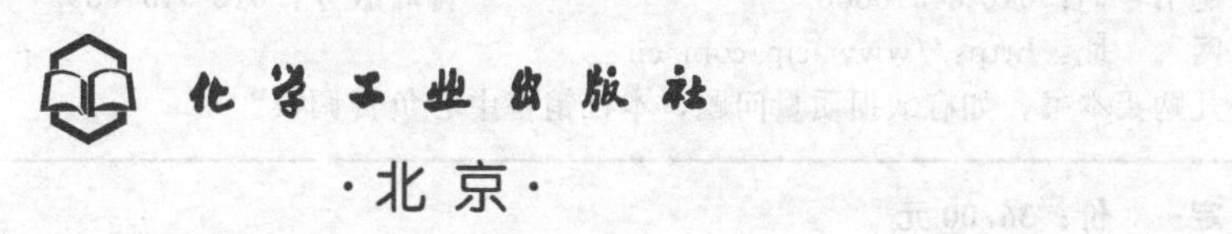

·北京·

本书共分十三章，每章呈现一类生物技术，基本涵盖了生物技术及生物工程领域的重要实验技术。内容主要包括：植物细胞工程技术；动物细胞工程技术；微生物技术；基因工程技术；分子生物学应用技术；蛋白质组学技术；生物芯片技术；发酵工程技术；食品生物技术；酶的分离提取与纯化技术，酶固定化技术；生物分离技术；以及生物信息学基础。每种技术由若干个实验组成，构成一个由浅入深的知识体系。

本书既注重本学科领域的基础，也反映了生物技术的最新进展，适合作为高等院校生物技术和生物工程专业综合大实验教材。采用本书的院校可根据需要选做若干章实验，组合成一门综合大实验课程。

图书在版编目（CIP）数据

生物技术、生物工程综合实验指南/邱业先主编. 北京：化学工业出版社，2013.9(2023.1重印)
ISBN 978-7-122-18270-8

Ⅰ.①生… Ⅱ.①邱… Ⅲ.①生物工程-实验-高等学校-教学参考资料 Ⅳ.①Q81-33

中国版本图书馆CIP数据核字（2013）第201254号

责任编辑：赵玉清　杨　宇　　　文字编辑：张春娥
责任校对：王素芹　　　装帧设计：尹琳琳

出版发行：化学工业出版社（北京市东城区青年湖南街13号　邮政编码100011）
印　　装：涿州市般润文化传播有限公司
787mm×1092mm　1/16　印张12¼　字数299千字　2023年1月北京第1版第5次印刷

购书咨询：010-64518888　　　售后服务：010-64518899
网　　址：http://www.cip.com.cn
凡购买本书，如有缺损质量问题，本社销售中心负责调换。

定　　价：36.00元　

《生物技术、生物工程综合实验指南》编写人员名单

主　　编　邱业先

编写人员　（按姓氏笔画为序）

王金虎　王桃云　叶亚新　刘　佳

刘恒蔚　刘悦萍　扶教龙　李良智

邱业先　汪金莲　张国庆　陈宏伟

陈佳佳　邵爱华　金　琎　金　萍

胡翠英　姚雪梅　秦粉菊　袁红霞

顾华杰　钱　玮　郭伟强　葛秀秀

前 言

自大学扩招以来，全国有几百所大学增设了生物技术和生物工程专业，而且很多大学都兼具这两个专业。由于这两个专业的实践性较强，在培养模式上各院校往往都以加强动手能力的培养作为一个目标。开展生物技术大实验或生物工程大实验无疑是很多学校提高培养质量的重要内容。因此，急需一本既适合生物技术专业又适合生物工程专业选用的综合实验教材，据此，我们组织相关教师编写了本教材。

本书的编写遵循如下几个原则来进行，一是力求做到实用；二是兼顾生物技术和生物工程专业的选用；三是兼顾了基础性和先进性。

本书共分十三章，每章呈现一类生物技术，由若干个实验组成，构成一个由浅入深的体系。书中选择的实验大多以学校目前开设的生物技术综合大实验为基础，因此，本教材多数实验已经过几年教学实践，具有可操作性强的特色。采用本书的院校可根据本校的实验设备条件选择若干章实验，组合成一门综合大实验课程。

本书各章节编写人员分工如下：第 1 章 金琎、王金虎，第 2 章 叶亚新、袁红霞，第 3 章 汪金莲、金萍，第 4 章 陈宏伟、邵爱华，第 5 章 刘悦萍、葛秀秀、陈宏伟，第 6 章 刘悦萍、张国庆，第 7 章 郭伟强、刘恒蔚，第 8 章 扶教龙、李良智，第 9 章 刘佳、胡翠英，第 10 章 邱业先、胡翠英，第 11 章 秦粉菊、姚雪梅，第 12 章 王桃云、钱玮，第 13 章 陈佳佳，附录 顾华杰。本书作者除刘悦萍、葛秀秀、张国庆为北京农学院的外，其余的均为苏州科技学院的。其中，胡翠英、刘佳、钱玮、郭伟强、顾华杰协助审稿。

这里要特别感谢化学工业出版社的编辑同志在审稿方面付出的大量心血。本书在编写过程中还参考了国内外同行的著作，在此一并表示感谢。

希望本教材能对我国生物技术和生物工程人才培养起到积极作用。书中不妥之处敬请各位同仁指正。

邱业先

2013 年夏于苏州

目录

第一章　植物细胞工程技术

实验一　植物组织培养常用培养基的配制及灭菌

一、实验原理

培养基能够提供植物生长、繁殖所必需的各类营养物质以及生长因子，是开展植物组织培养研究的基础和前提。植物的种类不同、研究的目的不同，所需要的培养基的种类也各不相同。

二、实验条件

(1) 实验仪器　电子天平（1/10、1/1000），烧杯（100ml、1000ml），量筒（50ml、100ml），三角瓶或培养瓶，移液管，药匙，玻棒，pH 试纸，洗耳球，牛皮纸，皮筋等。

(2) 实验试剂　蔗糖，琼脂，0.1mol/L NaOH，0.1mol/L HCl，各种培养基母液，激素母液。

三、实验步骤

1. 分组配制培养基

各类培养基的组成如下：

(1) 水琼脂培养基。

(2) MS 培养基。

(3) 1/2 MS 培养基。

(4) MS＋6-BA 2.0mg/L＋NAA 0.5mg/L。

(5) MS＋6-BA 1.0mg/L＋NAA 1.0mg/L。

(6) MS＋6-BA 0.5mg/L＋NAA 2.0mg/L。

(7) MS＋KT 0.5mg/L＋6-BA 0.5mg/L。

(8) MS＋NAA 1.0mg/L＋2,4-D 1.0mg/L。

2. 湿热灭菌培养基

(1) 称取规定数量的琼脂，加水至培养基最终容积的 3/4，水浴或电炉加热使之溶解。

(2) 根据配方要求，把按顺序量取的各种母液以及称取的蔗糖都加入煮好的琼脂中，然后加水定容。

(3) 用 0.1mol/L 的 NaOH 或者 HCl 调 pH。

(4) 分装培养基，包好或盖好，标明编号。

(5) 121℃（103 kPa）灭菌 15～20min。

3. 做好植物组织培养的各项准备工作

(1) 制备无菌水：121℃（103 kPa）灭菌 40min。

(2) 配制 0.1% $HgCl_2$ 溶液（放置棕色瓶中）。

（3）准备接种用培养皿、金属器械等用具。

四、结果与计算

灭菌后的培养基室温放置1～2天，观察是否长菌。

五、注意事项

1. 实验中所用的各种容器一定要洗净、烘干。

2. 用电子天平称量药品时，一定要用称量纸，对于有腐蚀性的药品，应将其放置在小烧杯中称量。

3. 各种母液应保存在2～4℃的冰箱中，以免变质、长霉。

4. 使用高压灭菌锅时，一定要正确操作，并提前检查其中的水是否合适。

5. $HgCl_2$属于一种腐蚀性极强的剧毒物品，配制时要注意安全。

六、参考文献

[1] 郑柄松．现代植物生理生化研究技术．北京：气象出版社，2006.

[2] 邓秀新，胡春根．园艺植物生物技术．北京：高等教育出版社，2005.

[3] 曾文虎，肖辉海，郝小花等．植物组织培养过程中的防污染技术．生物学通报，2012，12：52-55.

实验二　植物组织快速繁殖技术——以脱毒快繁为例

一、实验原理

植物组织培养脱毒快繁是人工在无菌条件下利用植物体的一部分，在人工控制的营养和环境条件下繁殖植物，脱除病毒得到无毒苗株，继而在大田快速繁殖的技术。脱毒及离体快繁，是目前植物组织培养应用最多、最广泛和最有效的一个方面。植物病毒在寄主植物体内的分布具有不均匀性，茎尖（或根尖）等分生组织不含或很少含有病毒粒子。因此，通过植物分生组织离体培养可获得无病毒植株。

此外，某些植物病毒对热不稳定，在较高温度（35～40℃）条件下会被钝化而失活，其增殖速度就会减缓或停止，所以用适当的高温处理，也能在很少或不伤害植株的情况下获得无病毒植株。

二、实验条件

（1）实验材料　马铃薯块茎。

（2）实验仪器　培养室，接种箱或超净工作台，高压灭菌锅，分析天平，水浴锅，长镊子，解剖刀，剪刀，三角烧瓶（100ml），容量瓶，烧杯，移液管，量筒，牛皮纸，培养皿，称量纸，棉线。

（3）实验试剂　$HgCl_2$（或次氯酸钠），6-苄基氨基腺嘌呤（6-BA），NAA，MS培养基。

三、实验步骤

1. 配置培养基

MS＋6-BA 2mg/L＋NAA 0.1mg/L＋琼脂8g/L＋蔗糖30g/L。

2. 培养基灭菌

在配好的培养基中加入琼脂加热溶解，调节pH值为5.8，趁热分装于100ml三角烧瓶中，每瓶约 20ml。待培养基冷却凝固后，用一层称量纸和一层牛皮纸包扎瓶口，并用棉线扎牢，然后在高压灭菌锅中 121℃灭菌 20min。取出三角烧瓶放在台子上，冷却后备用。接种操作所需的一切用具（如长镊子、解剖刀、剪刀等）及无菌水需同时灭菌。

3. 诱导产生无菌苗

（1）室内催芽　选择表面光滑的优良品种马铃薯块茎，播种于湿润的无菌沙土中，适温催芽。

（2）高温处理　待芽长至 2cm 时，将发芽块茎放入 38℃的光照培养箱中，光照 12h/d，处理 2 周左右。

（3）外植体预处理　将马铃薯块茎切成小块（带芽），以自来水冲洗，放入超净工作台，75%乙醇处理 5～15s，无菌水冲洗 3 次，0.1%升汞浸泡 8min，无菌水冲洗 3 次，然后将处理过的块茎放在灭过菌的培养皿中备用。

（4）茎尖剥离与接种　在超净工作台上，把装有已消毒块茎的培养皿放在解剖镜下，逐层剥去幼叶，直至出现圆滑生长点，用灭过菌的解剖刀切取长约 0.1～0.5mm 带 1～2 个叶原基的茎尖，直立向上接种到固体培养基上。培养条件：23～27℃、光照 1000～3000lx、16h/d。大约 5～7 天茎尖转绿，40～50 天成苗。

（5）脱毒试管苗的扩繁与生根培养　经检验无病毒以后，进行扩繁。在无菌条件下，将马铃薯脱毒苗切割成带腋芽的茎段接种到扩繁培养基上进行培养，每瓶可接种多个单节茎段。

（6）试管苗的驯化移植　将长有 3～5 片叶、高 5～10 cm 的试管苗，在不开瓶口的状态下，从培养箱移至室温进行炼苗。试管苗具有 5～7 个浓绿色的小叶时进行开盖炼苗，3～4 天后即可移栽。

四、结果与计算

记录污染率、脱毒率、移栽成活率。

五、注意事项

茎尖剥离与接种时注意无菌操作。

六、参考文献

[1] 郑柄松．现代植物生理生化研究技术．北京：气象出版社，2006.

[2] 朱德蔚．植物组织培养与脱毒快繁技术．北京：中国科学技术出版社，2001.

[3] 顾福根，陈瑞卿，万志刚等．白萼吊钟海棠的组织培养与快速繁殖．植物资源与环境学报，2006，15（3）：55-59.

实验三　植物细胞悬浮培养技术

一、实验原理

植物离体培养可产生愈伤组织。将疏松型的愈伤组织悬浮在液体培养基中并在振荡条件下培养一段时间后，可形成分散悬浮培养物。良好的悬浮培养物应具备以下特征：

（1）主要由单细胞和小细胞团组成；

（2）细胞具有旺盛的生长和分裂能力，增殖速度快；

（3）大多数细胞在形态上应具有分生细胞的特征，它们多呈等径形，核-质比率大，胞质浓厚，无液泡化程度较低。

要建成这样的悬浮培养体系，首先需要有良好的起始培养物——迅速增殖的疏松型愈伤组织。然后，经过培养基成分和培养条件的选择，并经多次继代培养才能达到。悬浮培养细胞经长期继代培养后，染色体常有变异现象，细胞的再生能力也有逐渐降低的趋势，对于生产有用代谢物质为目的的大量培养，这种再生能力的降低不一定有不良影响。

二、实验条件

(1) 实验材料　松软的烟草或胡萝卜愈伤组织。

(2) 实验仪器　超净工作台，高压灭菌锅，旋转式摇床，水浴锅，倒置显微镜，镊子，酒精灯，三角瓶，移液管，pH 计，恒温培养室，不锈钢网，血细胞计数板，漏斗。

(3) 实验试剂

① 2%蔗糖，1%甘露醇，500mg/L 水解乳蛋白，含 1.5mg/L 2,4-D 的 MS 培养基、pH 调至 5.6～6.2。

② 8%三氧化铬（CrO_3）。

三、实验步骤

1. 用镊子夹取出生长旺盛的松软愈伤组织，放入三角瓶中并轻轻夹碎。每 100ml 三角瓶含灭过菌的 MS 培养基 10～15ml，每瓶接种 1～1.5g 愈伤组织，以保证最初培养物中有足够量的细胞。

2. 将已接种的三角瓶置于旋转式摇床上，在 100r/min、25～28℃条件下，进行振荡培养。

3. 经 6～10 天培养后，若细胞明显增殖，可向培养瓶中加新鲜培养基 10ml，必要时，可用大口移液管将培养物分装成两瓶，继续培养（若细胞无明显增殖，可能是起始材料不适当，应考虑用旺盛增殖期的愈伤组织重新接种）。可进行第一次继代培养。

4. 悬浮培养物的过滤

按“3.”法继代培养几代后，培养液中应主要由单细胞和小细胞团（不多于 20 个细胞）组成。若仍含有较大的细胞团，可用适当孔径的金属网筛过滤，再将过滤后的悬浮细胞继续培养。

5. 细胞计算

取一定体积的细胞液，加入 2 倍体积的 8%的三氧化铬（CrO_3），置 70℃水浴处理 15min。冷却后，用移液管重复吹打细胞悬液，以使细胞充分分散，混匀后，取一滴溶液置入血细胞计数板上计数。

6. 制作细胞生长曲线

为了解悬浮培养细胞的生长动态，可用以下方法绘制生长曲线图。

(1) 鲜重法（fresh weigh method）　在转代培养的不同时间，取一定体积的悬浮细胞培养物，离心收集后，称量细胞的鲜重，以鲜重为纵坐标、培养时间为横坐标，绘制鲜重增长曲线。

(2) 干重法（dry weigh method）　可在称量鲜重之后，将细胞进行烘干，再称量干重。以干重为纵坐标、培养时间为横坐标，绘制细胞干重生长曲线。

上述两种方法均需每隔 2 天取样一次，共取 7 次，每个样品重复三次，整个实验进行期间不再向培养瓶中换入新鲜培养液。

7. 细胞活力的检查

对于初学者，往往需要检测活细胞的比率，可在培养的不同阶段，吸取一滴细胞悬液，放在载玻片上，滴一滴0.1%的酚藏花红溶液（用培养基配制）染色，在显微镜下观察。活细胞均不着色，而死细胞则很快被染成红色。也可用0.1%荧光双醋酸酯溶液染色，凡活细胞将在紫外光诱发下显示蓝色荧光，有经验的操作者，则可根据细胞形态、胞质环流判别细胞的死活。

8. 细胞再生能力的鉴定

为了解悬浮培养细胞是否仍具有再生能力，可将培养细胞转移到琼脂固化的培养基上，使其再形成愈伤组织，进而在分化培养基上诱导植株的分化。

四、结果与计算

分别采用干重法和鲜重法制作细胞生长曲线。

五、注意事项

1. 上述步骤均需无菌操作，培养基、用具、器皿等要高压灭菌后方可使用。

2. 如培养液混浊或呈现乳白色，表明已污染。

3. 每次继代培养时，应在倒置显微镜下观察培养物中各类细胞及其他残余物的情况，以便有意识地留下圆细胞、弃去长细胞。

六、参考文献

[1] 郑柄松．现代植物生理生化研究技术．北京：气象出版社，2006.

[2] 朱德蔚．植物组织培养与脱毒快繁技术．北京：中国科学技术出版社，2001.

[3] 元英进．植物细胞培养工程．北京：化学工业出版社，2004.

实验四 聚乙二醇诱导植物原生质体融合

一、实验原理

不同种植物的原生质体可在人工诱导条件下融合，所产生的杂种细胞，即异核体经过培养可再生新壁，分裂形成愈伤组织，进而分化产生杂种植株。由于进行融合的原生质体来自体细胞，故该项技术也叫体细胞杂交。原生质体融合能使有性杂交不亲和的植物种间进行广泛的遗传重组，因而在农业育种上具有巨大的潜力。在植物遗传操作研究中也是关键技术之一。

人工诱导原生质体融合可使用物理学方法，如运用细胞融合仪，在电场诱导下实现融合。然而至今广为使用的仍是聚乙二醇（PEG）和高pH值钙溶液处理的化学方法。该法应用相对分子质量为1500～6000的聚乙二醇（PEG）溶液引起原生质体的聚集和粘连，然后用高pH值的钙溶液稀释时，就产生了高频率的融合，融合的频率常与PEG的分子量、浓度、作用时间、原生质体的生理状态与密度以及操作者的细心程度有关。

二、实验条件

(1) 实验材料 烟草或其他植物无菌苗的叶片。

(2) 实验仪器 超净工作台，血细胞计数板，倒置显微镜。

(3) 实验试剂

① 酶液及洗涤液

酶液 A：纤维素酶（cellulase，Onozuka R-10） 2%

果胶酶（pectinase，Serva） 1%

（若用国产 EA3-867 纤维素酶，则果胶酶可省去）

甘露醇 0.6mol/L

$CaCl_2 \cdot 2H_2O$ 0.05mol/L

MES（2-*N*-吗啉己烷磺酸） 0.1%

pH 5.8～6.2

酶液 B：纤维素酶（Onozuka R-10） 2%

离析酶（Macerozyme R-10） 1%

半纤维素酶（hemicellulase，Sigma） 0.2%

甘露醇 0.4mol/L

$CaCl_2 \cdot 2H_2O$ 0.1%

MES 0.1%

pH 5.8～6.2

② PEG 溶液 30%（*w/v*）PEG（$M_W=6000$）；$CaCl_2 \cdot 2H_2O$ 10mmol/L；KH_2PO_4 0.7mmol/L；山梨醇 0.1mol/L。调 pH 至 5.8～6.2。

③ 高 pH 值高钙稀释液 $CaCl_2 \cdot 2H_2O$ 0.1 mmol/L；山梨醇 0.1 mmol/L；Tris（缓冲液）0.05mol/L。调 pH 值至 10.5。

④ DPD 培养基 见表 1-1。

表 1-1 DPD 培养基成分与含量

成分	含量/(mg/L)	成分	含量/(mg/L)
NH_4NO_3	270	KI	0.25
KNO_3	1480	烟酸	4
$MgSO_4 \cdot 7H_2O$	340	盐酸吡哆辛	0.7
$CaCl_2 \cdot 2H_2O$	570	盐酸硫胺素	4
KH_2PO_4	80	肌醇	100
$FeSO_4 \cdot 7H_2O$	27.8	叶酸	0.4
Na_2-EDTA	37.3	甘氨酸	1.4
$MnSO_4 \cdot H_2O$	5	生物素	0.04
$Na_2MoO_4 \cdot 2H_2O$	0.1	蔗糖	2000
H_3BO_3	2	甘露醇	0.3mol/L
$ZnSO_4 \cdot 7H_2O$	2	2,4-D	1
$CuSO_4 \cdot 5H_2O$	0.015	激动素	0.5
$CoCl_2 \cdot 6H_2O$	0.01	pH	5.8

三、实验步骤

所有操作均在超净工作台上进行。

1. 原生质体的分离和收集

(1) 取充分展开的叶片，用自来水冲洗干净（以下步骤均在超净台上进行）。

(2) 将叶片在 0.1%升汞溶液中浸泡灭菌 10min，中间摇动几次。取出后用无菌蒸馏水漂洗 5 次。

(3) 将叶片移入大培养皿中，用吸水纸吸去上面的水珠。然后将叶背面朝上，小心用镊子撕去下表皮。

(4) 将撕去下表皮的叶片放进预先放有酶液 A 的培养皿或带盖三角瓶中，每 10ml 酶液约放 2g 叶片。若叶片不易撕下下表皮，可用锋利的解剖刀将叶片切成约 0.5mm 宽的小条，放入酶液。

(5) 将培养皿用石蜡膜带封口，在 28℃条件下保温 3～6h，中间轻轻摇动 2～3 次。在倒置显微镜下检查，直到产生足够量的原生质体。

(6) 将酶解后的原生质体悬浮液用不锈钢网筛过滤到小烧杯中，以除去未酶解完全的组织。

(7) 将滤液分装在刻度离心管中，用 600r/min 的速度离心 5min，使原生质体沉淀下来。

(8) 用移液管吸去上清液。将沉淀的原生质体悬浮在 2ml 0.2mol/L 的 $CaCl_2 \cdot 2H_2O$中。

(9) 用注射器的长针头向离心管底部缓缓注入 20%蔗糖溶液 6ml，在 600r/min 下离心 5min。此步完成后，在两相溶液的界面之间将出现一层纯净的完整原生质体带，杂质、碎片将沉到管底。

(10) 以注射器吸出管底杂质和下部的蔗糖溶液及上部的 $CaCl_2 \cdot 2H_2O$ 溶液。

(11) 离心管中留下的纯净原生质体用 8ml 0.2mol/L 的 $CaCl_2 \cdot 2H_2O$ 悬浮。离心 5min，吸去上清液。再用培养基如上法洗涤一次。

(12) 将收集的原生质体悬浮在适量 DPD 培养基中，将其密度调整到 5×10^4/ml 左右(可用血细胞计数板统计原生质体的密度)。

(13) 用带乳胶头的刻度移液管将原生质体悬液分装在培养皿中，每皿放 2ml。

2. 将收集的两种不同材料的原生质体分别悬浮在 0.16mol/L 的 $CaCl_2 \cdot 2H_2O$ 溶液中(pH 5.8～6.2)，原生质体密度调整为 2×10^5/ml 左右（用血细胞计数板统计原生质体密度)。

3. 将两种原生质体悬液等量混合。

4. 用刻度吸管将混合的原生质体悬液滴在直径为 60mm 的平皿中，每皿滴 7～8 滴，每滴约 0.1ml。然后静置 10min，使原生质体铺在皿底上，形成一薄层（应有 3～5 个平皿的重复)。

5. 用吸管将等量的 PEG 溶液缓慢地加在原生质体液滴上，再静置 10～15min。此时可取一个平皿在倒置显微镜下观察原生质体间的粘连。

6. 用刻度吸管向原生质体液滴慢慢地加入高 pH 高钙稀释液。第一次加 0.5ml，第 2 次 1ml，第 3、4 次各 2ml，每次之间间隔 5min。

7. 将平皿稍微倾斜，吸去上清液，再缓缓加入 4ml 稀释液。5min 后，再倾斜平皿，吸去上清液，注意吸取时勿使原生质体漂浮起来。

8. 用 DPD 培养基如上法换洗两次。

9. 每平皿中加培养基 2ml，轻轻摇动平皿。

10. 用蜡膜密封平皿。置 26℃下进行 24h 暗培养，然后转到弱光条件下培养。

四、结果与计算

1. 在倒置显微镜下观察异源融合。在培养 3 天以内，可根据新原生质体的形态特征来鉴别异核体。因为来自叶肉组织的原生质体具有明显绿色叶绿体，而来自培养细胞的原生质体无色，但具浓密原生质丝，并可看到显示的核区。

2. 统计异源融合的频率。

五、注意事项

培养及操作过程注意无菌。

六、参考文献

[1] 郑柄松．现代植物生理生化研究技术．北京：气象出版社，2006.

[2] 朱德蔚．植物组织培养与脱毒快繁技术．北京：中国科学技术出版社，2001.

[3] 孙慧慧，王力军，闫晓红等．植物原生质体融合培养技术及其应用．河南农业科学，2010，7：118-122.

实验五　农杆菌介导的遗传转化

一、实验原理

农杆菌是普遍存在于土壤中的一种革兰阴性细菌，它能在自然条件下趋化性地感染大多数双子叶植物或裸子植物的受伤部位，并诱导产生冠瘿瘤或发状根。根癌农杆菌和发根农杆菌的细胞中有一段 T-DNA，农杆菌通过侵染植物伤口进入细胞后，可将 T-DNA 插入到植物基因中。因此，农杆菌是一种天然的植物遗传转化体系。人们将目的基因插入到经过改造的 T-DNA 区，借助农杆菌的感染实现外源基因向植物细胞的转移和整合。然后通过细胞和组织培养技术，再生出转基因植株。目前，该方法在实验室条件下已经实现了对非农杆菌寄主的生物如真菌、单子叶植物、裸子植物以及动物细胞等的转化。它相对于传统的 PEG 诱导原生质体融合、电击转化、LiAc 等方法具有材料范围广、转化率高、单拷贝比例高以及转化子稳定等优点，该方法是应用最广泛的方法之一。

二、实验条件

（1）实验材料　含目的基因的农杆菌 Pcambia1301，番茄种子。

（2）实验仪器　杂交炉，摇床，锥形瓶，滤纸，培养皿。

（3）实验试剂　YM 培养基（含 KH_2PO_4 0.5g/L、甘露醇 10g/L、L-谷氨酰胺 2g/L、NaClO 2g/L、$MgSO_4\cdot 7H_2O$ 0.2g/L、酵母提取物 0.3g/L、琼脂 14.0g/L），MS 基本培养基，Phatygel，BA，头孢霉素（Cef），潮霉素（Hyg），卡那霉素（Kan），硝酸银（$AgNO_3$）等。

三、实验步骤

1. 培养基配制

（1）无菌苗培养基（pH 5.8）　1/2 MS 培养基＋30g/L 蔗糖＋7g/L 琼脂。

（2）预培养培养基（pH 5.8）　MS＋BA（1.0～2.0mg/L）＋IAA（0.1～0.5mg/L）。

（3）共培养培养基

液体培养基（pH 5.5）：MS＋蔗糖 3%；

固体培养基（pH 5.5）：MS＋BA（1.0～2.0mg/L）＋IAA（0.1～0.5mg/L）。

（4）筛选培养基

MS+BA（1.0～2.0mg/L）+ IAA（0.1～0.5mg/L）+Cef（500mg/L）+Hyg（25mg/L）+$AgNO_3$（2.0mg/L）；

MS+BA（1.0～2.0mg/L）+IAA（0.1～0.5mg/L）+Cef（250mg/L）+Hyg（30mg/L）+$AgNO_3$（1.5mg/L）。

（5）生根培养基　MS+IAA（0.2～0.5mg/L）+Cef（150mg/L）+Hyg（30mg/L）。

（6）农杆菌培养基　YM培养基+卡那霉素（50mg/L）。

2. 无菌苗培养

将番茄种子浸泡24h以后，用70%乙醇消毒30s、15%次氯酸钠消毒20min，以灭菌蒸馏水漂洗5次，播种至已灭菌的1/2 MS培养基上，25℃下暗培养3天，待大多数种子萌发后转移到光下继续培养，每天光照14～16h。

3. 农杆菌培养

预培养前1天挑取单菌落，在含30mg/L Kan的YM培养基上划板，暗培养3天进行扩增培养，用于转化。

4. 受体材料的预培养

切去7天苗龄的子叶（0.5cm×0.5cm）和下胚轴（0.5～1cm）置于预培养基中2天。

5. 农杆菌侵染

将预培养2天的受体材料放入已灭菌的锥形瓶中，加入用MS液体培养基稀释的根癌农杆菌悬浮液，浸泡30min后倾去菌液，用无菌蒸馏水洗三次后取出受体材料置于铺有无菌滤纸的培养皿中，吸去多余的菌液。

6. 共培养

将侵染过的受体材料均匀摆在铺有一层滤纸的固体培养基上，在25℃、暗培养条件下共培养2天。

7. 筛选

将经过共培养的受体材料转移到筛选培养基上，进行3周的选择培养后，再将无污染的受体材料转移到筛选培养基上继续培养，每2周继代一次，至转化细胞分化出抗性不定芽。当不定芽长至2～3cm左右后，将植株接种到生根培养基上诱导生根，两周左右长出不定根。

8. 植株移栽

将根系生长很好的转化植株去除封口膜，室温环境下炼苗2～3天，然后用自来水洗净培养基，种植在温室中。

9. 转化植株的鉴定

（1）PCR检测　根据目的基因的碱基序列，设计出两个引物，从上面获得的抗生素抗性芽中分批分单个芽提取核DNA，按常规PCR反应程序进行如下操作。

取叶片核DNA 10～250ng，加10倍PCR缓冲液（无Mg^{2+}）2μl，加2mmol/L dNTP 2μl，加引物各100ng，加1U *Taq*酶，加双蒸水至最终体积为20μl，在液面上加一滴矿物油（或不加，根据所选用的PCR仪的要求而定）。将反应管加入PCR仪中，按照下述程序设定PCR仪的自动调控系统：

94℃　3min

94℃　40s ┐

55℃　1min │ 35次循环

72℃　2min ┘

72℃ 10min

反应完成后反应液于4℃或－20℃下保存。

取上述反应液5μl，加入1μl上样缓冲液，点样于TAE琼脂糖凝胶（1%～4%）上，在上述点样孔的一侧或两侧，加上标准分子量Marker。然后在60～80 V电压下电泳，并随时在紫外灯下观察电泳情况，根据电泳情况可判断目的基因是否整合到受体材料基因组中。

（2）Southern杂交分析（可选） 由于PCR反应极为灵敏，有时会扩增出假阳性带，所以为了证实PCR产物的真实性，在获得PCR电泳图谱后，还必须做进一步的Southern杂交检测。

10. 繁殖转基因材料

按照普通植物的繁殖方法，将步骤8中得到的植物移植到大田里。

四、结果与计算

根据电泳图谱分析转化结果。

五、注意事项

在农杆菌介导的遗传转化中，菌液浓度过高或侵染时间过长很容易使植物外植体伤口细胞受到农杆菌的伤害而褐化甚至死亡；或使被感染的外植体周围出现严重的农杆菌污染。

六、参考文献

[1] 朱德蔚．植物组织培养与脱毒快繁技术．北京：中国科学技术出版社，2001.

[2] 虞薇，杜鹃，贾光蕾等．农杆菌介导的大豆胚尖遗传转化体系中基因型的选择及抑菌条件的优化．上海交通大学学报（农业科学版），2012，29（2）：24-27.

[3] 党尉，卫志明．根癌农杆菌介导的高效大豆遗传转化体系的建立．分子细胞生物学报，2007，40（3）：185-195.

（本章由金琎、王金虎编写）

第二章　动物细胞工程技术

实验一　动物细胞培养基的配制与细胞计数

一、实验原理

动物细胞培养使用的培养基一般是由合成培养基和小牛血清配制而成。合成培养基是根据细胞生长的需要按一定配方制成的粉状物质，其主要成分是氨基酸、维生素、碳水化合物、无机离子和其他辅助物质。它的酸碱度和渗透压与活体内细胞外液相似。小牛血清含有一定的营养成分，有细胞生长所必需的生长因子、激素、贴附因子等，此外还能中和有毒物质的毒性。故一般体外培养细胞时要加入一定量（10%～20%）的小牛血清。

培养的细胞在一般条件下要求有一定的密度才能生长良好，所以要进行细胞计数。计数结果以每毫升的细胞数来表示。

在细胞群体中总有一些因各种原因而死亡的细胞，总细胞中活细胞所占的百分比叫做细胞活力。由组织中分离细胞一般要检查活力，以了解分离的过程对细胞是否有损伤作用。复苏后的细胞也要检查活力，以了解冻存和复苏的效果。

用台盼蓝（Typan Blue）染细胞，死细胞着色，活细胞不着色，从而可以区分死细胞与活细胞。利用细胞内某些酶与特定的试剂发生显色反应，也可测定细胞相对数和相对活力。

二、实验条件

（1）实验材料　小牛血清，合成培养基，细胞悬液。

（2）实验仪器　滤泵，滤器，蒸馏器，高压灭菌锅，磁力搅拌器，普通显微镜，血球计数板，试管，吸管，分光光度计（或酶标仪），1000ml 锥形瓶，150ml 或 250ml 细胞培养瓶，饭盒，pH 试纸，孔径 0.22 μm 的微孔滤膜。

（3）实验试剂　盐酸，去离子水，青霉素，链霉素，$NaHCO_3$，0.4%台盼蓝，0.5%四甲基偶氮唑盐（MTT），酸化异丙醇。

三、实验步骤

1. 培养基的配制

（1）准备和安装过滤器

① 清洗好过滤器，干燥，放入一张孔径为 0.22μm 的微孔滤膜，用纱布包装好，103.4kPa、20min 进行高压灭菌处理。

② 在超净台中打开过滤器架好，胶管一端接入滤泵再插入待除菌的液体中，出口端胶管深入到已消毒好的瓶中。用滤泵做正压过滤，压力数字为 2。

（2）合成培养基的配制

① 去离子水用蒸馏器进行重新蒸馏（去除无机和有机杂质），制1000ml三蒸水。

② 待水温降至15～30℃，加入合成培养基干粉，用磁力搅拌一定时间（2～4h）使之充分溶解。

③ 配制RPMI1640培养基时，应通入适量CO_2或加入6mol/L盐酸调pH至6.0左右，这样才能充分溶解。

④ 加入一定量$NaHCO_3$，调节pH至7.2左右。

⑤ 加水至最终体积。

⑥ 在超净台中对溶液进行过滤除菌，分装入150ml或250ml细胞培养瓶中。

⑦ 瓶口封好，4℃冰箱贮存。

（3）生长培养基的配制　除无血清培养之外，各种合成培养基在使用前需加入一定量的小牛血清和抗生素。

① 培养基分装成小瓶（100～200ml）以便使用。

② 按如下比例配制：基本培养基占80%～90%，小牛血清占10%～20%。按1%体积分数加入双抗贮存液（青霉素＋链霉素），使青霉素和链霉素的终浓度分别为100U/ml和100U/ml。

2. 细胞计数

（1）将血球计数板及盖片擦拭干净，并将盖片盖在计数板上。

（2）将细胞悬液吸出少许，滴加在盖片边缘，使悬液充满盖片和计数板之间，静置3min。

（3）镜下观察，计算计数板四大格细胞总数，压线细胞只计左侧和上方的。然后按下式计算：细胞数/ml＝4大格细胞总数/4 × 10000

注意：镜下偶见由两个以上细胞组成的细胞团，应按单个细胞计算，若细胞团占10%以上，说明分散不好，需重新制备细胞悬液。

3. 台盼蓝法测细胞数和细胞活力

（1）取细胞悬液0.5ml加入试管中。

（2）加入0.5ml 0.4%台盼蓝染液，染色2～3min。

（3）吸取少许悬液涂于载玻片上，加上盖片。

（4）镜下任意取几个视野分别计死细胞和活细胞数，计算细胞活力。

死细胞能被台盼蓝染色，镜下可见深蓝色的细胞，活细胞不被染色，镜下呈无色透明状。

4. MTT法测细胞相对数和相对活力

活细胞中的琥珀酸脱氢酶可使MTT分解产生蓝紫色结晶状甲腊颗粒积于细胞内和细胞周围。其量与细胞数成正比，也与细胞活力成正比。

（1）细胞悬液于1000r/min离心10min，弃上清液。

（2）沉淀加入0.5～1ml MTT，吹打成悬液。

（3）37℃下保温2h。

（4）加入4～5ml酸化异丙醇并混匀。

(5) 1000r/min 离心，取上清液于分光光度计或酶标仪 570nm 处比色，酸化异丙醇作为调零点。

四、结果与计算

见表 2-1。

表 2-1　实验结果记录

项　目	合成培养基配制	生长培养基配制	细胞计数	台盼蓝法	MTT 法
实验内容					
实验结果					

五、注意事项

1. 培养细胞使用的瓶子应与提取 RNA 的相关用品严格分开。因为用于处理提取 RNA 相关用品的 DEPC 水（0.1%焦炭酸二乙酯）是一种致癌剂，可能影响细胞生长；而培养过细菌的用品也不应与培养细胞的用品混用。

2. 过滤时以压力数字 2 为宜，否则细菌易滤过达不到除菌效果，或使滤膜破裂。滤器用毕立即刷洗，过蒸馏水，晾干收藏。

3. 分装时需根据使用量的多少分装于大小合适的瓶中，并且每瓶只能装 2/3 体积的液体，过多时瓶子易爆。

六、参考文献

[1] 周济铭．酶工程．北京：化学工业出版社，2008.
[2] 郭勇．酶工程原理与技术．北京：高等教育出版社，2005.
[3] 朱宏，周同岩，程荣进．细胞生物学与细胞工程实验教程．哈尔滨：东北林业大学出版社，2006.
[4] 刘晓晴．生物技术综合实验．北京：科学出版社，2009.

实验二　动物细胞原代培养——鼠成纤维细胞的分离与永生化

一、实验原理

成纤维细胞是结缔组织中最常见的细胞，由胚胎时期的间充质细胞分化而来。成纤维细胞的分离培养主要是用于研究细胞的老化、各种外来因子对细胞的损伤、细胞在体外条件下的恶性转化以及某些先天性代谢异常、酶缺陷等。由于皮肤成纤维细胞易于获取，又易于在体外生长，故目前皮肤成纤维细胞培养已在基础医学和临床医学研究中得到较为广泛的运用，其分离培养技术已相对成熟，对其体外生长规律也有了较全面的认识。

成纤维细胞的原代培养可采用酶消化法或组织块法，其中组织块法又因其操作简便、条件易于控制而应用更为普遍。以酶消化法获得的成纤维细胞悬液在接种后 5～10min 即可见细胞以伪足初期附着，与底物形成一些接触点；然后细胞逐渐呈放射状伸展，胞体的中心部分亦随之变扁平；最快者大约在接种后 30min，细胞贴附底物即较为完全，呈现成纤维细胞的形态。采用组织块法则大约在接种后 2～3 天到 1 周左右，在接种的组织块周围长出细胞。待细胞融合成片，铺满培养容器底壁大部分时即可进行传代。一般都采用胰蛋白酶，将成纤维细胞从底壁消化下来后分瓶作传代培养。成纤维细胞在体外培养条件下能保持良好的分裂增殖能力。细胞分裂时变为球形；分裂后又平铺在附着物的表面成为有突起的扁平细胞。体外培养的成纤维细胞，其生命期限与物种等因素有关。

二、实验条件

（1）实验材料　清洁级雄性成年昆明小鼠。

（2）实验仪器　恒温培养箱，超净工作台，恒温水浴箱，离心机，倒置相差显微镜，真空泵，电热高压蒸汽灭菌锅，解剖剪，眼科剪，解剖镊，培养瓶（150ml 或 200ml），表面皿，培养皿，吸管，玻璃除菌滤器，小烧杯，青霉素小瓶，血球计数板，吸管橡皮头，橡皮瓶塞，200 目尼龙滤网，50ml、15ml 离心管和手术刀片。

（3）实验试剂　磷酸盐缓冲液（PBS）（不含钙镁，pH 7.2），0.25％胰蛋白酶液（pH 7.2～7.4），0.53mmol/L EDTA 溶液，小鼠成纤维细胞（MEF）生长培养基，高糖 DMEM 加 10％ FCS1640 培养液（含 20％ 小牛血清），D-Hanks 液，小牛血清，青霉素，75％ 酒精，5％ $NaHCO_3$液，0.85％ NaCl 液，三蒸水或双蒸水，二甲基亚砜（DMSO），丙三醇（甘油）。

三、实验步骤

1. 处死

取昆明小鼠一只，用颈椎脱臼法处死后立即浸入盛有 75％酒精的烧杯中消毒处理 2～3s，取出后立即放入超净工作台中的无菌培养皿中。

2. 取材

无菌条件下，左手用镊子提起小鼠腹部皮肤，右手用解剖剪剪开腹腔和胸腔，可同时剪去部分胸壁以充分暴露胸腔。用另一镊子轻轻夹起粉红色的肺组织并将其剪下置于 Hanks 液中，剪去血管等组织，用手术刀片将其剪碎成 1mm×1mm×1mm。再用 PBS 液或 Hanks 液漂洗，除净血液。

3. 消化

剪碎的肺组织用 5～8 倍量的 0.25％ 胰蛋白酶消化 40min，且每隔 5min 轻轻晃动，使之充分消化。胰蛋白酶的消化作用能除去组织中的细胞间质，使组织松散成单个细胞或较小的细胞团。

4. 离心

将上层细胞悬液倒入一装有 MEF 生长培养基的离心管中，用 200 目尼龙滤网过滤后，1500r/min 离心 5min 收集细胞。沉淀用 DMEM 重悬，再经 800r/min 离心 5min，上清液经 1500r/min 离心 5min，沉淀为纯化的肺成纤维细胞。

5. 计数

离心完成后，将离心管拿回超净工作台中，用吸管吸去上清液，再加入 3ml 培养液吹打混匀。用吸管吸取少许细胞悬液滴入血球计数板的小室中，在光镜下计数。根据计数结果，将细胞悬液中的细胞浓度调整至 3×10^6/ml 左右。

6. 接种

调整好细胞浓度后，加到培养瓶中（150ml 细胞培养瓶中加 1ml 细胞悬液，另添加培养液 4ml），轻轻混匀后盖紧瓶塞。用记号笔标上细胞名称、日期等，放入 37℃恒温培养箱中培养。

7. 培养与观察

24h 后更换新鲜的 MEF 生长培养基。对培养中的细胞每天都应做常规性检查，主要观察细胞生长状态、是否出现细菌等微生物的污染以及培养液的酸碱度等。如果没有发生污染，24h后在光镜下便可见到许多细胞贴壁，培养至3～4天时，可见细胞增殖后在瓶中形成许多细胞岛并逐渐扩展。

8. 传代

细胞长满后，先用PBS冲洗，倒掉，加胰酶消化（一般不超过5min），按1∶5传代。

9. 冻存

细胞再次长到覆盖率为80%～90%左右，将其消化后，常规冻存。

四、结果与计算

见表2-2。

表2-2　实验结果记录

项　目	基本步骤	效　果	分析原因
取材			
消化			
计数			
接种			

五、注意事项

1. 原代培养，一定要避免污染。
2. MEF生存能力有限，如果不冻存，体外存活十代左右。
3. 冻存后复苏的细胞只能传代一次，因为这些细胞繁殖能力有限。
4. 消化细胞时间不要过长。

六、参考文献

[1] 张维铭．现代分子生物学实验手册．第2版．北京：科学出版社，2007.
[2] 弗雷谢尼 RI. 动物细胞培养——基本技术指南．第5版．北京：高等教育出版社，2008.
[3] 张铭．细胞工程实验．北京：高等教育出版社，2010.

实验三　动物细胞继代培养、冻存和复苏

一、实验原理

细胞培养（cell culture）是指从机体内取出某种组织或细胞，模拟机体内的生理条件使其在体外生存、生长和繁殖的过程。细胞的体外培养在细胞生物学和医学研究领域有着极为广泛的用途，这一技术已成为研究细胞生理、细胞增殖、细胞遗传、细胞癌变和细胞工程等课题的一项不可缺少的手段。细胞培养技术的突出优点在于能为研究者提供大量的生物性状相同的细胞作为研究对象，便于人们在体外利用各种不同的方法从不同的角度研究细胞生命活动的规律。另外，利用细胞培养技术还可使人们较为方便地研究各种物理、化学和生物因素对细胞结构和功能的影响。

细胞培养可分为原代培养和传代培养2种情况。所谓原代培养（primary culture）是指直接从机体取出组织或细胞后所进行的首次培养。而传代培养（subculture）可简称传代，是指当原代培养的细胞增殖到一定密度后，将其从原培养容器中取出，以1∶2或其他比例

转移到另一个或几个容器中所进行的再培养。传代的累积次数就是细胞的代数。传代培养可获得大量细胞供实验所需。传代要在严格的无菌条件下进行，每一步都需要认真仔细地无菌操作。

细胞冻存是细胞保存的主要方法之一。利用冻存技术将细胞置于液氮中低温保存，可以使细胞暂时脱离生长状态而将其细胞特性保存起来，这样在需要的时候再复苏细胞用于实验。而且适度地保存一定量的细胞，可以防止因正在培养的细胞被污染或其他意外事件而使细胞丢种，起到了细胞保种的作用。细胞冻存时向培养基中加入保护剂至终浓度5%～15%的甘油或二甲基亚砜（DMSO），可使溶液冰点降低，加之在缓慢冻结条件下，细胞内水分透出，减少了冰晶形成，从而避免细胞损伤。采用“慢冻快融”的方法能较好地保证细胞存活。目前多采用的降温程序是分段降温法，即利用不同温级的冰箱或液氮贮存罐，将活细胞在不同的温度段分段降温冷却，例如从室温降至4℃，再依次降至－40℃、－80℃、－196℃（在各温度段持续时间视细胞的类型而定）。关于最佳降温的速度，不同类型的细胞相差较大，与细胞的性质特别是质膜的渗透率有关。标准冷冻速度开始为－2℃/min到－1℃/min，当温度低于－25℃时可加速，到－80℃之后可直接投入液氮内（－196℃）。

在体外培养的细胞，从增殖期到形成致密单层前的细胞都可用于冻存，但一般认为处于对数生长期的细胞用于冻存效果最佳。当需要使用冻存的细胞时，可加温使之复苏，复苏后的细胞可继续培养增殖用于研究或实验。冻结的细胞复苏要以快速融化为原则，以防小冰晶变为大冰晶而对细胞造成损伤。

二、实验条件

（1）实验材料　动物原代培养细胞。

（2）实验仪器　CO_2培养箱，倒置显微镜，超净工作台，4℃冰箱，－70℃冰箱，液氮容器，微量加样器，水浴锅，离心机，冻存管，离心管，500ml烧杯，150ml培养瓶，移液管，一次性吸管，胶带。

（3）实验试剂　合成培养基，小牛血清或胎牛血清，0.25%胰蛋白酶，二甲基亚砜（DMSO）或甘油，0.5%台盼蓝染液，液氮。

三、实验步骤

1. 细胞继代培养

（1）准备

① 进入无菌室之前用肥皂洗手，用75%酒精擦拭消毒双手。将所需培养用品清洗消毒后放入超净工作台中并摆好，紫外线消毒20min左右，关闭超净台的紫外灯，打开抽风机清洁空气，除去臭氧。

② 将已形成致密单层细胞的培养瓶从培养箱中取出放入超净工作台中。

③ 换液：点燃酒精灯，将培养液瓶口用75%酒精消毒，在酒精灯旁吸掉培养细胞的旧培养基。

（2）消化　每个大培养瓶加入1ml胰酶，小瓶用量酌减，盖好瓶盖后轻摇培养瓶，使消化液湿润整个细胞单层，置室温下2～3min。翻转培养瓶使其底部朝上，用肉眼察看细胞单层，如细胞单层上出现空隙（约针孔大小）时即可吸去消化液；如果未见空隙，说明消化程度不够，可将消化时间稍延长；如果发现细胞已大片脱落，说明已消化过头，在这种情况下不能吸出消化液，而应直接进入下步操作。如在倒置显微镜下观察，当细胞收回突起变圆时立即翻转培养瓶，使细胞脱离胰酶，然后将胰酶吸除。

(3) 终止消化 往培养瓶中加入3～4ml培养液以终止胰蛋白酶的消化作用，用吸管吸取瓶中的培养液反复冲击瓶壁上的细胞，直至全部细胞被冲下，轻轻混匀制成细胞悬液。

(4) 传代 吸取1ml细胞悬液移至另一培养瓶中，原培养瓶中留下1ml细胞悬液（其余弃去），并向每瓶中加入新培养液4ml，盖好瓶塞，轻轻摇匀后置37℃恒温箱中培养。

(5) 悬浮培养 对悬浮培养细胞，步骤(2)～(4)不做。可将细胞悬液进行离心去除旧培养基上清液，加入新鲜培养基，然后分装到各瓶中。盖上瓶盖，适度拧紧后再稍回转，以利于CO_2气体的进入，将培养瓶放回CO_2培养箱。

(6) 培养与观察 传代后每天应对培养的细胞进行观察，若细胞贴壁存活则称为传了一代，如培养液变酸发黄要及时更换。

2. 细胞冻存和复苏

(1) 细胞冻存

① 消化 取待冻存的细胞用胰酶消化，使其湿润整个瓶底，在室温下消化处理2～3min，待单层出现空隙时吸去胰蛋白酶，再加入4ml培养液，用吸管将细胞吹打混匀成细胞悬液。

② 离心 将细胞悬液移入无菌的带盖刻度离心管内，加盖。1000r/min离心8min，弃上清液收集细胞。如果是悬浮生长的细胞，则可直接离心收集细胞。

③ 添加冻存液 加入1ml冻存液（10%甘油+90%培养基，或者10%DMSO+90%培养基）吹打混匀制成细胞悬液。细胞浓度宜大，为3×10^6/ml左右，并可适量增加牛血清浓度至20%。因为细胞的浓度对冻结和融化时细胞的活力有显著影响，细胞浓度低时失活较显著。

④ 标记 在无菌状态下，细胞悬液装入冻存管中后，用胶带封裹，做好标记（写上细胞种类、时间及冻存条件等）。

⑤ 冻存 冻存管在4℃下存放30min，转放−20℃ 1.5～2h，再转入−70℃ 4～12h后即可转移到液氮内（−196℃）。

(2) 细胞复苏

① 融化 从液氮中迅速取出冻存管立即投入到盛有37～40℃温水的有盖容器中解冻。同时用手快速摇动冻存瓶使所含细胞悬液迅速融化，整个过程要求在20～60s内完成，使细胞能快速通过对细胞特别有害的−50～0℃温区。

② 消毒 取出冻存管，用75%酒精清洁管口，打开。

③ 离心 离心去上清液收集细胞，用无血清培养基洗1次，加入3ml新鲜培养基，于100ml培养瓶中培养。

④ 观察与培养 每日观察细胞生长情况，如果死细胞较多，复苏次日应换液。待细胞长满后可进行传代培养。

四、结果与计算

见表2-3。

表2-3 实验结果记录

项目	细胞	基本步骤	效果	分析原因
继代				
冻存				
复苏				

五、注意事项

1. 传代培养时要注意无菌操作并防止细胞之间的交叉污染。所有操作要尽量靠近酒精灯火焰。每次最好只进行一种细胞的操作。

2. 每天观察细胞形态，掌握好细胞是否健康的标准：健康细胞的形态饱满，折光性好，生长致密时即可传代。

3. 如发现细胞有污染迹象，应立即采取措施，一般应弃置污染的细胞，如果必须挽救，可加含有抗生素的PBS或培养基反复清洗，随后培养基中加入较大量的抗生素，并经常更换培养基等。

4. 在使用含有DMSO的冻存液时，因为DMSO在室温状态易损伤细胞，所以在细胞加入冻存液后应尽快放入4℃环境中。

5. 准确记录细胞的种类、冻存时间、冻存液的品种和冻存者的姓名。

六、参考文献

[1] 张铭．细胞工程实验．北京：高等教育出版社，2010.
[2] 杨康鹃，王振华．医学细胞生物学实验指导．北京：人民卫生出版社，2005.
[3] 王振英．细胞生物学综合实验．天津：天津科学技术出版社，2008.

实验四　细胞系培养

一、实验原理

原代培养细胞（primary culture cell），即直接从体内取出的细胞、组织和器官进行的第一次的培养物，一旦已进行传代培养（subculturing），便改称为细胞系（cell line）。如细胞系的生存期有限，则称之为有限细胞系（finite cell line）；已获无限繁殖能力能持续生存的细胞系，称连续细胞系或无限细胞系（infinite cell line）。无限细胞系大多已发生异倍化，具异倍体核型，有的可能已成为恶性细胞，因此本质上已是发生转化的细胞系。无限细胞系有的只有永生性（或不死性），但仍保留接触抑制和无异体接种致癌性；有的不仅有永生性，异体接种也有致瘤性，说明已恶性化。由某一细胞系分离出来的、在性状上与原细胞系不同的细胞系，称该细胞系的亚系（subline）。

各种已被命名和经过细胞生物学鉴定的细胞系或细胞株（cell strain），都是一些形态比较均一、生长增殖比较稳定的和生物性状清楚的细胞群。因此凡符合上述情况的细胞群也可给以相应的名称，即文献中常称之为已鉴定的细胞（certified cell）。已鉴定的细胞可用于各种实验研究和生产生物制品。当前世界上已建的各种细胞系（株）已难胜数，我国也建有百种以上，并在不断增长中。

细胞工程中建立细胞系或细胞株的要求为：一是培养细胞的组织来源，应说明细胞供体的年龄、性别、取材器官或组织等；二是细胞生物学检测，应说明细胞一般和特殊的生物学性状，如细胞的一般形态、特异结构、细胞生长曲线和分裂指数、倍增时间、接种率等；三是培养条件和方法，各种细胞都有自己比较适宜生存的环境，因此应指明使用的培养基、血清种类、用量、培养温度、时间以及细胞适宜生存的pH等。

对已建成的各种细胞株或细胞系的命名大多采用有一定意义的缩写字或代号表示。如：

BHK，幼地鼠肾细胞，主要以组织来源命名；S7811 细胞系，以获得时间、地点来定名；HeLa，来源于宫颈癌细胞，为供体患者姓名（Herietta Lacks）缩写（1991 年此细胞株被命名为 *Helacyton gartleri*）。

肿瘤细胞系或株是现有细胞系中最多的一类，我国已建细胞系主要为这类细胞。肿瘤细胞系多由癌瘤建成，多呈类上皮型细胞，通常已传几十代或百代以上，并具有不死性和异体接种致瘤性。其中 HeLa 细胞系是目前生物学和医学研究中使用最为广泛的一种细胞系。还有 CHO：中国仓鼠卵巢细胞（Chinese Hamster ovary cell，CHO）；宫-743：宫颈癌上皮细胞等。

HeLa 细胞比较容易培养，对环境的少许变化不敏感，对血清的要求也不高，较易进行转染等细胞水平的操作和大规模培养。

二、实验条件

（1）实验材料　培养的 HeLa 细胞。

（2）实验仪器　超净工作台，相差显微镜，倒置显微镜，CO_2 细胞培养箱，离心机，无菌培养瓶或培养皿，微量移液枪，离心管，细胞计数板。

（3）实验试剂　RPMI 1640 传代细胞培养液（含 10%新生牛血清），0.02% EDTA-0.25%胰蛋白酶消化液（用 PBS 配置），PBS 工作液，75% 乙醇，0.1%新洁尔灭（bromo geramine）等。

三、实验步骤

1. 将 25ml 培养细胞瓶置于相差显微镜下，观察细胞的生长状况，选择已长成 90%或致密单层的细胞瓶进行传代培养。

2. 将 RPMI 1640 传代细胞培养液、0.02% EDTA-0.25%胰蛋白酶消化液和 PBS 在水浴中加温至 37℃，用 0.1%新洁尔灭进行容器的表面消毒，进入无菌室。

3. 用 75%乙醇擦拭手和器皿，开启超净工作台。

4. 点燃酒精灯，在火焰区旁打开细胞培养瓶塞，轻轻晃动培养液后将之去除，加 3ml PBS 液，轻轻摇动后倒出。

5. 加入 1ml 0.02% EDTA-0.25%胰蛋白酶消化液，置于室温或 37℃培养箱内，消化 1～2min，于倒置显微镜下检查。待大部分贴壁细胞圆化，翻转培养瓶，肉眼观察细胞单层出现针孔大小的缝隙时倒去消化液。

6. 在消化后的细胞中加入 6ml 细胞培养液，终止消化反应，然后用吸管吸取培养瓶中的培养液，反复吹打细胞瓶的细胞生长面，直至瓶壁上的细胞全部脱落下来为止。

7. 取 1 滴细胞悬液计数。取 1ml、2ml、3ml 的细胞悬液分别装入 3 个 25ml 细胞瓶中，在第 1、第 2 瓶中分别补充 2ml、1ml 细胞培养液。

8. 标记分装好的细胞瓶，注明细胞名称、代数、日期、接种量、操作者等。轻轻摇动细胞瓶，使细胞分布均匀，置 37℃的 CO_2 培养箱中培养。

9. 倒置显微镜下定期观察传代细胞形态和数量，观察培养液颜色变化。

10. 待细胞生长至 90%汇合度后，继续传代。

四、结果与计算

1. 观察细胞变圆时间，以及细胞接近脱壁时间。

2. 观察记录体外培养 HeLa 细胞的形态特征及生长阶段，见表 2-4。

表 2-4 细胞不同生长阶段的形态特征

细胞的生长阶段	悬浮期	贴壁期	延迟期	对数生长期	平台期	衰退期
细胞的形态特征						

3. 计算不同接种密度的细胞增殖程度，并进行分析。

细胞浓度(个/ml)＝平均细胞数(计数细胞总数/10)$\times 10^4$＝计数细胞总数$\times 10^3$

细胞总数(个)＝细胞浓度×细胞悬液总量

五、注意事项

1. 注意无菌操作。

2. 在复苏培养时，HeLa 细胞的生长速度相对较慢，一般传 3 代后，细胞的生长速度就会加快，需要经常观察细胞的密度以便及时传代。

3. 传代培养的时机应控制在 80%～90% 的汇合度最好，过早传代细胞少，过晚传代细胞会老化。

4. 消化时间要适度，过短，细胞不易从瓶壁脱落；过长，对细胞产生损伤。

5. 在吹打消化细胞生长面时，用力要适度，避免产生很多气泡，后者破碎形成的剪切力会伤害细胞。

6. HeLa 细胞因其增殖快速，很容易污染同一实验室的其他细胞培养物，应避免交叉污染。

六、参考文献

[1] 张铭. 细胞工程实验 [M]. 北京：高等教育出版社，2010：15-16.

[2] 弗雷谢尼 R I. 动物细胞培养——基本技术指南 [M]. 第 5 版. 北京：高等教育出版社，2008.

[3] 郝卫东，伍一军，彭双清. 毒理学替代法. 北京：军事医学科学出版社，2009.

实验五 外源基因在哺乳动物细胞系中的表达

一、实验原理

基因工程药物因其具有其他药物无法比拟的优点，已迅速成为制药工业中一个引人瞩目的领域。基因工程药物的主要环节包括：①基因的克隆和表达载体的构建；②转染并筛选阳性细胞；③重组细胞的培养；④目的产物的鉴定和分离纯化。

目前，通过动物细胞培养生产基因工程药物已成为生物制药产业的主要支柱。2000 年以来，哺乳动物细胞表达系统受到国际各大制药公司的重视，美国在研药物中，70% 是以中国仓鼠卵巢细胞（Chinese Hamster ovary cell，CHO）为主的哺乳动物细胞系表达的。

CHO 细胞作为目前表达和制备人类药用糖基化蛋白质首选体系，具备许多优点：①具有准确的转录后修饰功能，表达的糖基化药物蛋白在分子结构、理化特性和生物学功能方面最接近于天然蛋白分子；②具有产物胞外分泌功能，便于下游产物分离纯化；③具有重组基因的高效扩增和表达能力；④具有贴壁生长特性，且有较高的耐受剪切力和渗透压能力，可以进行悬浮培养，表达水平较高。

CHO 细胞属于成纤维细胞（fibroblast），既可以贴壁生长，也可以悬浮生长，很少分泌自身的内源蛋白，利于外源蛋白的分离。目前常用的 CHO 细胞包括原始 CHO 和二氢叶酸还原酶双倍体基因缺失型（DHFR）突变株CHO。

本实验应用已经稳定转染了人类乙肝病毒表面抗原S基因的中国仓鼠细胞CHO-C28细胞株，进行转瓶培养，在合适的温度和培养基中，细胞增殖并表达乙肝病毒表面抗原S蛋白（HBsAg），S蛋白在信号肽的帮助下分泌到细胞外的培养基中。通过连续离心去除细胞及其碎片，收集上清液，通过免疫学的方法测定HBsAg的表达水平。

二、实验条件

（1）实验材料　CHO-C28细胞（基因工程重组CHO细胞，基因组中整合了乙肝病毒表面抗原S基因）。

（2）实验仪器　超净工作台，转瓶，转瓶机，CO_2细胞培养箱，离心机，无菌培养瓶或培养皿，微量移液枪，离心管，血球计数板，酶标仪，乙肝表面抗原ELISA检测试剂盒。

（3）实验试剂

① 完全培养基　DMEM培养液＋10％胎牛血清＋双抗（100μg/ml链霉素、100U/ml青霉素）。

② 胰酶消化液　0.25g胰酶溶于1L无菌PBS中（1×PBS：3.63g $Na_2HPO_4 \cdot 12H_2O$、0.2g KCl、8.0g NaCl、0.24g KH_2PO_4，用0.1mol/L NaOH调节pH至7.4，加ddH_2O定容至1L）。过滤除菌，4℃保存。

三、实验步骤

1. 从CO_2培养箱中取出在细胞培养皿中的CHO-C28细胞株（基因组中整合了乙肝病毒表面抗原S基因），在超净工作台中吸去培养液，加入胰酶消化液洗一次，吸去，再加入新鲜胰酶消化液于培养箱中消化5min，添加完全培养基终止消化。

2. 以吸管吹散细胞后，用血球计数板计数。

3. 在2L的转瓶内添加含有5％胎牛血清的DMEM培养基150ml，以1.3×10^5个/ml的密度接种细胞，37℃转瓶培养，转数为12～15r/h。

4. 隔天取出培养瓶，将培养液移至无菌离心管中，1000r/min离心10min，收集培养液，在离心管中加入含5％胎牛血清的DMEM培养基将细胞混匀，移至培养转瓶，补充培养基至150ml，继续培养。

5. 按照乙肝表面抗原检测试剂盒说明书的操作步骤，检测收集的培养液中乙肝疫苗的滴度。

四、结果与计算

1. CHO-C28细胞株的基因组中整合了乙肝表面抗原S基因，在合适的条件下表达并分泌S蛋白至细胞培养基中。试剂盒采用ELISA法检测，并用底物TMB显色，TMB在过氧化物酶的催化下转化成蓝色，并在酸的作用下转化成最终的黄色。颜色的深浅和样品中的乙型肝炎病毒表面抗原（HBsAg）呈正相关。

2. 用酶标仪在450nm波长下测定吸光度（OD值），计算样品浓度。

绘制标准曲线：在Excel工作表中，以标准品浓度作横坐标、对应OD值作纵坐标，绘制出标准品线性回归曲线，按曲线方程计算各样本浓度值。

五、注意事项

1. 严格做好实验器皿的清洗、消毒、灭菌工作及培养液、培养基的无菌处理。

2. 注意消化环节。37℃预热胰酶，吸除培养瓶中的培养液，以 PBS（无钙镁）洗涤细胞 1 次后，加入少量胰酶，覆盖细胞即可。注意镜下观察细胞状态，一旦出现细胞回缩形态变圆即停止消化。初次操作时，保留上清液以防不测，不要倒掉。

3. 细胞生长与否不能作为细胞生长状态好坏的唯一标准，必须全面分析。

4. 按试剂盒说明书的要求准备实验中需用的试剂。ELISA 中用的蒸馏水或去离子水，包括用于洗涤的，应为新鲜的和高质量的。自配的缓冲液应用 pH 计测量校正。从冰箱中取出的试验用试剂应待温度与室温平衡后使用。

六、参考文献

[1] 李志勇．细胞工程实验［M］．北京：高等教育出版社．2010：49-51.

[2] 刘文献．产 HBsAg CHO 细胞无血清培养研究［J］．中国生物工程杂志，2002，22（4）：93-96.

[3] 张艳，时成波，郭丽等．HBsAg 真核表达载体的构建及其在 CHO 细胞中的表达［J］．中国实验诊断学，2007，11（10）：1287-1289.

（本章由叶亚新、袁红霞编写）

第三章　微生物技术

实验一　水中细菌总数的测定

一、实验原理

水中细菌总数可作为判定被测水样被有机物污染程度的标志，细菌数量越多，则表明水中有机物质含量越大。本实验采用普通细菌琼脂培养基和平板菌落计数方法测定水中细菌总数近似值。细菌总数是指 1ml 水样在普通牛肉膏蛋白胨琼脂培养基中，经 37℃培养 24h 后所生长的细菌菌落数。由于水中细菌种类繁多，它们对营养和其他生长条件的要求差别很大，因此，只能检测水中细菌总数近似值。我国饮用水卫生标准（GB 5749—85）规定 1ml 自来水中细菌总数不得超过 100 个，建设部于 2005 年将细菌总数规定为≤80CFU/ml。除采用平板菌落计数方法测定水中细菌总数外，现已有许多快速、简便的微生物检测仪或试剂纸（盒或卡）等也用来测定水中细菌总数。

二、实验条件

（1）实验材料　自来水，池水，河水或湖水。

（2）实验仪器　灭菌三角瓶，灭菌带玻璃塞瓶，灭菌培养皿，灭菌吸管，灭菌试管等。

（3）实验试剂和培养基　牛肉膏蛋白胨琼脂培养基，无菌水。

三、实验步骤

1. 水样的采取

（1）自来水　先将自来水龙头用火焰烧灼 3min 灭菌，打开水龙头使水流出 5min 后，再用灭菌三角瓶接取水样，马上检测。

（2）池水、河水或湖水　应取距水面 10～15cm 的深层水样，先将已灭菌的带玻璃塞瓶瓶口向下浸入水中，然后翻转过来，拔去瓶塞，水流入瓶中，即将盛满时，以瓶塞盖好再从水中取出，尽早分析。

2. 水中细菌总数测定

（1）自来水

① 用灭菌吸管吸取 1ml 自来水样，注入灭菌培养皿中，每个水样重复两皿。

② 培养皿中加入 15ml 已融化并冷却至 45～50℃的牛肉膏蛋白胨琼脂培养基，并立即轻轻摇动，使水样与培养基充分混匀，冷却凝固后成为带菌平板。

③ 将平板倒置，放入 37℃恒温箱中培养 24h，进行菌落计数。两个平板的平均菌落数即为 1ml 水样的细菌总数。

（2）池水、河水或湖水

① 水样稀释　取 3 支灭菌空试管，分别加入 9ml 灭菌水。取 1ml 水样加入第一支试管

中（注意：此吸管因接触过原水样，不能再接触第一支试管的液体），摇匀，另取一支 1ml 灭菌吸管从第一支试管中吸 1ml 水样至第二支中，摇匀，依此类推。3 支试管中水样的稀释倍数依次为 10^{-1}、10^{-2}和 10^{-3}。

② 加稀释水样　在 3 支稀释度的试管中各取 1ml 稀释水样加入无菌培养皿中，每一稀释度重复两皿。

③ 加入融化的培养基　在上述每个培养皿中加入 15ml 已融化并冷却至 45～50℃的牛肉膏蛋白胨琼脂培养基，充分摇匀，冷却凝固后成为带菌平板。

④ 保温培养　将平板倒置，放入 37℃恒温箱中培养 24h。

3. 细菌菌落计数

将培养 24h 的平板取出，肉眼观察，计算平板上的细菌菌落数。细菌菌落总数计算通常是采用同一浓度的两个平板平均菌落数，乘以该浓度的稀释倍数，即得 1ml 水样中细菌菌落总数。

(1) 首先选择平均菌落数在 30～300 之间的，当只有一个稀释度的平均菌落数符合此范围时，则以该平均菌落数乘其稀释倍数即为该水样的菌落总数（见表 3-1 例 1）。

(2) 若有两个稀释度平均菌落数均在 30～300 之间的，则按两者菌落总数之比值来决定。若其比值小于 2，应取二者的平均数，若大于 2 则取其中较小的菌落总数（见表 3-1 例 2 和例 3）。

(3) 若所有稀释度的平均菌落数均大于 300，则应按稀释度最高的平均菌落数乘以稀释倍数（见表 3-1 例 4）。

(4) 若所有稀释度的平均菌落数均小于 30，则应按稀释度最低的平均菌落数乘以稀释倍数（见表 3-1 例 5）。

(5) 若所有稀释度平均菌落数均不在 30～300 之间的，则以最接近 300 或 30 的平均菌落数乘以稀释倍数（见表 3-1 例 6）。

(6) 若同一稀释度的两个平板中，其中一个平板有较大片状菌苔生长，则该平板的数据不予采用，而应以无片状菌苔生长期的平板作为该稀释度的平均菌落数。若片状菌苔大小不到平板的一半，而其余的一半菌落分布又很均匀时，则可将此一半的菌落数乘 2 以代表全平板的菌落数，然后再计算该稀释度的平均菌落数。

表 3-1　菌落总数计算方法举例

例　次	不同稀释度平均菌落			两稀释度菌落数之比	菌落总数 /(cfu/ml)
	10^{-1}	10^{-2}	10^{-3}		
例 1	1365	164	20	—	16400 或 1.6×10^4
例 2	2760	295	46	1.6	37750 或 3.8×10^4
例 3	2890	271	60	2.2	27100 或 2.7×10^4
例 4	无法计数	1650	513	—	513000 或 5.1×10^5
例 5	27	11	5	—	270 或 2.7×10^2
例 6	无法计数	305	12	—	30500 或 3.1×10^4

四、结果与计算

将各水样测定平板中细菌菌落的计数结果记录在表 3-2 中。

表 3-2 细菌菌落计数结果

水样	原水样平均菌落	不同稀释度平均菌落			菌落总数/(cfu/ml)
		10^{-1}	10^{-2}	10^{-3}	
自来水					
河水					
湖水					
池水					

五、注意事项

1. 水样采集后，应迅速测定，若来不及测定，应放在 4℃冰箱存放。若无低温保藏条件，应在报告中注明水样采集与测定的时间。一般较清洁的水可在 12h 内测定，污水须在 6h 内结束测定。

2. 稀释倍数视水样污染程度而定，以培养后平板的菌落数在 30～300 个之间的稀释度为宜。若 3 个稀释度的菌落均过多或过少而无法计数，则需继续调整稀释度直至合适为止。一般中等污染的水样，取 10^{-1}、10^{-2}、10^{-3} 三个连续稀释度，污染严重的取 10^{-2}、10^{-3}、10^{-4} 三个连续稀释度。

3. 菌落总数计算时，采用科学计数法表示的两位以后的数字采取四舍五入法取舍。

六、参考文献

[1] 周德庆．微生物学实验教程．第 2 版．北京：高等教育出版社，2006.
[2] 沈萍，陈向东．微生物学实验．第 4 版．北京：高等教育出版社，2007.
[3] 沈萍，范秀容，李广武．微生物学实验．第 3 版．北京：高等教育出版社，1999.
[4] 钱存柔，黄仪秀．微生物学实验教程．第 2 版．北京：北京大学出版社，2008.

实验二 多管发酵法测定水中大肠菌群

一、实验原理

若水源被粪便污染，则有可能也被肠道病原菌污染，然而肠道病原菌在水中易死亡、易变异，数量少，难检测，这就要找到一个合适的指示菌，此指示菌的要求是：粪便中大量出现的非病原菌，易检出。最广泛应用的指示菌是大肠菌群，它主要包括埃希菌属、肠杆菌属、克雷伯菌属和柠檬酸杆菌属，其特点是：好氧和兼性厌氧、革兰阴性、无芽孢的杆状细菌、在乳糖培养基中 37℃培养 24～48h 能产酸产气。通常可根据水中大肠菌群数目来判断水源是否被粪便污染，并可间接推测水源受肠道病原菌污染的可能性和污染程度。

我国规定每升自来水中大肠菌群小于等于 3 个；加氯消毒即供饮用水的水源水中大肠菌群小于等于 1000 个；净化及加氯消毒后供饮用水的水源水中大肠菌群小于等于 10000 个。检测大肠菌群的方法有多管发酵法与滤膜法和各种各样快速、简便的微生物检测仪或试剂纸（盒或卡）等。本实验介绍的是多管发酵法，多管发酵法又称水的标准分析方法，为我国大多数环保、卫生和水厂等单位所采用，包括初步发酵试验、平板分离试验和复发酵试验三个部分。

1. 初步发酵试验

利用大肠菌群在 37℃培养 24h 能发酵乳糖而产酸产气的原理来检测。发酵管内装有加入溴甲酚紫的乳糖蛋白胨液体培养基，其内倒置一德汉氏小套管。乳糖起选择作用，因为很多细菌不能发酵乳糖，而大肠菌群能发酵乳糖产酸产气。溴甲酚紫不仅作为pH指示剂，细菌产酸后由紫色变为黄色，还可抑制其他细菌如芽孢菌的生长。细菌的产气可通过德汉氏小管内产生的气泡来鉴别。水样接种于发酵管内，37℃培养24h后，当小套管内有气泡产生且培养基浑浊，培养基的颜色由紫色变为黄色时，说明水中存在大肠菌群。但是，有个别其他类型的细菌在此条件下可能产气，而不属大肠菌群；此外，产酸不产气的发酵管，也不一定是非大肠菌群，因其在量少的情况下，也可能延迟48h后才产气，这两种情况应视为可疑结果。因此，需继续进行下面的试验，才能确定是否是大肠菌群。48h后仍不产气的为阴性结果。

2. 平板分离试验

平板分离使用伊红美蓝琼脂培养基（EMB）。EMB培养基中的伊红和美蓝两种苯胺染料可抑制G^+细菌和一些难培养的G^-细菌。大肠菌群发酵造成酸性环境时，EMB中伊红与美蓝作为指示剂，结合成复合物，使大肠菌群产生带核心的、有金属光泽的深紫色（龙胆紫）菌落。初发酵管24h内产酸产气和48h产酸产气的均需在以上平板上划线分离，培养后将符合大肠菌群菌落特征的菌落进行革兰染色，染色为阴性、无芽孢杆菌的菌落则为大肠菌群阳性菌落。

3. 复发酵试验

将以上试验证实为大肠菌群阳性的菌落，进行复发酵接种，和初发酵试验原理一样，即根据大肠菌群能发酵乳糖而产酸产气的原理，经24h培养既产酸又产气的，最后确定为大肠菌群阳性结果，再根据初发酵试验的大肠菌群阳性管（瓶）数目，查阅大肠菌群检数表，得出总大肠菌群数。

二、实验条件

（1）实验材料　自来水，池水，河水或湖水等。

（2）实验仪器　干热灭菌箱（干燥箱或烘箱），培养箱，高压蒸汽灭菌锅，洁净工作台，显微镜，灭菌三角瓶，灭菌培养皿，灭菌试管，灭菌吸管等。

（3）实验试剂　普通浓度乳糖蛋白胨发酵管（内有倒置德汉氏小套管）培养基，3倍浓缩乳糖蛋白胨发酵管（内有倒置德汉氏小套管）培养基，伊红美蓝琼脂平板，革兰染色液，灭菌水。

三、实验步骤

1. 培养基配制

（1）普通浓度乳糖蛋白胨培养基　将蛋白胨10g、牛肉膏3g、乳糖5g和NaCl 5g加热溶解于1000ml蒸馏水中，调pH至7.2～7.4，加入1.6%溴甲酚紫乙醇溶液1ml，充分混匀，分装于有小倒管的试管或锥形瓶中，115℃灭菌20min。

（2）3倍浓缩乳糖蛋白胨培养基　配制方法同普通浓度乳糖蛋白胨培养基，但按上述乳糖蛋白胨培养基浓缩3倍配制。

（3）伊红美蓝培养基（EMB培养基）　称取伊红美蓝琼脂混合试剂35 g，取少量蒸馏水加热溶化后溶解于1000ml蒸馏水中，116℃灭菌20min。灭菌后，冷却至45℃左右时倒平板备用。

2. 自来水检查

（1）水样的采取　火焰烧灼水龙头3min灭菌，放水5min后，用灭菌三角烧瓶接取水样，待分析。

（2）初发酵试验　在2个含有50ml 3倍浓缩的乳糖蛋白胨发酵三角瓶中，各加入100ml水样。在 10 支含有 5ml 3 倍浓缩乳糖蛋白胨发酵管中，各加入 10ml 水样。混匀后，37℃培养 24h，观察各发酵管的产酸产气情况，若 24h 只产酸不产气或只产气不产酸的发酵管需继续培养至 48h。

（3）平板分离 经 24h 培养后，将产酸产气（阳性）及 48h 产酸产气的发酵管（瓶），分别划线接种于伊红美蓝琼脂平板上，37℃培养 18～24h，将符合下列特征的菌落的一小部分进行涂片、革兰染色和镜检。

① 深紫黑色、有金属光泽；

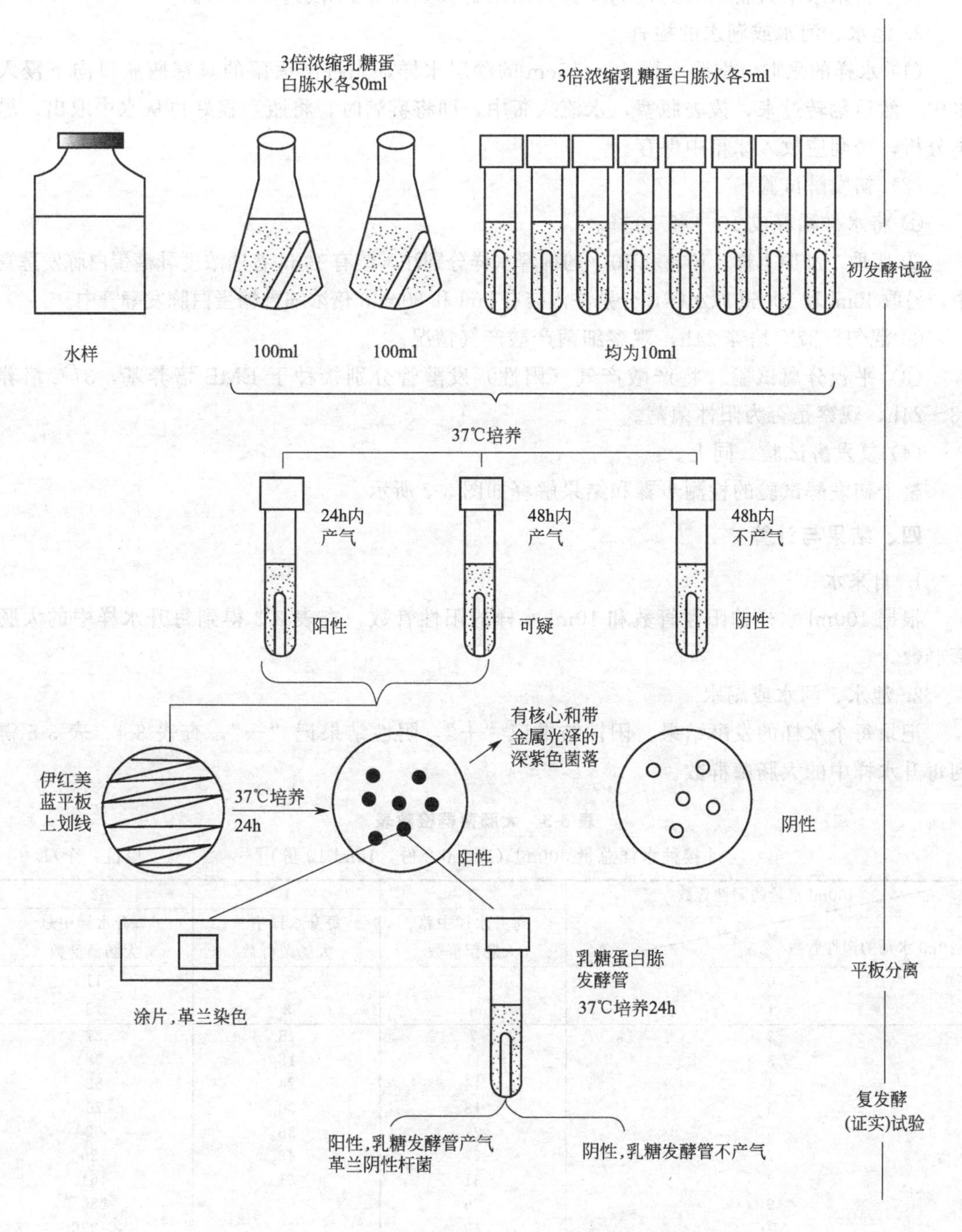

图 3-1 自来水中大肠菌群的检测步骤和结果解释

② 紫黑色、不带或略带金属光泽；

③ 淡紫红色、中心颜色较深。

(4) 复发酵试验　镜检后发现为革兰阴性（染色为红色）、无芽孢且为杆菌的菌落，可以进行复发酵试验。挑取该菌落的另一部分重新接种于普通浓度的乳糖蛋白胨发酵管中，每管可接种来自同一初发酵管的同类型菌落1～3个，摇匀后置37℃恒温箱中培养24h，若产酸又产气，即证实有大肠菌群存在。

关于自来水中大肠菌群的检测步骤和结果解释如图3-1所示。

3. 池水、河水或湖水的检查

(1) 水样的采取　取距水面10～15cm的深层水样，先将已灭菌的具塞瓶瓶口向下浸入水中，然后翻转过来，拔去瓶塞，水流入瓶中，即将盛满时，将瓶塞盖好再从水中取出，尽早分析，否则应放入冰箱中保存。

(2) 初发酵试验

① 将水样稀释成10^{-1}和10^{-2}。

② 吸取1ml原水样、10^{-1}和10^{-2}的稀释水样分别注入装有10ml普通浓度乳糖蛋白胨发酵管中，另取10ml和100ml原水样，分别注入装有5ml和50ml 3倍浓缩乳糖蛋白胨发酵管中。

③ 混匀，37℃培养24h，观察细菌产酸产气情况。

(3) 平板分离试验　将产酸产气（阳性）发酵管分别接种于EMB培养基，37℃培养18～24h，观察是否为阳性菌落。

(4) 复发酵试验　同上。

整个初发酵试验的检测步骤和结果解释如图3-2所示。

四、结果与计算

1. 自来水

根据100ml水样的阳性管数和10ml水样的阳性管数，查表3-3得到每升水样中的大肠菌群数。

2. 池水、河水或湖水

记录每个水样的发酵结果，阳性结果记“＋”，阴性结果记“－”，查表3-4、表3-5得到每升水样中的大肠菌群数。

表3-3　大肠菌群检数表

［接种水样总量300ml（100ml 2份，10ml 10份）］　　单位：个/L

10ml水量的阳性管数 \ 100ml水量的阳性管数	0	1	2
	每升水样中总大肠菌群数	每升水样中总大肠菌群数	每升水样中总大肠菌群数
0	<3	4	11
1	3	8	18
2	7	13	27
3	11	18	38
4	14	24	52
5	18	30	70
6	22	36	92
7	27	43	120
8	31	51	161
9	36	60	230
10	40	69	>230

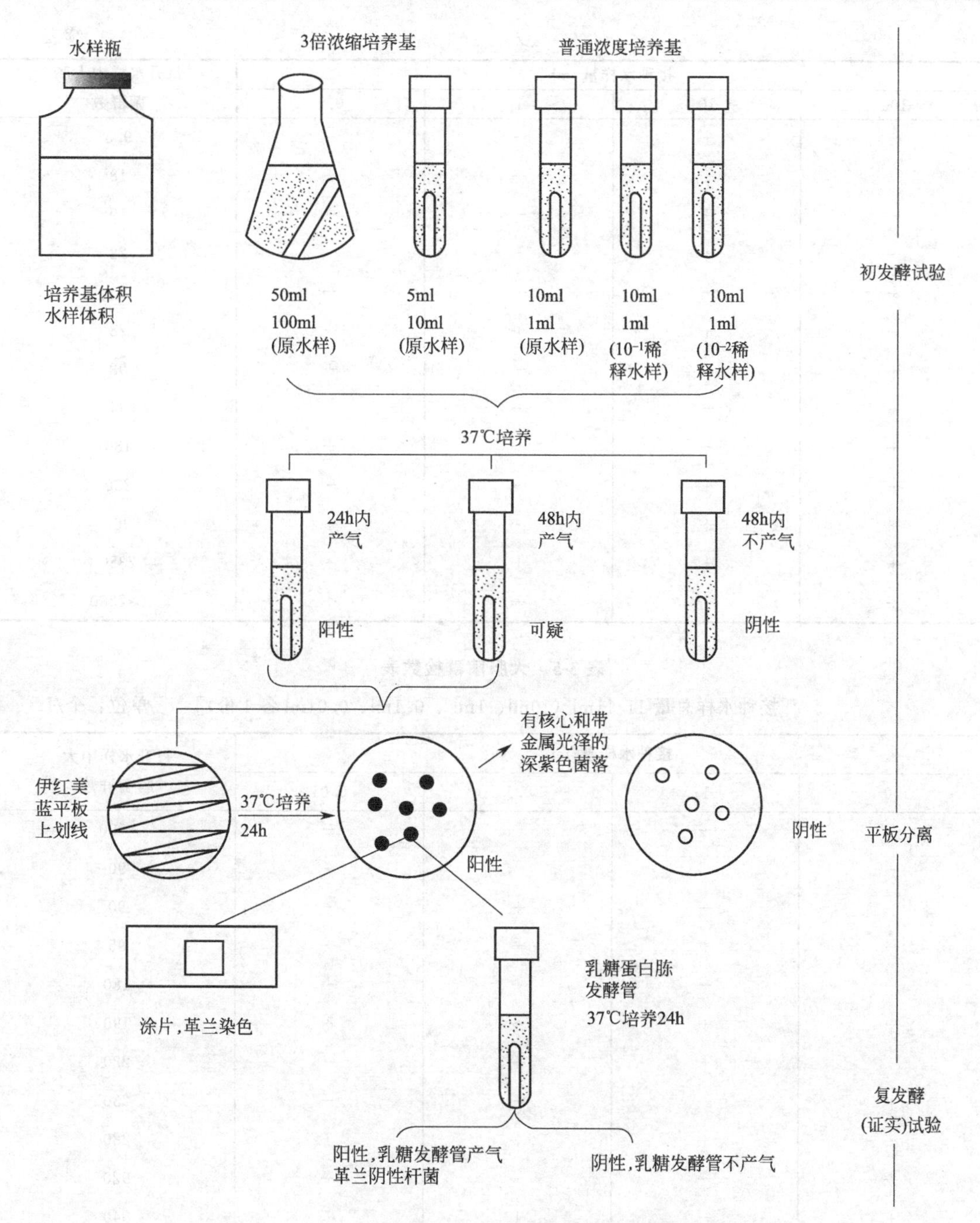

图 3-2　池水、河水或湖水中大肠菌群的检测步骤和结果解释

表 3-4　大肠菌群检数表

[接种水样总量 111.1ml（100ml、10ml、1ml、0.1ml 各 1 份）]　　单位：个/L

接种水样量/ml				每升水样中大肠菌群数
100	10	1	0.1	
－	－	－	－	＜9
－	－	－	＋	9
－	－	＋	－	9

续表

接种水样量/ml				每升水样中大肠菌群数
100	10	1	0.1	
－	＋	－	－	9.5
－	－	＋	＋	18
－	＋	－	＋	19
－	＋	＋	－	22
＋	－	－	－	23
－	＋	＋	＋	28
＋	－	－	＋	92
＋	－	＋	－	94
＋	－	＋	＋	180
＋	＋	－	－	230
＋	＋	－	＋	960
＋	＋	＋	－	2380
＋	＋	＋	＋	＞2380

表 3-5　大肠菌群检数表

［接种水样总量 11.11ml（10ml、1ml 、0.1ml、0.01ml 各 1 份）］　单位：个/L

接种水样量/ml				每升水样中大肠菌群数
10	1	0.1	0.01	
－	－	－	－	＜90
－	－	－	＋	90
－	－	＋	－	90
－	＋	－	－	95
－	－	＋	＋	180
－	＋	－	＋	190
－	＋	＋	－	220
＋	－	－	－	230
－	＋	＋	＋	280
＋	－	－	＋	920
＋	－	＋	－	940
＋	－	＋	＋	1800
＋	＋	－	－	2300
＋	＋	－	＋	9600
＋	＋	＋	－	23800
＋	＋	＋	＋	＞23800

五、注意事项

对池水、河水或湖水等水样中的大肠菌群进行检测时，由于水中有时所含大肠菌群数量较多，因而上述水样的稀释倍数可适当增大，才能取得较理想的结果。

六、参考文献

[1] 沈萍，范秀容，李广武．微生物学实验．第3版．北京：高等教育出版社，1999.
[2] 周德庆．微生物学实验教程．第2版．北京：高等教育出版社，2006.
[3] 钱存柔，黄仪秀．微生物学实验教程．第2版．北京：北京大学出版社，2008.

实验三 废水硝化-反硝化生物脱氮

一、实验原理

1. 生物硝化阶段

生物硝化过程包括两个步骤，第一步是由亚硝化细菌将铵态氮转化为亚硝酸盐，亚硝化细菌包括亚硝酸单胞菌属、亚硝酸螺杆菌属和亚硝化球菌属。第二步由硝化细菌将亚硝酸盐氧化成硝酸盐，硝化细菌包括硝酸杆菌属、螺菌属和球菌属。亚硝化菌和硝化菌统称为硝化细菌。硝化细菌属于自养型好氧微生物。这类菌以无机碳化物为碳源，从 NH_3、NH_4^+ 或 NO_2^- 的氧化反应中获取能量，这两步反应均需在有氧条件下进行。

2. 生物反硝化过程

反硝化反应是将硝酸盐或亚硝酸盐还原成分子氮，反应在无氧条件下进行。此反应是由反硝化细菌完成。反硝化细菌属于异养型兼性厌氧微生物。反硝化细菌包括假单胞菌属、反硝化杆菌属、螺旋菌属和无色杆菌属等。它们在低氧浓度环境中可利用硝酸盐中的氧作为电子受体，有机物为碳源及电子供体，因此废水处理中应提供必要的碳源。

二、实验条件

(1) 实验材料 活性（颗粒）污泥，模拟生活污水。

(2) 实验仪器 生物脱氮实验装置，此装置配备SBR反应器，其直径为150mm、高为500mm，总有效容积为7.5L，采用鼓风曝气（用转子流量计调节曝气量），恒温器控制水温，如图3-3所示。

电控恒温水浴锅，化学耗氧量（COD_{Cr}）测定装置和pH酸度计。

(3) 实验试剂 淀粉，葡萄糖，蛋白胨，牛肉膏，$Na_2CO_3 \cdot 10H_2O$，$NaHCO_3$，Na_3PO_4，尿素，$(NH_4)_2SO_4$。

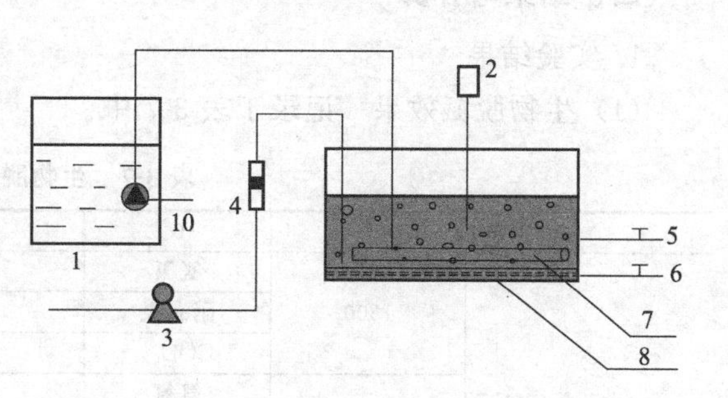

图3-3 SBR反应装置示意图

1—水箱；2—搅拌设备；3—气泵；4—气体流量计；5—排水口；6—排泥口；7—潜水式恒温器；8—曝气头；9—自控装置；10—进水泵

三、实验步骤

1. 实验准备

(1) 仪器及试剂的准备 调整并校验COD_{Cr}、pH值测定仪器，配制测定过程所需化学标准试剂。

（2）人工合成生活污水的配制　根据表 3-6 中的组成成分进行定量混合，混合均匀后，测定其 COD_{Cr} 浓度后备用。

表 3-6　人工合成生活污水配制表

材料名称	数量	材料名称	数量
淀粉	0.067g	$NaHCO_3$	0.02g
葡萄糖	0.05g	Na_3PO_4	0.017g
蛋白胨	0.033g	尿素	0.022g
牛肉膏	0.017g	$(NH_4)_2SO_4$	0.028g
$Na_2CO_3 \cdot 10H_2O$	0.067g	水	1000ml

（3）实验操作模式　进水—溶解氧控制仪控制曝气（10h）—沉降（1h）—排水。为了保证硝化反应所需酸度，在曝气 3h 后向反应器投加 1g 左右的碳酸氢钠，反应器每周期处理水量 3L，为反应器有效容积的 60%。在实际操作过程中，溶解氧控制仪控制充氧仪间歇曝气，以使溶解氧控制在恒定的水平。除沉降期间外，整个过程辅以电动搅拌器低速搅拌。

（4）污泥接种及驯化过程　将取自城市生活污水处理厂的曝气池污泥作为本实验的接种污泥，污泥接种后要进行培养驯化，驯化期间采用进水—曝气（7h）—沉降（1h）—排水的操作模式，逐渐增加进水的 COD_{Cr} 负荷及氨氮负荷。

2. 实验过程

（1）活性污泥浓度对硝化反应的影响　考察 4 种混合液污泥浓度 1500mg/L、2500mg/L、3500mg/L 和 5000mg/L 对硝化反应的影响，同时通过溶解氧控制仪将曝气期间的溶解氧浓度（DO）控制在约 2.0mg/L，采取跟踪监测采样分析，每隔 2h 检测其 COD_{Cr}、氨氮浓度和硝态氮浓度。

（2）溶解氧浓度对硝化-反硝化的影响　通过溶解氧控制仪使整个曝气过程中混合液溶解氧浓度分别控制在 3.8～4.2mg/L、1.8～2.2mg/L 和 0.3～0.7mg/L，考察 3 种溶解氧浓度对硝化-反硝化的影响，同时实验反应器内污泥浓度控制在 3500～4500mg/L，每隔 2h 取样监测其 COD_{Cr}、氨氮浓度和硝态氮浓度。

（3）温度对同步硝化-反硝化的影响　控制实验条件 pH 为 8.5、溶解氧浓度为 2～3mg/L、污泥浓度为 3500～4500mg/L，考察不同温度 (15±2)℃、(20±2)℃、(25±2)℃对硝化与反硝化的影响，采取跟踪监测采样分析，每隔 2h 检测其 COD_{Cr}、氨氮浓度和硝态氮浓度。

四、结果与计算

1. 实验结果

（1）生物脱氮效果　记录于表 3-7 中。

表 3-7　生物脱氮效果记录

时间/h		0	2	4	6	8
污泥浓度/(mg/L)	1500	氨氮				
		硝态氮				
		COD_{Cr}				
	2500	氨氮				
		硝态氮				
		COD_{Cr}				
	3500	氨氮				
		硝态氮				
		COD_{Cr}				

续表

时间/h			0	2	4	6	8
污泥浓度/(mg/L)	5000	氨氮					
		硝态氮					
		COD_{Cr}					
溶解氧/(mg/L)	0.3～0.7	氨氮					
		硝态氮					
		COD_{Cr}					
	1.8～2.2	氨氮					
		硝态氮					
		COD_{Cr}					
	3.8～4.2	氨氮					
		硝态氮					
		COD_{Cr}					
温度/℃	15±2	氨氮					
		硝态氮					
		COD_{Cr}					
	20±2	氨氮					
		硝态氮					
		COD_{Cr}					
	25±2	氨氮					
		硝态氮					
		COD_{Cr}					

（2）生物脱氮过程　记录于表 3-8 中。

表 3-8　生物脱氮过程记录

日　期	进水量/(L/h)	进水/(mg/L)		出水/(mg/L)		去除率/%	
		NH_4-N	COD_{Cr}	NH_4-N	COD_{Cr}	NH_4-N	COD_{Cr}

2. 结果讨论

（1）绘制不同控制参数条件下，生物脱氮过程中 COD_{Cr}、氨氮浓度和硝态氮浓度随时间变化的曲线，总结其在硝化与反硝化脱氮过程中的变化趋势和规律。

（2）绘制整个系统稳定运行后氨氮去除及 COD_{Cr} 去除的变化曲线，分析对硝化与反硝化生物脱氮过程产生影响的各种因素。

五、注意事项

1. 整体反应装置应提前 1～2 周时间进行污泥的培养和驯化工作，并采用人工模拟污水进行正常启动，确保开展实验时系统的稳定性。

2. 实验过程中要密切注意硝化装置的传感器的灵敏性，并对其进行校核，读数要准确，操作过程中要认真细致。

六、参考文献

[1] 冯叶成，王建龙，钱易．同时硝化反硝化的试验研究．上海环境科学，2002，21 (9)：527-529.

[2] 于德爽，彭有臻，张相中等．中温短程硝化反硝化的影响因素研究．中国给水排水，2003，9 (1)：40-42.

[3] 吕锡武，李从娜，稻森悠平．溶解氧及活性污泥浓度对同步硝化反硝化的影响．城市环境与城市生态，2001，14 (1)：33-35.

[4] 顾国维．水污染治理技术研究．上海：同济大学出版社，1997.

实验四　微生物吸附法去除重金属

一、实验原理

生物吸附是用生物材料（藻类、真菌、细菌及其代谢产物）吸附水溶液中的重金属，具有吸附剂来源丰富、选择性好、去除效率高等特点。尤其在低浓度废水处理中具有优势。在后处理时，用一般的化学方法如调节 pH、加入较强络合能力的解附剂，就可以解吸生物吸附剂上的重金属离子，回收吸附剂，以循环利用。该法以其原材料来源丰富、成本低、吸附速度快、吸附量大、选择性好等优势受到重视。

二、实验条件

(1) 实验材料　啤酒酵母。

(2) 实验仪器　分光光度计，精密 pH 计，高压蒸汽灭菌锅，天平，离心机，烘箱，三角瓶，烧杯，搅拌棒，离心管。

(3) 实验试剂　PDA 液体培养基，50mg/L $Pb(NO_3)_2$ 溶液，0.5% H_2SO_4，0.5% NaOH，1% HCl 溶液，1mol/L HCl 溶液，95% 乙醇，双蒸水。

三、实验步骤

1. 菌体的培养

将啤酒酵母斜面菌种接种至种子培养基中，28℃振荡培养 24h，然后转接至液体培养基中，28℃振荡培养 48h，5000r/min 离心 10min，弃上清液，收集菌体待用。

2. 菌体的预处理

以蒸馏水洗涤 3 次，然后离心（5000r/min 离心 10min），将 0.085g 的微生物菌体分别浸泡于 10ml 0.1mol/L NaOH、10ml 0.1mol/L HCl 和 30% 乙醇中 40min（28℃），然后用蒸馏水洗涤 3 次，离心备用，以未处理的菌体为对照。

3. 重金属吸附

分别称取干重为 200mg 经预处理的生物材料于三角瓶中，加入 100ml 50mg/L $Pb(NO_3)_2$溶液，然后置于恒温振荡器上振荡 24h（21℃）。通过滴加 0.1mol/L HCl 和 0.1mol/L NaOH 调节平衡期间变化的 pH 值，保持溶液 pH 值为 5。用 0.45 μm 微孔滤膜过滤后，以原子吸收分光光度计（Varian，AA20）测定滤液中剩余的重金属离子浓度。

4. 重金属解吸

将吸附了重金属的微生物菌体投入到含有 0.1mol/L Na_2CO_3、0.1mol/L CH_3COOK、0.1mol/L EDTA 或 HCl 的溶液中，调节 pH 值为 2，在 30℃下解析 1h，使用蒸馏水对解吸后的菌体洗涤三次，5000r/min 离心 10min 后备用。

5. 菌体再生和回用实验

重复步骤 2 和步骤 3，进行回用实验。

四、结果与计算

1. 比较不同处理方法的菌体在重金属去除效率上的差异，为何会有这种差异？

2. 比较再生菌体和原菌体在去除效率上的差异，解释差异出现的原因。

五、注意事项

1. 要严格控制菌体培养时间，因为培养时间不同吸附效果不同。

2. 认真调节溶液 pH 值，pH 影响重金属离子的存在状态。

六、参考文献

[1] 陈明，赵永红．微生物吸附重金属离子的试验研究．南方冶金学院学报，2001，22（3）：168-173.

[2] 黄民生，施华丽，郑乐平．曲霉对水中重金属的吸附去除．上海环境科学，2002，21（2）：89-92.

[3] 赵勇，魏国良，魏晓慧．多种材料对重金属 Cr(Ⅵ) 的吸附性能研究．安全与环境学报，2003，3（1）：25-29.

实验五 有机污染物的微生物降解

一、实验原理

在无需提供氧气的条件下，在多种厌氧微生物的作用下，就可将有机污染物转化成沼气（甲烷和二氧化碳）、水和少量细胞物质，这个过程称为厌氧消化。由于厌氧消化过程具有运行费用低、去除有机污染物负荷能力高的特点，目前已成为有机污染物处理和能源回收利用相结合的主要工艺之一。该工艺广泛应用于有机废弃物处理、有机废水净化的工程实际应用过程中，并取得了较好的环境效益和社会效益。

厌氧和兼性厌氧微生物在无氧条件下对有机污染物的降解过程受 pH、碱度、温度、负荷率等因素的影响，其产气量与操作条件、污染物种类有关。采用此工艺设计前，一般都要经过实验室研究确定该种类型的有机废物（水）是否适合于厌氧消化处理。

此过程分为三个阶段：

第一阶段为水解、发酵阶段，此阶段复杂有机物在微生物作用下进行水解和发酵。例如，多糖水解为单糖，再通过酵解途径进一步发酵成乙醇和脂肪酸，如丙酸、丁酸、乳酸等；蛋白质则先水解为氨基酸，再经脱氨基作用产生脂肪酸和氨。

第二阶段为产氢、产乙酸阶段，是由产氢产乙酸菌将丙酸、丁酸等脂肪酸和乙醇转化为乙酸、氢和二氧化碳。

第三阶段为产甲烷阶段，是由产甲烷细菌利用乙酸和氢、二氧化碳，产生甲烷。

二、实验条件

（1）实验材料 厌氧（颗粒）污泥，模拟工业废水。

（2）实验仪器 微生物厌氧消化有机污染物的装置：由 2500ml 反应瓶、恒温水浴（0～100℃）、1000ml 集气瓶和 500ml 计量量筒四部分组成。如图 3-4 所示。

电控恒温水浴锅，化学耗氧量（COD_{Cr}）测定装置，pH 酸度计。

（3）实验试剂 甲醇，乙醇，氯化铵，磷酸二氢钾，甲酸钠。

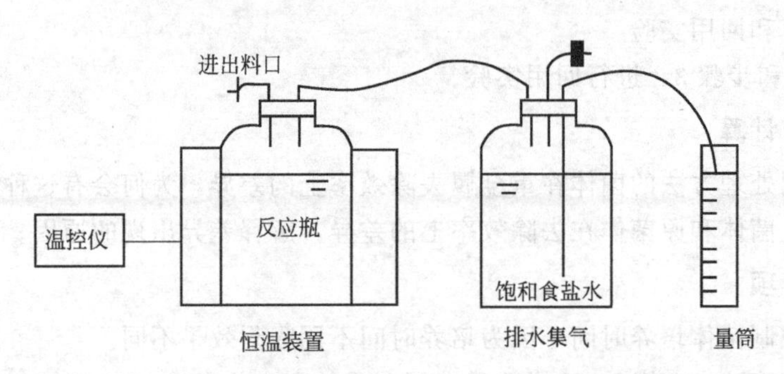

图 3-4 微生物在厌氧条件下对有机污染物的降解实验装置

三、实验步骤

1. 实验准备

(1) 实验过程测定仪器及试剂 调整并校验 COD_{Cr}、pH 值测定仪器，配制测定过程所需化学标准试剂。

(2) 人工合成工业废水配置 本实验采用人工合成甲醇废水，根据表 3-9 中的组成按比例混合均匀后，测定其 COD_{Cr}浓度后备用。

表 3-9 人工合成甲醇废水配制

化合物	甲醇	乙醇	氯化铵	磷酸二氢钾	甲酸钠	pH
比例/%	2.0	0.20	0.05	0.025	0.50	7.0～7.5

(3) 污泥接种及驯化过程 将取自工业厌氧反应器的颗粒污泥或城市污水处理厂的消化污泥，作为本实验厌氧消化的接种污泥。污泥接种前应对其进行淘洗、活化处理，然后接入消化瓶中，调整温度至恒定后，根据实验要求定期、定量加入人工模拟工业废水，以维持微生物生长所需基质。

(4) 对整套实验装置进行检漏，确保反应瓶塞、出气管及连接处密闭，不漏气，否则会影响微生物生长和所产沼气的收集。

2. 实验过程

(1) 温度对微生物在厌氧条件下进行有机污染物降解过程的影响 考察不同温度（常温、中温、高温）条件下的微生物降解过程特征。分别调整恒温水浴的温度（25℃±2℃、35℃±2℃、25℃±2℃），待恒定后，开始进行实验，并测定其 pH、COD_{Cr}和沼气产量。

(2) pH 对微生物在厌氧条件下进行有机污染物降解过程的影响 厌氧消化的最佳 pH 范围是 6.8～7.2。本实验观察 pH 为 5.0、6.0、7.0、8.0 和 9.0 条件下，厌氧消化过程的 COD_{Cr}和沼气产量。

(3) 实验操作方法 测定消化瓶中的 COD_{Cr}、pH 起始值，调整消化瓶中的已驯化好的消化污泥混合液体积至 1000～1400ml，稀释人工合成甲醇废水使其 COD_{Cr} 值在 3500～5000mg/L 范围内，确认温度控制范围。

从消化瓶中取出 50ml 消化液，同时加入 50ml 人工培植的合成甲醇废水，摇匀，盖紧瓶塞，将消化液放入恒温水浴中，调整集气瓶中的水位。

每隔 2h 摇动一次，注意观察其产气规律，并记录产生的沼气量，填入沼气产生量记录表 3-10 中。

24h 后取样分析出水 pH 和 COD_{Cr}值，填入厌氧消化实验记录表 3-11 中。

四、结果与计算

1. 实验结果

（1）沼气产生量　见表 3-10。

表 3-10　沼气产生量记录

时间/h		pH	沼气产生量/ml					
			25℃±2℃		35℃±2℃		25℃±2℃	
			产生总量	累计气量	产生总量	累计气量	产生总量	累计气量
A	0							
	2							
	4							
	6							
	8							
	10							
	12							
	24							
备注：								
B	0							
	2							
	4							
	6							
	8							
	10							
	12							
	24							
备注：								

（2）有机污染物降解过程　见表 3-11。

表 3-11　有机污染物降解过程记录表

日期	投配率	温度/℃	进水		出水		COD_{Cr}去除率/%	沼气产量/ml
			pH	COD_{Cr}/(mg/L)	pH	COD_{Cr}/(mg/L)		

2. 结果及讨论

（1）绘制不同温度条件下，微生物降解有机污染物产生沼气随时间的变化曲线，描述其特点和规律，分析原因。

（2）绘制微生物在厌氧条件下降解有机污染物的过程稳定运行后沼气产生率和 COD_{Cr}去除率的关系曲线，确定其相关系数。

（3）分析实验过程中对微生物在厌氧条件下降解有机污染物产生影响的各种相关因素，以及如何确保降解过程的顺利进行。

五、注意事项

1. 该实验应提前进行污泥的培养和驯化工作，并确保人工合成废水 COD_{Cr} 值在合理的控制范围内。

2. 实验过程中要密切注意消化装置的密封性能，读数要准确。操作要认真细致，一旦发现异常现象要及时排除。

六、参考文献

[1] 余昆朋．城市生活垃圾厌氧消化技术进展．环境卫生工程，2003，11（1）：16-21.
[2] 吕凡，何晶晶，邵立明等．易腐性有机垃圾的产生与处理途径比较．环境污染治理技术与设备，2003，4（8）：46-50.
[3] 任连海，曹栩然．饮食业有机垃圾的产生现状及处理技术研究．北京工商大学学报（自然科学版），2003，21（2）：14-17.

（本章由汪金莲、金萍编写）

第四章 基因工程技术

实验一 菌液培养和质粒提取

一、实验原理

质粒是一类在细菌细胞内发现的独立于染色体外，能够自主复制的稳定的遗传单位。迄今为止，从细菌中分离得到的质粒都是环形双链 DNA 分子，分子量范围从 1kb 到 200kb。质粒 DNA 可持续稳定地处于染色体外的游离状态，但在一定条件下又会可逆地整合到寄主染色体上，随着染色体的复制而复制，并通过细胞分裂传递到后代。在大多数情况下质粒 DNA 复制中的酶体系和细菌染色体复制时所用的酶是相同的。有些质粒复制受宿主细胞复制作用的严格限制，因此每个细胞中只含一个或几个拷贝，称为严紧型质粒，有的质粒的复制受宿主细胞的控制不严，称为松弛型质粒，它们在每个细胞中的数目可达 10～200 个拷贝。当宿主细胞的蛋白质合成受到抑制时（例如经氯霉素处理），细菌染色体虽不再增加，但松弛型质粒 DNA 可继续被复制，以至每个细胞内的拷贝数可以增至一千到几千。

质粒具有一定的生物功能，它们往往带有一些抗药标记，当质粒 DNA 用人为的方法转化进细菌时，转化后的细菌会表现出质粒基因所具有的新的生物表现型，例如，把一个含有抗药基因的质粒转入细菌后，原来无抗药性的细菌则表现出抗药的新表型。借助转化菌获得的新表型特征，可证实质粒已转入宿主细菌中，这样就可以作为转化菌的选择性标记。

质粒作为基因克隆载体分子的重要的条件是获得批量的纯化的质粒 DNA 分子。目前已有许多方法可用于质粒 DNA 的提取，它们都包括三个基本的步骤：细菌的生长和质粒的扩增；菌体的收集裂解，质粒 DNA 的分离；质粒 DNA 的纯化。

1. 细菌的生长和质粒的扩增

从琼脂培养基平板上挑取一个单菌落，接种到含适当抗生素的液体培养基中培养。对于松弛型质粒（如 pUC 系列）来说，只要将培养物放到标准的 LB 或 2×YT 培养基中生长到对数晚期，就可以大量提取质粒，而不必选择性地扩增质粒 DNA。但对于严紧型质粒（如 pBR 322）来说，则需在得到部分生长的细菌培养物中加入氯霉素继续培养若干小时，以便对质粒进行选择性扩增。

2. 菌体的收集、裂解和质粒 DNA 的分离

质粒分离的基本原理是利用宿主菌（一般是大肠杆菌菌株）DNA 与质粒 DNA 之间的两种主要性质差异：①大肠杆菌的染色体较一般的载体质粒 DNA 大得多。②从细胞中提取得到的大肠杆菌 DNA 主体是变性的线性分子，而大多数质粒 DNA 是共价闭合的环状分子。这里主要介绍碱裂解法的基本原理：在细菌悬浮液中加入 SDS（十二烷基硫酸钠）和 NaOH 使菌体裂解（有时需要先使用溶菌酶水解细胞壁）。此处理可破坏碱基配对，故可使细菌的线状染色体 DNA 变性，但闭环质粒 DNA 链由于处于拓扑缠绕状态而不能彼此分开。当条件恢复正常时（如加入酸性的 NaAc 或 KAc 中和碱性 NaOH），质粒 DNA 链迅速得到

准确配对，重新恢复成天然的超螺旋分子。通过离心，可以使染色体 DNA 与变性蛋白质、RNA 分子一起沉淀下来，而质粒超螺旋分子仍滞留于上清液中。

3. 质粒 DNA 的提纯

对于小量制备的质粒 DNA，经过苯酚抽提、RNA 酶消化和酒精沉淀等简单步骤除去残余蛋白质及 RNA，达到纯化的目的。

质粒 DNA 分子具有三种构型：共价闭合环形 DNA（cccDNA，SC 构型）、开环 DNA（OC 构型）和线性分子（L 构型）。在细菌体内，质粒 DNA 是以负超螺旋构型存在的。在琼脂糖凝胶电泳中不同构型的同一种质粒 DNA，尽管分子量相同，但具有不同的电泳迁移率。其中走在最前沿的是 SC DNA，其后依次是 L DNA 和 OC DNA。

二、实验条件

（1）实验材料　含 pBS 的 *E. coli* DH5α 或 JM 系列菌株。

（2）实验仪器　超净工作台，台式离心机，灭菌锅，恒温水浴锅，恒温振荡摇床，涡旋振荡器，电泳仪，琼脂糖平板电泳装置，微量移液取样器，移液器吸头，1.5ml 微量离心管，实验前把 1.5ml 微量离心管装入铝制饭盒高温灭菌、移液器吸头装入相应的吸头盒高温灭菌。

（3）实验试剂

① LB 液体培养基（Luria-Bertani）　胰化蛋白胨 10g，酵母提取物 5g，NaCl 10g，加 200ml ddH_2O 搅拌完全溶解，用 5mol/L NaOH 调 pH 至 7.5，加 ddH_2O 至 1000ml，121℃ 20min 灭菌。

② LB 固体培养基　液体培养基中每升加 12g 琼脂粉，高压灭菌。

③ 氨苄青霉素（Ampicillin，Amp）母液　配成 50mg/ml 水溶液，－20℃保存备用。

④ 溶菌酶溶液　用 10mmol/L Tris-HCl（pH8.0）溶液配制成 10mg/ml，并分装成小份（如 1.5ml）保存于－20℃冰箱，每一小份一经使用便予以丢弃。

⑤ 3mol/L NaAc（pH5.2）　50ml 水中溶解 40.81g $NaAc \cdot 3H_2O$，用冰醋酸调 pH 至 5.2，加水定容至 100ml，分装后高压灭菌，储存于 4℃冰箱。

⑥ 溶液Ⅰ　50mmol/L 葡萄糖，25mmol/L Tris-HCl（pH8.0），10mmol/L EDTA（pH8.0）。溶液Ⅰ可成批配制，每瓶 100ml，高压灭菌 15min，储存于 4℃冰箱。

⑦ 溶液Ⅱ　0.2mol/L NaOH（临用前用 10mol/L NaOH 母液稀释），1% SDS。

⑧ 溶液Ⅲ　5mol/L KAc 60ml，冰醋酸 11.5ml，H_2O 28.5ml，定容至 100ml，并高压灭菌。溶液终浓度为：K^+ 3mol/L，Ac^- 5mol/L。

⑨ RNA 酶 A 母液　将 RNA 酶 A 溶于 10mmol/L Tris-HCl（pH 7.5）、15mmol/L NaCl 中，配成 10mg/ml 的溶液，于 100℃加热 15min，使混有的 DNA 酶失活。冷却后用 1.5ml Eppendorf 管分装成小份保存于－20℃冰箱。

⑩ Tris 饱和酚　市售酚中含有醌等氧化物，这些产物可引起磷酸二酯键的断裂及导致 RNA 和 DNA 的交联，应在 160℃用冷凝管进行重蒸。重蒸酚加入 0.1 %的 8-羟基喹啉（作为抗氧化剂），并用等体积的 0.5mol/L Tris-HCl（pH8.0）和 0.1mol/L Tris-HCl（pH8.0）缓冲液反复抽提使之饱和并使其 pH 值达到 7.6 以上，因为酸性条件下 DNA 会分配于有机相。

⑪ 氯仿　按氯仿：异戊醇＝24：1（体积之比）加入异戊醇。氯仿可使蛋白质变性并有助于液相与有机相的分开，异戊醇则可起到消除抽提过程中出现的泡沫。

按体积/体积＝1：1 混合上述饱和酚与氯仿即得酚：氯仿：异戊醇（25：24：1）。酚和氯仿均有很强的腐蚀性，操作时应戴手套。

⑫ TE缓冲液　10mmol/L Tris-HCl（pH8.0），1mmol/L EDTA（pH8.0）。高压灭菌后储存于4℃冰箱中。

三、实验步骤

1. 菌液培养

（1）在装有灭菌的3ml LB培养基的试管中加入6μl氨苄青霉素，混匀。

（2）用无菌枪头吸取带质粒的菌体200μl，加入到培养基中。

（3）200r/min、37℃振荡培养约12h至对数生长后期。

2. 质粒提取

（1）取1.5ml培养液倒入1.5ml Eppendorf管中，4℃下12000*g*离心30s。

（2）弃上清液，将管倒置于吸水纸上数分钟，使液体流尽。

（3）菌体沉淀重悬浮于100μl溶液Ⅰ中（需剧烈振荡），室温下放置5～10min。

（4）加入新配制的溶液Ⅱ200μl盖紧管口，快速温和颠倒Eppendorf管数次，以混匀内容物（千万不要振荡），冰浴5min。

（5）加入150μl预冷的溶液Ⅲ，盖紧管口，并倒置离心管，温和振荡10s，使沉淀混匀，冰浴中5～10min，4℃下12000*g*离心5～10min。

（6）上清液移入干净Eppendorf管中，加入等体积的酚/氯仿/异戊醇（25∶24∶1），振荡混匀，4℃下12000*g*离心5min。

（7）将水相移入干净Eppendorf管中，加入2倍体积的无水乙醇，振荡混匀后置于－20℃冰箱中20min，然后于4℃下12000*g*离心10min。

（8）弃上清液，将管口敞开倒置于吸水纸上使所有液体流出，加入1ml 70%乙醇洗沉淀一次，4℃下12000*g*离心5～10min。

（9）吸除上清液，将管倒置于吸水纸上使液体流尽，真空干燥10min或室温干燥。

（10）将沉淀溶于20μl TE缓冲液（pH 8.0，含20μg /ml RNaseA）中，储于－20℃冰箱中。

四、结果与计算

所提取质粒溶液稀释适当倍数后置于全波长紫外分光光度计上测定OD_{280}，计算质粒浓度。

$$质粒浓度(ng/\mu l)=OD_{280}\times 50\times 稀释倍数 \tag{4-1}$$

五、注意事项

1. 提取过程应尽量保持低温。

2. 提取质粒DNA过程中除去蛋白质很重要，采用酚/氯仿去除蛋白质效果较单独用酚或氯仿好，要将蛋白质尽量除干净需多次抽提。

3. 沉淀DNA通常使用冰乙醇，在低温条件下放置时间稍长可使DNA沉淀完全。沉淀DNA也可用异丙醇（一般使用等体积），且沉淀完全，速度快，但常把盐沉淀下来，所以多数还是用乙醇。

4. 氯仿/异戊醇是有机溶剂，容易腐蚀移液枪，因此在吸取氯仿时，要直上直下操作，及时退掉枪头，防止移液枪被腐蚀。

六、参考文献

[1] 萨姆布鲁克J，拉塞尔 D W著．分子克隆实验指南．第3版．黄培堂等译．北京：科学出版社，2002.

[2] 盛小禹，蔡武城．基因工程实验技术教程．上海：复旦大学出版社，1999.

[3] 吴乃虎．基因工程原理．北京：科学出版社，2005.

[4] Sandy primrose，Richard Twyman，Bob Old 著．基因操作原理．第6版．瞿礼嘉，顾红雅译．北京：高等教育出版社，2002.

[5] 徐晋麟，陈淳，徐沁．基因工程原理．北京：科学出版社，2007.

实验二　琼脂糖凝胶电泳

一、实验原理

影响DNA在琼脂糖凝胶中迁移速率的因素主要有：①DNA分子的大小　双链DNA分子在凝胶基质中迁移的速率与其碱基对数的常用对数成反比。分子越大，迁移得越慢，因为摩擦阻力越大，也因为大分子通过凝胶孔径的效率低于较小的分子。②琼脂糖浓度　给定大小的线状DNA片段在不同浓度的琼脂糖凝胶中迁移速率不同。在DNA电泳迁移速率的对数和凝胶浓度之间存在线性相关。③DNA的构象　超螺旋环状（Ⅰ型）、切口环状（Ⅱ型）和线状（Ⅲ型）DNA在琼脂糖凝胶中以不同速率迁移。其相对迁移速率主要取决于琼脂糖凝胶的浓度和类型，其次是电流强度、缓冲液离子强度和Ⅰ型超螺旋绞紧的程度或密度。一些条件下，Ⅰ型DNA比Ⅲ型迁移得快；在另一些条件下，顺序可能相反。④所用的电压　低电压时，DNA片段迁移率与所用的电压成正比。电场强度升高时，高分子量片段的迁移率遂不成比例的增加。所以，当电压增大时琼脂糖凝胶分离的有效范围反而减小。要获得大于2kb DNA片段的良好分辨率，所用电压不应高于5～8V/cm。⑤电泳缓冲液　DNA的泳动受电泳缓冲液的组成和离子强度的影响。缺乏离子则电导率降低，DNA或者不动或者迁移很慢。高离子强度时（如10×buffer），电导率升高，使得应用适中的电压也会产生大量的热能，最严重时凝胶会熔化，DNA变性。

二、实验条件

（1）实验材料　质粒DNA。

（2）实验仪器　核酸电泳仪，小型混合器，冰箱，紫外可见光透射仪。

（3）实验试剂　50×TAE：称取242g Tris、57.1ml冰醋酸、37.2g $Na_2EDTA \cdot 2H_2O$，ddH_2O定容至1000ml，使用时稀释50倍。

6×上样缓冲液：30%甘油水溶液，内含0.25%溴酚蓝。

三、实验步骤

1. 1%琼脂糖凝胶的配制

（1）加30ml 1×TAE缓冲液于三角瓶中。

（2）精确称取0.3g琼脂糖加到三角瓶中，于微波炉中加热至完全熔化。

（3）冷却至60℃左右。

（4）轻缓倒入封好两端和加上梳子的电泳胶板中，静置冷却30min以上。

2. 将胶板除去封胶带，放入电泳缓冲液（TAE）中，使电泳缓冲液刚好没过凝胶约

1mm，轻轻拔除梳子。

3. 取 5μl 质粒 DNA 及 2μL 上样缓冲液（含 GeneFinder）混匀上样。

4. 50～100V 约电泳 0.5～1h。

5. 紫外可见光透射仪观察结果。

四、结果与计算

根据凝胶成像结果进行条带分析（图 4-1）。

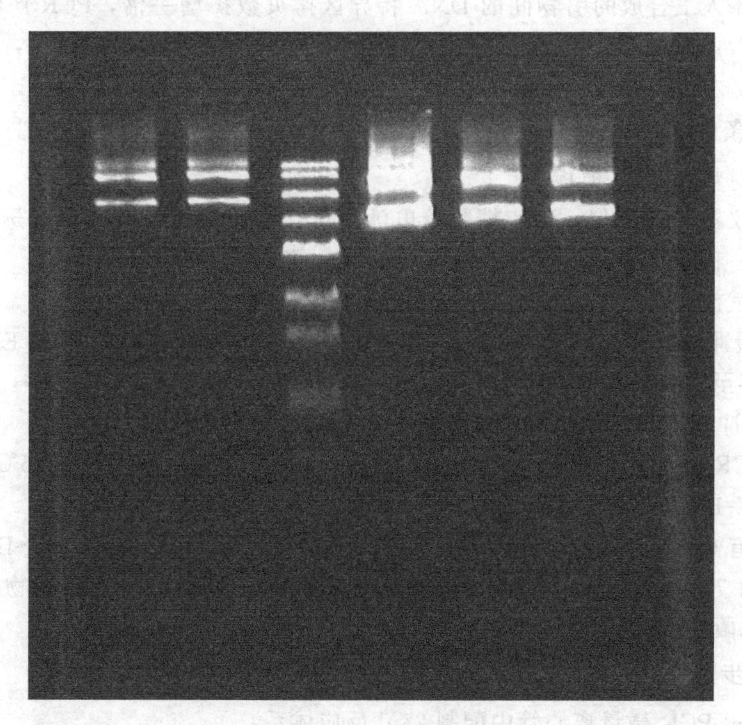

图 4-1　电泳条带

五、注意事项

1. 上样时移液器枪头要对好点样孔，轻轻注入样品，防止漂样。

2. 电泳电压不宜过高。

六、参考文献

[1] 萨姆布鲁克 J，拉塞尔 D W著．分子克隆实验指南．第 3 版．黄培堂等译．北京：科学出版社，2002.

[2] 盛小禹，蔡武城．基因工程实验技术教程．上海：复旦大学出版社，1999.

[3] 吴乃虎．基因工程原理．北京：科学出版社，2005.

[4] Sandy primrose，Richard Twyman，Bob Old 著．基因操作原理．第 6 版．瞿礼嘉，顾红雅译．北京：高等教育出版社，2002.

[5] 徐晋麟，陈淳，徐沁．基因工程原理．北京：科学出版社，2007.

实验三　PCR 扩增目的基因

一、实验原理

PCR 是体外酶促合成特异 DNA 片段的新方法，主要由高温变性、低温退火和适温延伸三个步骤反复地热循环构成，即在高温（95℃）下，待扩增的目的靶DNA双链受热变性成为两条单链DNA模板；而后在低温（37～55℃）情况下，两条人工合成的寡核苷酸引物与互补的单链DNA模板结合，形成部分双链；在*Taq*酶的最适温度（72℃）下，以引物3′端为合成的起点，以单核苷酸为原料，沿模板以5′→3′方向延伸，合成DNA新链。这样，每一双链的DNA模板，经过一次解链、退火、延伸三个步骤的热循环后就成了两条双链DNA分子。如此反复进行，每一次循环所产生的DNA均能成为下一次循环的模板，每一次循环都使两条人工合成的引物间的DNA特异区拷贝数扩增一倍，PCR产物得以2^n的指数形式迅速扩增，经过25～30个循环后，理论上可使基因扩增10^9倍以上，实际上一般可达10^6～10^7倍。

二、实验条件

（1）实验材料　DNA模板。

（2）实验仪器　PCR仪，琼脂糖凝胶电泳系统，凝胶成像系统或紫外透射仪，台式离心机，移液器，移液器吸头，硅烷化的0.2ml PCR管等。

（3）实验试剂

① TAE缓冲液（50×）　称取Tris 242g、57.1ml冰醋酸、37.2g $Na_2EDTA \cdot 2H_2O$，以ddH_2O定容至1000ml，使用时稀释50倍。

② 上样缓冲液（6×）　30%甘油水溶液，内含0.25%溴酚蓝。

③ 10×PCR缓冲液　500mmol/L KCl、100mmol/L Tris-HCl，在25℃下，pH 9.0，1.0% Triton X-100。

此外，还有0.5μg/μl溴化乙锭溶液、DNA分子量标准（DNA Marker-D）、25mmol/L $MgCl_2$、2U/μl *Taq* DNA聚合酶、2.5mmol/L dNTPs、引物对（上游引物和下游引物）、模板DNA、无菌ddH_2O等。

三、实验步骤

1. 在0.2ml PCR微量离心管中配制25μl反应体系：

dd H_2O	15.5μl
10×PCR缓冲液	2.5μl
Mg^{2+}（25mmol/L）	1.5μl
2.5mmol/L dNTPs	2μl（每种dNTP终浓度0.2mmol/L）
引物（上下游）	各1μl
模板DNA	1μl
2U/μl *Taq*酶	0.5μl（1U）
总体积	25μl

点动离心数秒即可上机循环。

2. PCR反应程序：94℃预变性5min，94℃变性45s，60℃复性45s，72℃延伸1min，重复34个循环后72℃ 10min，4℃保存。

3. PCR结束后，取5μl产物混合1μl loading buffer（6×）进行琼脂糖凝胶电泳。观察胶上是否有预计的主要产物带。

4. 清理桌面，撰写实验报告。

四、结果与计算

对电泳凝胶照相，记录结果。

五、注意事项

1. PCR 体系各组分取用体积非常小，注意不要超量。

2. 注意防止非特异性扩增。

六、参考文献

[1] 萨姆布鲁克 J，拉塞尔 D W著．分子克隆实验指南．第 3 版．黄培堂等译．北京：科学出版社，2002.

[2] 盛小禹，蔡武城．基因工程实验技术教程．上海：复旦大学出版社，1999.

[3] 吴乃虎．基因工程原理．北京：科学出版社，2005.

[4] Sandy primrose，Richard Twyman，Bob Old 著．基因操作原理．第 6 版．瞿礼嘉，顾红雅译．北京：高等教育出版社，2002.

[5] 徐晋麟，陈淳，徐沁．基因工程原理．北京：科学出版社，2007.

实验四　从 PCR 产物中回收目的 DNA 片段

一、实验原理

PCR 扩增产物的回收主要有两种，即 PCR 产物直接回收和 PCR 产物电泳切胶回收。PCR 产物直接回收是将 PCR 反应后的混合物中过量的引物、*Taq* DNA 聚合酶及 dNTP 去除，得到大于 100 bp 的 DNA 产物片段。PCR 产物电泳切胶回收是经过琼脂糖凝胶电泳后，按分子量大小被分开，排列在凝胶中，与 DNA Marker 分子量进行对比，在紫外透射仪上找到目的 DNA 带所在的凝胶，并把它切下来，加热或用特殊的试剂熔解凝胶，使 DNA 溶回到溶液中，再经过乙醇沉淀或过柱即可获得目的 DNA 片段。

PCR 产物也可采用试剂盒回收，其回收效率相对较高，具体操作依照试剂盒说明。

二、实验条件

(1) 实验材料　PCR 产物。

(2) 实验仪器　紫外检测仪，电子天平，恒温水浴锅，台式离心机，快速混匀器，灭菌锅，微量移液取样器，移液器吸头，1.5ml 微量离心管，刀片，一次性手套等。

(3) 实验试剂　DNA 分子量标准（DNA Marker-D），DNA 快速纯化/回收试剂盒（BS363 EZ Spin Column PCR Product Purification Kit，100 次）（500bp 以上片段，回收率 90%以上），无水乙醇。

三、实验步骤

1. 将 PCR 反应的混合物转移到一个 1.5ml 的微量离心管中，加入 3 倍体积的 Binding Buffer Ⅰ。

2. 将 column 放入一个 2ml 的收集管中，转移上一步的混合液到 column 中，在室温下竖直放置 2min，8000r/min 离心 1min。

3. 弃去流入收集管中的液体，加 500μl Wash Solution 到 column 中，12000r/min 离心 1min。弃去收集管中的液体，将 column 放回原来的收集管中。

4. 再加 500μl Wash Solution 到 column 中，12000r/min 离心 1min。弃去收集管中的液体，再次离心去除残留的 Wash Solution。

5. 将 column 转移到一个干净的 1.5ml 微量离心管中。在 column 中的膜的中央部分加

30～50μl Elution Buffer，50℃温浴2min。12000r/min离心1min。将PCR产物置于－20℃冷冻保存或即刻使用。

6. 清理桌面，撰写实验报告。

四、结果与计算

对回收产物进行电泳检测。

五、注意事项

实验中注意尽量不要有DNA污染。

六、参考文献

[1] 萨姆布鲁克J，拉塞尔D W著．分子克隆实验指南．第3版．黄培堂等译．北京：科学出版社，2002.

[2] 盛小禹，蔡武城．基因工程实验技术教程．上海：复旦大学出版社，1999.

[3] 吴乃虎．基因工程原理．北京：科学出版社，2005.

[4] Sandy primrose，Richard Twyman，Bob Old 著．基因操作原理．第6版．瞿礼嘉，顾红雅译．北京：高等教育出版社，2002.

[5] 徐晋麟，陈淳，徐沁．基因工程原理．北京：科学出版社，2007.

实验五 目的基因片段与载体连接（TA克隆）

一、实验原理

DNA连接酶（DNA ligase）能催化双链DNA片段3′羟基末端与5′磷酸基团末端之间形成磷酸二酯键，使两末端连接，如果是两个或两个以上不同的双链DNA片段连接，则产生重组DNA分子。在Mg^{2+}和ATP存在下，T4 DNA连接酶既可用于双链DNA片段互补黏性末端之间的连接（本实验），也能催化双链DNA片段平末端之间的连接。*Taq* DNA聚合酶扩增的PCR产物都带有一个3′-A（目的DNA），与pUCm-T载体在T4 DNA连接酶的作用下形成一种新的重组分子。

二、实验条件

（1）实验材料　pUCm-T载体，目的DNA片段。

（2）实验仪器　超净工作台，台式离心机，恒温摇床，微量移液取样器，双面微量离心管架，移液器吸头，0.2ml PCR微量管等。

（3）实验试剂　T4 DNA连接酶，连接酶缓冲液等。

三、实验步骤

取一个灭菌的0.2ml微量管，按下列次序加入（按照pUCm-T Vector使用说明书操作）：

1. 1μl Ligation Buffer（10×）；
2. 50ng（1μl）的pUCm-T载体；
3. 7μl纯化的PCR产物（0.2pmol的PCR产物，通常状况没有必要对PCR产物进行定量）；
4. 1μl T4 DNA连接酶（4U/μl）；

总体积10μl。

上述混合液轻轻振荡后再短暂离心，然后置于16℃恒温培养箱中保温过夜。连接后的产物可以立即用来转化感受态细胞或置4℃冰箱备用。

四、结果与计算

将得到的样品最后放置冰箱备用。

五、注意事项

1. 要获得目的基因的 TA 克隆，PCR 产物的特异性要好。

2. PCR 产物在 TA 克隆前要经过纯化。

3. 在 PCR 产物回收、纯化过程中防止外源 DNA 的污染。

六、参考文献

[1] 萨姆布鲁克 J，拉塞尔 D W著．分子克隆实验指南．第 3 版．黄培堂等译．北京：科学出版社，2002.

[2] 盛小禹，蔡武城．基因工程实验技术教程．上海：复旦大学出版社，1999.

[3] 吴乃虎．基因工程原理．北京：科学出版社，2005.

[4] Sandy primrose，Richard Twyman，Bob Old 著．基因操作原理．第 6 版．瞿礼嘉，顾红雅译．北京：高等教育出版社，2002.

[5] 徐晋麟，陈淳，徐沁．基因工程原理．北京：科学出版社，2007.

实验六　感受态菌的制备

一、实验原理

在自然条件下，很多质粒都可通过细菌接合作用转移到新的宿主内，但在人工构建的质粒载体中，一般缺乏此种转移所必需的 *mob* 基因，因此不能自行完成从一个细胞到另一个细胞的接合转移。如需将质粒载体转移进受体细菌，需诱导受体细菌产生一种短暂的感受态以摄取外源 DNA。

转化过程所用的受体细胞一般是限制修饰系统缺陷的变异株，即不含限制性内切酶和甲基化酶的突变体（R^-，M^-），它可以容忍外源 DNA 分子进入体内并稳定地遗传给后代。受体细胞经过一些特殊方法（如电击法，$CaCl_2$、RbCl、KCl 等化学试剂法）的处理后，细胞膜的通透性发生了暂时性的改变，成为能允许外源 DNA 分子进入的感受态细胞（compenent cells）。进入受体细胞的 DNA 分子通过复制表达实现遗传信息的转移，使受体细胞出现新的遗传性状。将经过转化后的细胞在筛选培养基中培养，即可筛选出转化子（即带有异源 DNA 分子的受体细胞）。所谓的感受态，即指受体（或者宿主）最易接受外源 DNA 片段并实现其转化的一种生理状态，它是由受体菌的遗传性状所决定的，同时也受菌龄、外界环境因子的影响。细胞的感受态一般出现在对数生长期，新鲜幼嫩的细胞是制备感受态细胞和进行成功转化的关键。

目前常用的感受态细胞制备方法是使用 $CaCl_2$ 法，该法最先是由 Cohen 于 1972 年发现的。其原理是细菌处于 0℃、$CaCl_2$ 的低渗溶液中，菌细胞膨胀成球形，转化混合物中的 DNA 形成抗 DNase 的羟基-钙磷酸复合物黏附于细胞表面，容易被细菌吸收的状态。制备出的感受态细胞暂时不用时，可加入占总体积 15％的无菌甘油于－70℃保存（半年）。

二、实验条件

（1）实验材料　*E. coli* DH5α。

（2）实验仪器　台式冷冻离心机，制冰机，恒温摇床，分光光度计，超净工作台，恒温培养箱，灭菌锅，快速混匀器，微量移液取样器，移液器吸头，1.5ml 微量离心管，双面微量离心管架，摇菌试管，三角烧瓶，接种环。

(3) 实验试剂 0.1mol/L $CaCl_2$溶液（高压灭菌，121℃ 30min），无菌 ddH_2O，LB 培养基 1000ml（含 100μg/ml 氨苄青霉素）。

三、实验步骤

1. 取一支无菌的摇菌试管，在超净工作台中加入 2ml LB（不含抗生素！）培养基。

2. 从超低温冰柜中取出 DH5α 菌种，放置在冰上融化。在超净工作台中用无菌枪头吸取 20μl 菌液接入含 2ml LB 培养基的试管中，37℃摇床培养过夜。

3. 取 1ml 上述菌液转接到含有 50ml LB 培养基的三角烧瓶中，37℃下 250 r/min 摇床培养 2～3h，测定 OD_{590}为 0.375（<0.4～0.6，细胞数<10^8/ml，此为关键参数！）。以下操作除离心外，都在超净工作台中进行。

4. 将菌液分装到 1.5ml 预冷无菌的聚丙烯离心管中，于冰上放置 10min，然后于 4℃、5000r/min 离心 10min。

5. 将离心管倒置以倒尽上清液，加入 1ml 冰冷的 0.1mol/L $CaCl_2$溶液，立即在快速混匀器上混匀，插入冰中放置 30min。

6. 4℃、5000r/min 离心 10min，弃上清液后，用 200μl 冰冷的 0.1mol/L $CaCl_2$溶液重悬菌体。可以直接用作转化实验，或立即放入－70℃超低温冰柜中保藏（可存放数月）。

7. 在被细菌污染的桌面上喷洒 70％乙醇，擦干桌面，写实验报告。

注：感受态细胞的检测

取感受态细胞分别涂布含有氨苄青霉素和卡那霉素抗性的 LB 平板，37℃培养 12～16h，观察感受态细菌是否有污染。

四、结果与计算

1. 取 1μg 超螺旋质粒转化制备的感受态，检测转化效率（一般情况下，没有必要精确计算，可根据经验估计）。

2. 试设计一个能测算你所制备的感受态细胞转化效率的可行方法。

五、注意事项

1. 实验中所用的器皿均要灭菌，以防止杂菌和外源 DNA 的污染。

2. 无菌操作：溶液移取、分装等均应在无菌超净工作台上进行；原始菌种要保证质量。

3. 制备感受态细胞所用试剂如 $CaCl_2$等的质量要好。

4. 应收获对数生长期的细胞用于制备感受态，细菌活化之后，生长密度最好保证 OD_{600}为 0.4～0.6。

六、参考文献

[1] 萨姆布鲁克 J，拉塞尔 D W著．分子克隆实验指南．第 3 版．黄培堂等译．北京：科学出版社，2002.

[2] 盛小禹，蔡武城．基因工程实验技术教程．上海：复旦大学出版社，1999.

[3] 吴乃虎．基因工程原理．北京：科学出版社，2005.

[4] Sandy primrose，Richard Twyman，Bob Old 著．基因操作原理．第 6 版．瞿礼嘉，顾红雅译．北京：高等教育出版社，2002.

[5] 徐晋麟，陈淳，徐沁．基因工程原理．北京：科学出版社，2007.

实验七　细 菌 转 化

一、实验原理

转化（transformation）是将外源 DNA 分子引入受体细胞，使之获得新的遗传性状的一种手段，它是微生物遗传、分子遗传、基因工程等研究领域的基本实验技术。转化混合物中的 DNA 形成抗 DNase 的羟基-钙磷酸复合物黏附于感受态细胞表面，经 42℃ 短时间热冲击处理，促使细胞吸收 DNA 复合物，在丰富培养基上生长数小时后，球状细胞复原并分裂增殖，被转化的细菌中，重组子中基因得到表达，在选择性培养基平板上，可选出所需的转化子。

具有完整乳糖操纵子的大肠杆菌体能转译 β-半乳糖苷酶（Z）、透过酶（Y）和乙酰基转移酶（A），当培养基中存在诱导物 IPTG 和 X-gal 时，可产生蓝色沉淀物，使菌落成为蓝色。如果在载体 DNA 上组入 β-半乳糖苷酶基因（LacZ）部分缺失的片段（LacZ′），则重组 DNA 分子转化 LacZ′互补型菌株，会在含有 IPTG 和 X-gal 的培养基中得到的转化子是蓝色菌落，而 LacZ′互补型菌株，由于不能转译出有功能的 β-半乳糖苷酶，在含有 IPTG 和 X-gal 的培养基中得到的转化子是白色菌落。因此，可以根据菌落蓝白颜色的不同，筛选出真正需要的转化子。即很多载体都携带一段细菌的 *lacZ* 基因，它编码 β-半乳糖苷酶 N-端的 146 个氨基酸，称为 α-肽，它表达 β-半乳糖苷酶的 C-端肽链。当载体与宿主细胞同时表达两个片段时，宿主细胞才有 β-半乳糖苷酶活性，使特异的底物 X-gal 变为蓝色化合物，即 α-互补。而重组子由于基因插入使 α-肽基因失活，不能形成 α-互补，在含 X-gal 的平板上，含阳性重组子的细菌为无色菌落或噬菌斑。

二、实验条件

（1）实验材料　*E. coli* DH5α，连接产物。

（2）实验仪器　快速混匀器，恒温水浴锅，制冰机，恒温摇床，台式离心机，超净工作台，恒温培养箱，微量移液取样器，移液器吸头，1.5ml 微量离心管，双面微量离心管架，培养皿（90mm），酒精灯，玻璃涂棒，小镊子，无菌牙签，摇菌管等。

（3）实验试剂　IPTG（异丙基-β-D-硫代半乳糖苷），X-gal（5-溴-4-氯-3-吲哚基-β-D-半乳糖苷），无菌 ddH_2O，LB 培养基。

三、实验步骤

1. 实验项目设计（表 4-1）（每组四块培养皿，各用 2 块进行下面实验）

表 4-1　实验项目设计表

实验编号	转化项目	感受态细胞/μl	连接产物	总体积/μl
1	连接产物+受体菌	200	5μl	205
2	无 DNA 对照	200		200

2. 事先将恒温水浴的温度调到 42℃，倒好培养基（在固体培养基融化后，冷却至 40℃左右，加入氨苄青霉素 200μl/100ml LB 培养基，倒 4 块平板，每块平板用 40μl X-gal 和 7μl IPTG 涂布均匀）。

3. 转化

(1) 新鲜制备的或−70℃下保存的200μl感受态细胞，置于冰上，完全解冻后轻轻地将细胞均匀悬浮。

(2) 加入5μl连接液，轻轻混匀。

(3) 冰上放置30min。

(4) 42℃水浴热激90s。

(5) 冰上放置2min。

(6) 加800μl LB培养基，37℃ 200～250r/min振荡培养1h。

(7) 室温下4000r/min离心5min，用枪头吸掉900μl上清液，用剩余的培养基将细胞悬浮。

4. 将菌液涂布在处理好的平板上，37℃正置1h充分吸收，再倒置培养过夜（12～16h），置于4℃冰箱1～2h。

5. 观察转化产物的涂布平板和培养后的结果。

四、结果与计算

观察转化产物的涂布平板和培养后的结果：经12～16h培养后，培养皿上生长着很多白色菌落和蓝色菌落，白色菌落为DNA重组子。测算你所制备的感受态细胞转化效率。

五、注意事项

1. 无菌操作。

2. 防止携带某种质粒的其他细菌污染。

3. 防止其他杂菌污染。

4. 整个实验一定要在冰浴条件下操作，温度时高时低会影响转化效率。冰上分装感受态细胞；感受态细胞分装保存时体积不宜太大。

5. 42℃热处理很关键，温度要准确，转移速度要快。

6. 在−70℃保存感受态细胞，至少半年仍然可有较好的转化效率，但也不宜过久。

六、参考文献

[1] 萨姆布鲁克J，拉塞尔D W著．分子克隆实验指南．第3版．黄培堂等译．北京：科学出版社，2002.

[2] 盛小禹，蔡武城．基因工程实验技术教程．上海：复旦大学出版社，1999.

[3] 吴乃虎．基因工程原理．北京：科学出版社，2005.

[4] Sandy primrose，Richard Twyman，Bob Old著．基因操作原理．第6版．瞿礼嘉，顾红雅译．北京：高等教育出版社，2002.

[5] 徐晋麟，陈淳，徐沁．基因工程原理．北京：科学出版社，2007.

实验八　重组子的筛选与酶切鉴定

一、实验原理

限制性内切酶是在细菌对噬菌体的限制和修饰现象中发现的。细菌细胞内同时存在一对酶即限制性内切酶和DNA甲基化酶。它们对DNA底物有相同的识别顺序，但生物功能却相反，前者是限制作用，后者是修饰作用。由于细胞内存在DNA甲基化酶，它能在限制性内切酶所识别的若干碱基上甲基化，这就避免了限制性内切酶对细胞自身DNA的切割破坏。对感染的外来噬菌体DNA，因无甲基化就会被切割破坏。即限制性内切酶是细菌细胞的卫士，它与DNA甲基化酶一起构成了保护自己、抵抗外源入侵的DNA的防御机制。

目前已发现的限制性内切酶有数百种。*Eco*RⅠ和*Hind*Ⅲ都属于Ⅱ型限制性内切酶(本实验所用的限制酶，因为pUCm-T载体具有*Eco*RⅠ和*Hind*Ⅲ酶切位点，可以释放目的基因)，这类酶的特点是具有能够识别双链DNA分子上的特异核苷酸顺序的能力，能在这个特异性核苷酸序列内切断DNA的双链，形成一定长度和顺序的DNA片段。如*Eco*RⅠ和*Hind*Ⅲ识别序列和切口是（G、A等核苷酸表示酶的识别序列，箭头表示酶切口）：

*Eco*RⅠ G↓AATTC

*Hind*Ⅲ A↓AGCTT

限制性内切酶对环状质粒DNA有多少切口就能产生多少个酶解片段。因此鉴定酶切后的片段在电泳凝胶中的区带数，就可以推断酶切口的数目，从片段的迁移率可以大致判断酶切片段大小的差别。用已知相对分子质量的线状DNA为对照，通过电泳迁移率的比较，可以粗略地测出分子形状相同的未知DNA的相对分子质量。

二、实验条件

(1) 实验材料 已转化培养菌落。

(2) 实验仪器 微量移液器（20μl、200μl、1000μl），移液器吸头，1.5ml微量离心管，酒精灯，小镊子，摇菌管，枪头盒，台式高速离心机，恒温振荡摇床，高压灭菌锅，双面微量离心管架，快速混匀器，恒温水浴锅，电泳仪，水平凝胶电泳槽，微波炉等。

(3) 实验试剂

① LB液体培养基。

② 氨苄青霉素母液 配成100mg/ml水溶液，−20℃保存备用。

③ TAE电泳缓冲液（50×储存液，pH约8.0） Tris碱242g，57.1ml冰醋酸，37.2g $Na_2EDTA \cdot 2H_2O$，ddH_2O定容至1L。

④ 6×加样缓冲液 0.25%溴酚蓝，40%蔗糖水溶液。

⑤ 1000×溴化乙锭储存液（0.5mg/ml），限制性内切酶*Eco*RⅠ和*Hind*Ⅲ，DNA分子量标准（λDNA/*Hind*Ⅲ Marker）。

三、实验步骤

1. 在超净工作台中取3支3ml LB无菌试管，各加入6μl氨苄青霉素（含50μg/ml氨苄青霉素），用记号笔写好编号。

2. 在超净工作台中用无菌枪头尖部接触转化的平板培养基上的一个白色菌落，然后将枪头放入盛有3ml LB（含50μg/ml氨苄青霉素）的摇菌管中。用此法随机取3个白色菌落，分别装入3个摇菌管中。

3. 37℃摇菌过夜（200 r/min）。

4. 重组质粒提取（参照本章实验一）。

5. 混合下列溶液于一个无菌的1.5ml微量离心管中：

载体质粒 DNA	6μl
dd H_2O	10μl
*Eco*R Ⅰ	1μl
Hind Ⅲ	1μl
10×Buffer	2μl
总体积	20μl

6. 先准备一个冰盒并放入一定量的冰块。从－20℃冰柜中取出限制性内切酶，立即插入冰块中。

7. 用一只手的手指捏在盛放酶的微量离心管的上部（以免手指给酶液加温），另一只手持微量移液器，小心翼翼地吸取1μl限制性内切酶。在酶切样品混合液中加入限制性内切酶后（立即把内切酶原液送回冰柜!），轻轻振动微量离心管使管中的溶液混匀。再在离心机中1000r/min离心10s。取出后插到离心管架中，在推荐的最适酶切温度水浴中温育1～3h（一般是37℃）。

8. 加样

用微量加样器将上述样品分别加入胶板的样品孔内。剪一片封口膜或塑料膜，点2ml 6×加样缓冲液，再加入6ml质粒DNA溶液制成8ml DNA样品。在凝胶上选择相邻的加样孔。用10ml的吸液头分别将管中的样品加入凝胶的加样孔中（如果需要时，在相邻的加样孔中加入1.5～3ml DNA分子量标准物）。加样时持移液器的手以肘部固定在桌上，用另一只手扶住这只手的手腕，以减少移液器的抖动。看到蓝色的样品吸管尖头伸进加样孔后（不能伸得太深，以免穿破凝胶的底部）缓缓将蓝色的样品压入加样孔中。切不可使蓝色样品流到孔外。每加完一个样品，换一个加样头。

9. 电泳

加完样后的凝胶板可以通电进行电泳。根据电泳槽的长度把电泳仪的电压调至80～100V（5V/cm）或35mA下电泳。打开电源开关，样品将形成一条蓝色的横带向前移动。当溴酚蓝移动到距离胶板下沿约1cm处时，停止电泳。

10. 染色、观察和拍照

将电泳完成后的凝胶浸在含有溴化乙锭（终浓度为0.5μg/ml）的溶液中，染色约20min，在紫外灯（254nm或302nm波长）下观察染色后的凝胶。DNA存在处显示出红色的荧光条带。

11. 酶切后取少量酶切产物与合适的已知分子量的DNA对比电泳，以确认切下的片段是否为自己想要的片段。

四、结果与计算

记录质粒DNA的限制性酶切图谱并做出分析。

五、注意事项

1. 无菌操作。

2. 尽量挑选分散得较好的单独白色菌落。

3. 限制性内切酶需保存于－20℃，操作时应将酶保持在冰浴中，避免长时间置于高温中。

4. 在酶切反应中，应最后加入酶，尽量减少与室温接触的机会。

5. 加样时吸头垂直进入试剂管，避免碰到管壁，加酶时吸头深入不可过深。每加完一样要换一个吸头，同时在已加的样品前做记号以防止错加或漏加，避免污染。

6. 注意酶的用量，加入的酶量按 1～3U/μg DNA 计算，酶的体积应低于反应总体积的 10%，以避免酶液中甘油干扰反应。酶量过大时，有产生星号活性的可能，即在识别序列以外的位点进行切割。

7. 酶解消化反应温度及时间根据该酶使用说明书而定。提取过程应尽量保持低温。

8. 在低电压条件下，线形 DNA 片段的迁移速度与电压成比例关系。但在电场强度增加时，不同分子质量的 DNA 片段泳动度的增加是有差别的。随着电压的增加，琼脂糖凝胶的有效分离范围会随之减小。为了获得电泳分离 DNA 片段的最大分辨率，电场强度不应高于 5V/cm。电泳温度视需要而定，对大分子 DNA 的分离以低温为好，也可在室温下进行。

9. 在紫外灯下观察凝胶时，应戴上防护眼镜或有机玻璃防护面罩，避免眼睛遭受强紫外光损伤。采用凝胶成像系统拍摄电泳带谱。

10. 溴化乙锭（EB）是致癌物质，切勿用手接触，更不要污染环境。

11. 实验过程中操作要保持安静、镇定，注意样品不能混样。

六、参考文献

[1] 萨姆布鲁克 J，拉塞尔 D W著．分子克隆实验指南．第 3 版．黄培堂等译．北京：科学出版社，2002.

[2] 盛小禹，蔡武城．基因工程实验技术教程．上海：复旦大学出版社，1999.

[3] 吴乃虎．基因工程原理．北京：科学出版社，2005.

[4] Sandy primrose，Richard Twyman，Bob Old 著．基因操作原理．第 6 版．瞿礼嘉，顾红雅译．北京：高等教育出版社，2002.

[5] 徐晋麟，陈淳，徐沁．基因工程原理．北京：科学出版社，2007.

（本章由陈宏伟、邵爱华编写）

第五章　分子生物学应用技术

实验一　Southern 杂交

一、实验原理

Southern 印迹杂交技术是分子生物学领域中最常用的方法之一，为后来发展的各种生物大分子杂交技术提供了重要的理论和实践基础。该技术是 1975 年英国爱丁堡大学的 E. M. Southern 首创的，Southern 印迹杂交故因此而得名。

Southern 杂交的基本原理为：具有同源性的分子片段（待测 DNA 与探针）互补配对形成杂合双链 DNA 分子。

Southern 印迹杂交技术包括两个主要过程：一是将待测定 DNA 通过一定的方法转移并结合到一定的固相支持物（硝酸纤维素膜或尼龙膜）上，即印迹（blotting）；二是固定于膜上的核酸与同位素或地高辛标记的探针在一定的温度和离子强度下退火，即分子杂交过程。具体过程为：利用限制性内切酶酶切基因组 DNA 片段，通过琼脂糖凝胶分离酶切片段，以酸碱变性法进行变性。通过毛细管法等，在原位将凝胶上的单链 DNA 片段转移至尼龙膜等固定支持物上，经过烘烤或者紫外线照射固定 DNA 片段。基因探针利用同位素或者地高辛进行标记，并与尼龙膜上的待测同源片段进行杂交。最后通过放射自显影或者酶显色的方法检测特定目的 DNA 条带。

常用的探针标记方法有 ^{32}P 放射性同位素和非放射性同位素标记。放射性同位素标记需要在特定的同位素室中操作，防止同位素对人体的辐射伤害。同位素标记灵敏度高，能够检测到 0.1pg 的核酸条带。非放射性探针标记对人体无害，标记的探针可长期保存，随时可用，但其灵敏度较低。

利用 Southern 印迹法可进行图谱分析、基因组中某一基因的拷贝数检测、基因突变分析及限制性片段长度多态性分析（RFLP）等。

二、实验条件

（1）实验仪器　PCR 仪，杂交炉，电泳仪，电泳槽，凝胶成像系统，紫外交联仪，玻璃板，托盘，尼龙膜，玻璃棒，滤纸，吸水纸。

（2）实验试剂　*Bam*HⅠ（10U/μl）（Takara 公司），*Not*Ⅰ（10U/μl）（Takara 公司），琼脂糖凝胶回收试剂盒（百泰克公司），引物（上海生工公司），*Taq* DNA 聚合酶（Takara 公司）。

三、实验步骤

1. 探针的制备（PCR 法）

（1）PCR 反应体系（20μl）　如表 5-1 所示。

表 5-1　PCR 反应体系

反应物	体积/μl	反应物	体积/μl
模板	1	*Taq* 酶(5U/μl)	0.5
dNTP(10mmol/L)	0.4	$MgCl_2$(25mmol/L)	1.2
左引物(10μmol/L)	1	10×Buffer	2
右引物(10μmol/L)	1	ddH_2O	12.9

（2）PCR 循环

95℃ 5min 预变性

（95℃ 30s；58℃ 30s；72℃ 60s）35 个循环

72℃ 8min 延伸

（3）PCR 产物的检测及目的条带的回收　PCR 产物加入 5μl 溴酚蓝-GeneFinder 混合液，分别按编号加入 DNA 琼脂糖凝胶电泳的加样孔，使用 1%琼脂糖电泳分离，并采集照片。使用琼脂糖凝胶回收试剂盒回收 GFP 基因条带。

2. DNA 电泳分离

（1）10μg DNA 样品，按 5U/μg DNA 加入限制性内切酶（MBI，10U/μl）、1×Buffer，37℃水浴 16～18h。取 5μl 酶切 DNA 样品检测酶切是否充分。

（2）点样后在 1×TBE 电泳缓冲液中 250V 高压预电泳 10min，然后调低电压至 1V/cm 电泳 18～20h。酶切的 DNA smear 长度达到 10 cm 左右，使各片段能得到很好地分离。

3. Southern 转移

（1）加入 500ml 脱嘌呤溶液（酸变性液）（0.25mol/L HCl），振荡至溴酚蓝完全变成黄色，大约需要 15～30min。

（2）将凝胶转入另一洗净的瓷盘，用水漂洗凝胶 2～3 次。加入碱变性液 500ml（0.4mol/L NaOH，0.6mol/L NaCl），偶尔轻轻振荡至溴酚蓝完全恢复到原来的蓝色（大约需要 20～30min）。将切好的胶小心翻转 180°，使胶底面向上。

（3）经碱变性处理好的胶用软塑料板小心转移到滤纸桥上，用 X 光片条把胶的四周约 0.5cm 宽与滤纸隔开，使胶上的 DNA 能充分印迹到尼龙膜［Hybond-N＋ NylonMembrane，0.45μl pore size，20 cm×3m rolls available from Amersham（Cat. ＃ RPN. 203B）］上。

（4）取出尼龙膜，用滤纸包好放入 80℃烘箱烘烤 2h 后用保鲜膜包好放于 4℃保存。

4. Southern 杂交

（1）将所有欲杂交的尼龙膜用 2×SSC 浸泡 10～30min。

（2）将配好的 10mg/ml 鲱鱼精 DNA 在沸水中变性 10min 后立即放入冰中冷却至少 10min。

（3）按 $10ml/200cm^2$ 配制预杂交液：1×Denhardt's，0.2% SDS（十二烷基磺酸钠），P/H Stock 2.7ml，50μg/ml 鲱鱼精 DNA。

（4）拧紧管盖防止预杂交液渗漏。65℃预杂交 6h。

（5）按表 5-2 配制探针标记体系。

（6）将探针变性后，加入同位素并用枪头反复吸几次使探针标记体系充分混匀，37℃保温 6h。

（7）配制杂交液　按 10ml/blot 配制：10%硫酸葡聚糖，1×Denhardt's，0.2%SDS，P/H Stock 2.7ml，50μg/ml 鲱鱼精 DNA。

表 5-2　探针标记体系（按顺序进行）

试剂	用量
ddH_2O	20μl
探针(50ng/μl)	3.0μl
λ/*Hind*Ⅲ(1ng/μl)	1.5μl
2.0ng/μl Primer	20.0μl
2.0mmol/L dNTP(A,T,G)	8.0μl
10×Klenow Buffer	6.0μl
以上试剂加完后，于 100℃煮 10min，放入冰中冷却 10min	
Klenow 大片段酶(SABC)	5U
^{32}P-dCTP	30μCi

（8）取出标记好的探针，加入 20μl 终止液和 200μl 的 TE 后于沸水中变性处理 10min；再放入冰中冷却 10min。

（9）在防护罩内小心地将探针加入到杂交管中，适当拧紧管盖于 65℃杂交 16～20h。

（10）低严紧洗膜液常温洗膜 2 次（2×SSC，0.1%SDS），每次 10min。换入高严紧洗膜液（0.1×SSC，0.1%SDS），65℃ 30min。

（11）取出尼龙膜，用保鲜膜包好放入 X 光片夹中，在暗室中压入 X 光片。根据信号强弱估计曝光时间。

（12）按《基因工程实验技术》所述（彭秀玲等，1998）配置显影液和定影液，冲洗 X 光片。

5. 尼龙膜的再生

（1）去掉包裹的保鲜膜，0.1×SSC、0.1% SDS 溶液中室温洗涤 10min。

（2）将膜置于溶液（0.1×SSC，0.2% SDS，0.4% NaOH）中，常温下 20min。

（3）0.2mol/L Tris-Cl pH 7.5；0.1×SSC；0.1%SDS 溶液中 10min。

（4）洗膜结束后，用滤纸吸干膜上残液，用保鲜膜包好贮存于 4℃冰箱中。

四、结果与计算

根据显影照片进行分析。

五、注意事项

1. 转移用的膜要预先在双蒸水中浸泡使其湿透，否则会影响转膜效果；不可用手触摸膜，否则影响 DNA 的转移及与膜的结合。

2. 注意同位素的安全使用。

六、参考文献

[1] 徐晋麟，陈淳，徐沁．基因工程原理．北京：科学出版社，2007.

[2] 吴乃虎．基因工程原理．第 2 版．北京：科学出版社，2005.

[3] 萨姆布鲁克 J，拉塞尔 D W著．分子克隆实验指南．第 3 版．黄培堂等译．北京：科学出版社，2002.

[4] Sandy primrose，Richard Twyman，Bob Old 著．基因操作原理．第 6 版．瞿礼嘉，顾红雅译．北京：高等教育出版社，2002.

[5] 盛小禹，蔡武城．基因工程实验技术教程．上海：复旦大学出版社，1999.

[6] 彭秀玲，袁汉英．基因工程实验技术．第 2 版．长沙：湖南科学技术出版社，1998.

实验二　Northern 杂交

一、实验原理

Northern 杂交可以选用放射性同位素标记或地高辛（DIG）和生物素（BIOTIN）

标记的 RNA 探针或 DNA 探针。RNA 探针具有显示更强的杂交信号和更低的非特异性背景的优点，因此只要可能，尽量选用 RNA 探针。但由于 RNA 的不稳定性，RNA 探针在操作上的要求和难度要比使用 DNA 探针高很多，因此大多数研究者仍使用 DNA 探针。

Northern 杂交由斯坦福大学的 George Stark 教授于 1975 年发明。其原理是在变性条件下将待检的 RNA 样品进行琼脂糖凝胶电泳，继而按照同 Southern Blot 相同的原理进行转膜和用探针进行杂交检测。之所以命名为 Northern 杂交是因为其原理与 Edwin Mellor Southern 教授发明的 Southern 杂交原理相似，实验过程也相似，所以取了一个类似的名字叫 Northern 杂交。

二、实验条件

(1) 实验仪器　PCR 仪，杂交炉，电泳仪，电泳槽，凝胶成像系统，紫外交联仪，玻璃板，托盘，尼龙膜，玻璃棒，滤纸，吸水纸。

(2) 实验试剂　10×MOPs (0.1mol/L MOPs，80mmol/L NaAc，5mmol/L EDTA，pH7.0)，RNA 提取试剂盒（北京天根），引物（上海生工公司），*Taq* DNA 聚合酶（Takara 公司）。

三、实验步骤

1. RNA 的提取

采用天根（北京）RNA 提取试剂盒提取组织中的 RNA。

2. RNA 的电泳分离和 Northern 转移

(1) RNA 电泳前的准备　将电泳槽、制胶板、梳子、2 个瓷盘（用于洗胶、泡膜、Northern 转移等）、玻璃板、胶条（隔离胶的四周）、胶板（捞胶用）、玻璃棒（赶气泡）用 0.5mol/L NaOH 浸泡至少 20min，倒去 NaOH 溶液，用无 RNase 水充分淋洗，晾干备用。

(2) 甲醛变性琼脂糖凝胶的制备　称取琼脂糖 1.0g，加入无 RNase DEPC 水 72ml，经微波炉加热溶解后冷却至 60℃，再加入 37%甲醛溶液 18ml 和 10ml 10×MOPs，混合均匀后立即倒胶。

(3) RNA 点样样品的制备　等量取各材料 10μl 含 RNA 20～30μg，再加入 RNA sample buffer（去离子甲酰胺 300μl，10×MOPs 60μl，37%甲醛 105μl）20μl，70℃变性 10min 并立即放置冰上冷却，加入 3.0μl 指示剂（50%甘油，1mmol/L EDTA，pH8.0，0.25%溴酚蓝，0.25%二甲苯青），混匀后，置冰上直至点样。

(4) 电泳　1×MOPs 缓冲液中 5V/cm 预电泳 5min，再按电压 2～3V/cm 电泳 3～4h。

(5) 电泳结束后取出凝胶，用 DEPC 处理水漂洗 4 次以除去甲醛，切下 RNA marker，于 0.5μg /μl EB 溶液中浸泡 RNA marker 30min 后，凝胶照相（有标样尺）。剩余凝胶厚度如果大于 0.5cm，用 50mmol/L NaOH 溶液变性 20min，以提高转移速率。变性后，并置于 20×SSPE（3mol/L NaCl，20mmol/L EDTA-Na_2，0.2mmol/L NaH_2PO_4，pH7.4）中浸泡 45min。

(6) 印迹转移法同 Southern，采用毛细管转移法。由于尼龙膜上没有 RNA marker，所以无法通过 marker 来判断点样顺序，故必须在尼龙膜上做标记。转移缓冲液为 20×SSPE，转移时间为24～36h。80℃烘烤1～2h，以保鲜膜包裹，4℃存放。

3. 杂交步骤

(1) 预杂交

① 预杂交前，用ddH_2O冲洗杂交管，并烘干。

② 将烘干的膜用2×SSPE完全浸湿后，置于杂交管中，按50～100μl/cm^2的比例加入预热至42℃的预杂交液（5×SSPE，5×Denhart's，1%SDS，鲱鱼精DNA 50μg/ml，50%去离子甲酰胺）。42℃预杂交6h。

(2) 探针的标记（25μl反应体系）

① 1.5ml离心管中依次加入以下溶液：

ddH_2O	10.0μl
探针模板DNA(50ng/μl)	2.0μl
Buffer+Primer(75ng/μl)	7.5μl
dNTP(不含dCTP)(2mmol/L)	3.0μl

100℃变性10min，立即冰浴10min。然后加入Klenow Fragment DNA polymerase Ⅰ 0.5μl（10 U/μl）。混匀离心，将液体集中于管底。加^{32}P-dCTP 2μl于管底溶液中。37℃反应5h。

② 反应结束后，加入等体积的TE终止反应，500μl预杂交液停止标记。100℃ 10min，立即冰浴10min，标记好的变性DNA探针即可用于杂交。

(3) 杂交

① 预杂交结束后，倒掉预杂交液，按每张膜10ml加入杂交液（5×SSPE，5×Denhart's，50μg/ml ssDNA，10%硫酸葡聚糖，50%去离子甲酰胺）。

② 加入同位素标记的探针。颠倒杂交管若干次，使探针和杂交液混合均匀。

③ 42℃杂交16～24h。

(4) 洗膜 取出杂交膜，先用低严紧的洗膜液（2×SSPE，0.1% SDS）室温洗膜2次，每次10min。然后用高严紧的洗膜液（0.2×SSPE，0.1% SDS）在42℃恒温摇床上漂洗2次，每次15min。

(5) 压片 用干净的滤纸吸干膜上的残液，用保鲜膜包裹杂交膜，测定放射性强度，在暗室中依次夹入X光片。−70℃冰箱中自显影，时间按放射性强度而定。

(6) 膜的重复再利用（去探针）

① 去掉包裹的保鲜膜，0.1×SSC、0.1% SDS溶液中室温洗涤10min。

② 将膜置于加热沸腾的溶液（0.1×SSC，0.5% SDS）中。70℃恒温摇床上保温15min，根据放射性强度，至少重复一次。

③ 洗膜结束后，用滤纸吸干膜上残液，用保鲜膜包好贮存于4℃冰箱中。

四、结果与计算

分析以下显影照片（图5-1）。

五、注意事项

在操作RNA有关的实验中，最应避免的是RNase的污染。手是RNase污染的主要来源之一，所以在整个实验操作中必须戴手套，最好是橡胶手套。此外，为避免RNA酶的污染，实验中所用到的溶液、玻璃制品、塑料制品都需特别处理。

(1) 枪头、离心管等 配制 0.01% DEPC（体积分数）溶液（充分搅拌 2～3h，但不高温高压灭菌），将玻璃器皿浸泡其中，过夜，捞出后高温高压灭菌除去 DEPC，再在烘箱中烘干水分。

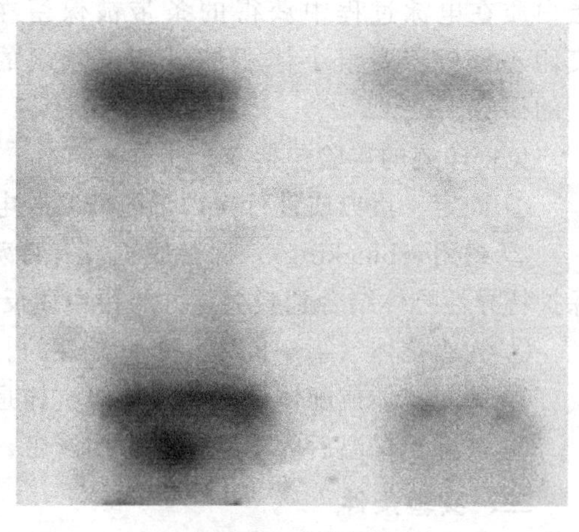

图 5-1 显影照片

(2) 玻璃器皿 如量筒等。180℃烘烤 4～8h。简易的方法为：用专用的氯仿洗涤，再用无 RNase 水充分淋洗，晾干。或者是方法同以上 (1)。

(3) 无 RNase 水 ddH_2O 加入 0.01% DEPC（体积分数），磁力搅拌 2～3h，静置过夜，高温高压灭菌后除去 DEPC。

(4) 通常情况下，可高温高压灭菌的各种溶液 用常规方法配制，再加入 DEPC 使其终浓度为 0.01%（体积分数），磁力搅拌 1～2h，静置过夜，高温高压灭菌除去 DEPC。

(5) 通常情况下不可用高温高压处理的各种溶液 如 75% 乙醇等。在严格条件下，使用专用的去除 RNase 的器皿，以未开封的无水乙醇和无 RNase 水兑制。

(6) 纯试剂 如无水乙醇、异戊醇、氯仿等，一旦开启，即严格操作，标明“RNA 专用”，单独存放、专一使用。

(7) 有机塑料制品类 如电泳槽等。用 0.5mol/L NaOH 浸泡至少 20min，倒去 NaOH 溶液，用无 RNase 水充分淋洗，晾干备用。或者用 70%乙醇浸泡 10～20min，倒去乙醇溶液后晾干备用。

六、参考文献

[1] 徐晋麟，陈淳，徐沁．基因工程原理．北京：科学出版社，2007.

[2] 吴乃虎．基因工程原理．第 2 版．北京：科学出版社，2005.

[3] 萨姆布鲁克 J，拉塞尔 D W著．分子克隆实验指南．第 3 版．黄培堂等译．北京：科学出版社，2002.

[4] Sandy primrose，Richard Twyman，Bob Old 著．基因操作原理．第 6 版．瞿礼嘉，顾红雅译．北京：高等教育出版社，2002.

[5] 盛小禹，蔡武城．基因工程实验技术教程．上海：复旦大学出版社，1999.

[6] 彭秀玲，袁汉英．基因工程实验技术．第 2 版．长沙：湖南科学技术出版社，1998.

实验三 Western 印迹

一、实验原理

蛋白质印迹（Western-blot）是将蛋白质转移并固定在化学合成膜的支撑物上，然后以特定的亲和反应、免疫反应或结合反应以及显色系统分析此印迹。这种以高强力形成印迹的方法被称为 Western-blot 技术。

在实验操作中要注意以下条件：印迹法需要较好的蛋白质凝胶技术，使蛋白质达到好的分离效果，而且要注意胶的质量，要使蛋白质容易转移到固相支持物上。另外，蛋白质在电泳过程中获得的条带被保留在膜上，在随后的保温阶段不丢失和扩散。免疫印迹分析需要很小体积的试剂、较短的时间过程，一般操作容易，宜于应用和理论上的研究。

免疫印迹的实验包括5个步骤：

① 固定　蛋白质进行聚丙烯酰胺凝胶电泳（PAGE）并从胶上转移到硝酸纤维素膜上。

② 封闭（blocking）　保持膜上没有特殊抗体结合的场所，使场所处于饱和状态，用以保护特异性抗体结合到膜上，并与蛋白质反应。

③ 初级抗体（第一抗体）是特异性的。

④ 第二抗体或配体试剂对于初级抗体是特异性结合并作为指示物。

⑤ 被适当保温后的酶标记蛋白质区带，产生可见的、不溶解状态的颜色反应。

二、实验条件

（1）实验仪器　蛋白质电泳槽，蛋白质电转移槽一套（百晶公司），硝酸纤维素滤膜，直径为20cm和10cm的培养皿各一个，剪刀、镊子、刀片，普通滤纸。

（2）实验试剂　绿色荧光蛋白，第一抗体，第二抗体。

① 10% SDS　称10g SDS用双蒸水溶解，定容到100ml，室温放置。

② 10%过硫酸铵（1ml）　称0.1g过硫酸铵溶于1ml双蒸水中，在4℃冰箱中可保存3～4个星期。

注：过硫酸铵最好现配现用，否则必须加大用量。配两管。

③ 分离胶缓冲液　1.5mol/L pH8.8 Tris-HCl。

④ 浓缩胶缓冲液　0.5mol/L pH6.8 Tris-HCl。

⑤ 样品溶解液　0.01mol/L pH8.0的Tris-HCl缓冲液中含1% SDS、1%巯基乙醇、10%甘油、0.02%溴酚蓝。

⑥ 电泳缓冲液　pH8.3 1000ml/组。

25mmol/L Tris，即称取3.03g；250mmol/L甘氨酸，即称取18.77g；0.1% SDS，即称取1g。

⑦ 转移缓冲液　pH 8.3 1000ml/组。

25mmol/L Tris，即称取3.03g；192mmol/L甘氨酸，即称取14.41g；0.1% SDS，即称取1g；10%甲醇（用时再加，注意留出体积）。

⑧ 固定液（100ml/8人）　40ml甲醇、10ml冰醋酸，用蒸馏水定容到100ml。

⑨ 染色液　0.25g考马斯亮蓝R-250、40ml乙醇、10ml冰醋酸，用蒸馏水定容到100ml。

⑩ 脱色液　20ml乙醇、7ml冰醋酸，加蒸馏水定容到100ml。

⑪ 处理膜缓冲液（用ddH_2O配制）

配TBS，400ml/4人，20mmol/L Tris-HCl，500mmol/L NaCl，pH 7.5；

配TBST，300ml/4人，取TBS 300ml加吐温-20 0.05% 150μl；

抗体稀释液，5ml/4人，0.3%牛血清白蛋白（BSA），用TBST溶液配20ml；

封闭液，40ml/4人，0.3%牛血清白蛋白（BSA），用TBST溶液配10ml。

⑫ 二氨基联苯胺（DAB）显色液　二氨基联苯胺（3,3′-diaminobenzidine，DAB）是过氧化物酶（peroxidase）的生色底物，在过氧化氢的存在下失去电子而呈现出颜色变化和积累，形成棕褐色不溶性产物。用于检测过氧化物酶的活性，灵敏度高，特异性好。其适用于

蛋白质杂交和免疫化学以及原位杂交染色等。

三、实验步骤

1. 蛋白质电泳

(1) 洗净电泳用的玻璃板，晾干，按仪器使用说明安装好。

(2) 配12%分离胶8ml，分别取：

30%丙烯酰胺	3.2ml
1.5mol/L pH8.8 Tris-HCl(分离胶缓冲液)	2.08ml
10% SDS	8μl
TEMED	10μl
双蒸水	2.64ml 混匀后加
10%过硫酸铵	30μl 混匀，灌胶

(3) 灌好分离胶，上面用双蒸水封好。

(4) 待分离胶凝固后（凝胶时间半小时左右），配6%浓缩胶（2.3ml）：

30%丙烯酰胺	0.45ml
0.5mol/L pH6.8 Tris-HCl(浓缩胶缓冲液)	0.6ml
10% SDS	22.5μl
TEMED	2μl
双蒸水	1.2ml 混匀后加
10%过硫酸铵	20μl 混匀，灌胶

(5) 吸净上面的水，灌入浓缩胶，插入梳子，凝固0.5h以上。

(6) 待胶凝固后，拔出梳子，加入电泳缓冲液。

(7) 沉淀用100μl 1×SDS上样缓冲液悬浮，煮3min，12000r/min离心5min，取上清液。

(8) 按顺序上样，同时上标准相对分子质量的蛋白质样品。上样顺序为：Marker (5μl)，样品（15μl），Marker，样品。

(9) 开始电泳时电压用80V，待样品全部进入胶后增大到160 V。

(10) 待溴酚蓝指示剂电泳到分离胶底部时（距底部1.5 cm左右），停止电泳。

(11) 聚丙烯酰胺电泳后，将凝胶从中间位置切成两等分。

(12) 第一份胶用于考马斯亮蓝染色：先用固定液固定半小时（可省），再用考马斯亮蓝染色液染色2h，然后脱色0.5h。

2. 电泳转移

(1) 转移第二份胶，切割有效部分。

(2) 量好尺寸，按尺寸大小切割硝酸纤维素膜（硝酸纤维素膜不能用手接触，注意正反面，N为正面）。

(3) 在转移板上按顺序操作，每一步不能有气泡：

① 用转移Buffer浸湿后的海绵片一张（接触转移板黑色部分）；

② 用转移Buffer浸湿后的厚滤纸一张；

③ 放上切割好的胶；

④ 胶上放硝酸纤维素膜，正面贴胶；

⑤ 湿滤纸一张；

⑥ 湿海绵片一张（接触转移板白色部分）。

（4）合上转移板，放入电泳槽，注意电极胶靠负极。倒入 300ml 转移缓冲液（甲醇现用现加）。

（5）插入电极，120mA 恒流电泳 1h。1h 后两组颠倒胶板，再以 100mA 恒流电泳 1h。

（6）转移结束后，取出硝酸纤维素膜。

3. 免疫印迹

（1）用 TBST 缓冲液洗膜 10min，在摇床上轻轻摇动。

（2）将膜用封闭溶液封闭，用摇床轻轻摇动 60min。

（3）轻轻地转移掉封闭溶液，并用 TBST 溶液洗膜两次。悬浮洗膜一次，第二次 10min。

（4）将几块润湿的滤纸放在大平皿中，滤纸上放一块比滤纸稍小的 Parafilm 膜。

（5）取 500μl 一抗溶液（一抗原液：封闭液＝1：500）在 Parafilm 膜上面均匀点上液滴。

（6）将纤维素膜蛋白面（即硝酸纤维素膜正面）朝下铺在一抗上，之间不要有气泡。室温过夜。

（7）去掉第一抗体溶液，用 TBST 洗膜 3 次，每次 10min，置于摇床上轻轻摇动。

（8）按照和一抗同样的操作将纤维素膜贴在二抗上（羊抗兔的辣根过氧化物酶）。二抗：抗体稀释液按 1：500 稀释。

（9）室温结合 2h。

（10）用 TBST 洗 3 次，每次 10min（为了更好地看到免疫的条带，可洗 1～2 次）。

（11）用 TBST 溶液洗膜一次。

（12）显色（试剂盒）

① 用平皿准备 10ml TBS，预热到 60℃；

② 取 20μl DAB 母液（20×）；

③ 迅速混合到小平皿中；

④ 加 20μl 过氧化氢（20×），混匀；

⑤ 迅速加入硝酸纤维素膜；

⑥ 晃动 5min，等条带显出来以后；

⑦ 加去离子水终止反应，用滤纸保存。

（13）观察条带，然后照相。

四、结果与计算

结果如图 5-2 所示。

图 5-2　Western blot 图

五、注意事项

1. 转膜时，需注意转膜电流强度和时间，避免蛋白跑出膜外。

2. 转膜时，需注意分清膜的正反面和上下。

六、参考文献

[1] 徐晋麟，陈淳，徐沁．基因工程原理．北京：科学出版社，2007.

[2] 吴乃虎．基因工程原理．第2版．北京：科学出版社，2005.

[3] 萨姆布鲁克J，拉塞尔D W著．分子克隆实验指南．第3版．黄培堂等译．北京：科学出版社，2002.

[4] Sandy primrose，Richard Twyman，Bob Old著．基因操作原理．第6版．瞿礼嘉，顾红雅 译．北京：高等教育出版社，2002.

[5] 盛小禹，蔡武城．基因工程实验技术教程．上海：复旦大学出版社，1999.

[6] 彭秀玲，袁汉英．基因工程实验技术．第2版．长沙：湖南科学技术出版社，1998.

实验四 PCR引物设计

一、实验原理

(1) 选择合适的靶序列 设计引物之前，必须分析待测靶序列的性质，选择高度保守、碱基分布均匀的区域进行引物设计。

(2) 长度 一般来说，寡核苷酸引物长度为15～30bp。

(3) T_m值 引物的T_m值一般控制在55～60℃，尽可能保证上下游引物的T_m值一致，一般不超过2℃。若引物中的G+C含量相对偏低，则可以使引物长度稍长，而保证一定的退火温度。

(4) G+C含量 有效引物中G+C含量的比例一般为40%～60%。

(5) 碱基的随机分布 引物中四种碱基的分布最好是随机的，不存在聚嘌呤和聚嘧啶，尤其在引物的3′端不应超过3个连续的G或C。

(6) 引物自身 引物自身不存在连续4个碱基以上的互补序列，如回文结构、发夹结构等，否则会影响到引物与模板之间的复性结合，尤其避免3′末端的互补。

二、实验条件

计算机（联网）。

三、实验步骤

根据在线软件进行演示分析：http://www.bioinformatics.nl/cgi-bin/primer3plus/primer3plus.cgi。

四、结果与计算

根据NCBI查找的真菌rDNA序列，设计一对通用引物使其能扩增出ITS序列。

五、注意事项

1. 引物长度应控制在18～28bp之间。

2. 引物在设计时，应避免出现二聚体、发夹、互补结构。

3. 引物G+C含量应控制在40%～60%之间，且上下游引物之间的G+C含量不应相差太大。

六、参考文献

[1] 徐晋麟，陈淳，徐沁．基因工程原理．北京：科学出版社，2007.

[2] 吴乃虎．基因工程原理．第2版．北京：科学出版社，2005.

[3] 萨姆布鲁克J，拉塞尔D W著．分子克隆实验指南．第3版．黄培堂等译．北京：科学出版社，2002.

[4] Sandy primrose，Richard Twyman，Bob Old著．基因操作原理．第6版．瞿礼嘉，顾红雅译．北京：高等教育出版社，2002.

[5] 盛小禹，蔡武城．基因工程实验技术教程．上海：复旦大学出版社，1999.

[6] 彭秀玲，袁汉英．基因工程实验技术．第2版．长沙：湖南科学技术出版社，1998.

实验五　随机扩增多态性技术（RAPD）

一、实验原理

RAPD（random amplified polymorphic DNA），意为随机扩增多态性DNA技术，是建立在PCR实验基础上的检测基因组DNA多态性的实验技术。从1990年Williams首次应用该技术至今，短短几年间，该技术由于具有快速、简便、耗资相对较少、所需设备较少的特点，因此发展极快，目前已在农、林、牧、医等领域得到了广泛的应用。

该技术利用大量的、各不相同的、碱基顺序随机排列的寡聚单核苷酸链为引物，以待研究的基因组DNA片段为模板，进行PCR扩增，扩增产物通过琼脂糖凝胶电泳等分离，经染色后，即可对此基因组DNA进行多态性分析。RAPD同AFLP、SSR等分子标记一样都基于PCR扩增，只是RAPD分析只需要一个引物，其引物长度一般为10个核苷酸，其序列是随机的，不同核苷酸序列的引物均有商品出售。

本实验拟通过以一种随机片段为引物进行PCR扩增，以便使学生了解和掌握最基本的RAPD操作技术。

二、实验条件

（1）实验仪器　PCR仪，离心机，取液器，电泳仪，电泳槽，紫外观测仪。

（2）实验试剂　10mer随机引物，*Taq*酶，dNTP，10×缓冲液，无菌水，电泳试剂。

三、实验步骤

1. 基因组DNA提取见实验一。

2. 取0.5ml Eppendorf管，按表5-3加入反应试剂。

表5-3　PCR反应体系（10μl）

组　分	体　积	组　分	体　积
基因组模板DNA	20 ng	10mer随机引物	0.4μl
10×PCR缓冲液	1μl	*Taq*酶（5 U/μl）	0.1μl
10mmol/L dNTP	0.2μl	ddH_2O	补充至10μl

注：以上组分混匀后短暂离心。

3. PCR 扩增参数

94℃　　5min

94℃　　30s

36℃　　30s

72℃　　45s

46 个循环

72℃延伸 10min

4. 凝胶电泳及染色

扩增反应结束后，取 5μl 扩增产物与电泳上样液混匀，在 1.5%琼脂糖凝胶上分离，一般用不高于 5V/cm 的电压，电泳 1h 左右至溴酚蓝距离凝胶底部 1～1.5cm 时停止电泳，小心取出凝胶，用 EB 染色 10min，置于凝胶成像系统检测。

四、结果与计算

把 RAPD 每个反应重复 2 次。以两次重复中稳定出现的亮带作为统计对象，有电泳带记为 1，无电泳带记为 0，录入计算机 Excel 表格中。利用 STATISTIC 软件，采用 UPGMA 方法（非加权类平均法：Unweighted Pair Group Method using Arithmetic Averages）对所用品种或材料进行聚类分析。S 为两样品间的遗传相似度，D 为遗传距离，$S=2N_{xy}/(N_x+N_y)$，$D=1-S$，式中，N_{xy} 为两个样品共享的 RAPD 标记数；N_x、N_y 分别为 X 样品和 Y 样品分别具有的 RAPD 标记数。

五、注意事项

1. 两电极间电压不应超过 5V/cm，电压越高，迁移越快，但分离效果相对较差；扩增带如果不是细亮清晰而呈形状模糊或条带粗亮相连，可能是 DNA 加样量太多或电压过高或琼脂糖浓度偏低等，在重新电泳时做适当地调整。

2. 对电泳结果的判读同 PCR 条件是否优化及引物数量是否足够等一样，会影响 RAPD 结果的可信度。对电泳结果的判读主要是一些弱带的取舍问题，弱带取舍主要看其重复出现的概率，可进行重复实验；也可在难取舍的弱带位置上出现的电泳条带都不统计，这样可能丢失了一些多态性信息位点，对研究材料的系谱关系等影响不大，但当研究分子标记或构建基因连锁图谱时则不可取。

六、参考文献

[1]　徐晋麟，陈淳，徐沁等．基因工程原理．北京：科学出版社，2007.

[2]　赵亚华．生物化学与分子生物学实验技术教程．北京：高等教育出版社，2005.

[3]　萨姆布鲁克 J，拉塞尔 D W著．分子克隆实验指南．第 3 版．黄培堂等译．北京：科学出版社，2002.

实验六　限制性片段长度多态性技术（RFLP）

一、实验原理

RFLP 即限制性片段长度多态性分析（restriction fragment length polymorphism），是分子标记中的重要技术。随着 PCR 技术的发展，目前在特定物种材料的研究中出现了基于 PCR 技术的 RFLP 技术，与传统的 RFLP 技术相比，PCR-RFLP 具有无需标记、灵敏度高、成本低、可重复性强的特点。该技术是建立在生物体的某些基因两端具有高度保守性而中间为高度可变区，利用两端的保守区作为引物，可扩增出特异片段，这些片段的中间部分存在不同序列，因此，用一定的限制性内切酶处理这些片段后，经电泳分析可得到不同的酶切图谱，表现出 RFLP 的特征，利用这种酶切图谱可定性鉴定某一基因，如利用该方法可在不同微生物菌株中寻找 Bt 杀虫基因。这种方法给研究人员提供了仅需 1～2 对通用引物既能鉴定出一个类群中的已知基因，又能鉴定出未知基因，从而为已知基因的鉴定和未知基因的发现提供有效手段。

二、实验条件

（1）实验仪器　PCR 仪，离心机，取液器，电泳仪，电泳槽，紫外检测仪。

（2）实验试剂　限制性内切酶 *Hin*d Ⅲ，模板 DNA，*Taq* 聚合酶，待分析的 PCR 产物，丙烯酰胺，酶消化缓冲液，电极缓冲液，上样缓冲液等。

三、实验步骤

1. *Hin*d Ⅲ限制性内切酶酶切

反应体积（10μl），在 0.2ml Eppendorf 管中依次加样：

10×M buffer	1μl
ddH_2O	5.5μl
*Hin*d Ⅲ	0.5μl
PCR 产物	3μl

37℃水浴消化 2h，消化产物全部用于琼脂糖检测。

2. 琼脂糖凝胶电泳

配置 1.5% 琼脂糖凝胶，取 10μl 酶切产物加 1μl 上样缓冲液，180 V 恒压电泳。DNA 带负电荷，电泳时 DNA 从负极向正极泳动。待泳动至凝胶的 1/2～2/3 位置时，停止电泳，紫外检测仪下观察。

3. 电泳检测扩增反应产物

扩增反应结束后，取 5μl 扩增产物与电泳上样液混匀，在 1.5% 琼脂糖凝胶上分离，一般用不高于 5V/cm 的电压，电泳 1h 左右至溴酚蓝距离凝胶底部 1～1.5 cm 时停止电泳，小心取出凝胶，用 EB 染色 10min，置于凝胶成像系统检测。

4. 酶切

取 PCR 产物约 2.0μl，加限制性内切酶 *Hin*d Ⅲ 1U、10×酶消化反应缓冲液 1μl，双蒸水补至 10μl 置试验管中。37℃温箱中孵育 4h。

5. 酶切产物电泳分型

6%聚丙烯酰胺凝胶电泳（$T=6\%$，$C=3.3\%$，凝胶规格为 82mm × 64mm × 0.75mm）。电极缓冲液为 1×TAE。将加有 1/5 体积上样缓冲液的酶切产物电泳，220V 电压电泳 2～3h。

6. 银染显色

将凝胶剥离至染色盘中，用 10% 冰醋酸固定 30min，去除固定液，用蒸馏水冲洗凝胶 3 次（2min 以内）。将 0.1%硝酸银溶液 200ml 倒入染色盘中，染色 30min，倒掉染色液，用蒸馏水快速冲洗凝胶 1 次（20s 以内）。将显色液 200ml（3% Na_2CO_3，含 0.05%甲醛、0.2% $Na_2S_2O_3$）倒入染色盘中，不断振荡，直至谱带显示清晰。用固定液终止显色。蒸馏水洗涤一次，贴于滤纸上晾干保存。

四、结果与计算

如图 5-3 所示。

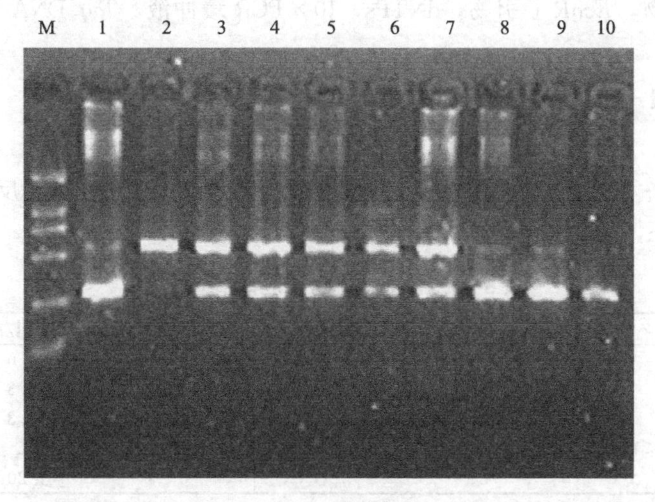

图 5-3　电泳图

五、注意事项

1. 靶片段的扩增产物要纯，如有非特异产物（特别是大片段可能含有酶识别序列），将竞争酶活性，使样品消化不完全或者出现酶消化杂带。

2. 酶消化过程要充分（即底物与酶的比例要合适，消化时间要保证），避免假阴性结果。

3. 酶切阳性结果可以确定所检测具体序列，阴性结果仅可说明非酶识别序列，但不能准确判定具体序列。

4. 酶识别序列如有甲基化之核苷酸将不被切割。

六、参考文献

[1]　徐晋麟，陈淳，徐沁等．基因工程原理．北京：科学出版社，2007.

[2]　赵亚华．生物化学与分子生物学实验技术教程．北京：高等教育出版社，2005.

[3]　萨姆布鲁克 J，拉塞尔 D W著．分子克隆实验指南．第 3 版．黄培堂等译．北京：科学出版社，2002.

实验七　扩增片段长度多态性技术（AFLP）

一、实验原理

AFLP 技术是通过对 DNA 限制性片段的选择性扩增而检测多态性的一种 DNA 指纹技术。AFLP 检测到的变异在本质上与 RFLP 相同，但在带纹上表现为有或无，因而也是一种显性标记。AFLP 标记或多或少地随机分布于整个基因组，且后代分离遵循孟德尔遗传规律。AFLP 技术具高分辨率、高重复性与高灵敏度的特点，被用于品种鉴定、体细胞无性系变异的检测、遗传图谱的构建、基因定位和克隆以及基因表达研究等。

二、实验条件

(1) 实验仪器　离心机，培养箱，微量移液器，制冰机，PCR 仪。

(2) 实验试剂　*Mse* Ⅰ，*Eco*R Ⅰ，10×酶切缓冲液，*Mse* Ⅰ接头，*Eco*R Ⅰ接头，T_4DNA 连接酶，*Mse* Ⅰ引物，*Eco*R Ⅰ引物，dNTPs，10×PCR 缓冲液，*Taq* DNA 聚合酶，无菌去离子水。

三、实验步骤

1. 模板

(1) DNA 制备　用 *Eco*R Ⅰ和 *Mse* Ⅰ两种酶酶切目的基因组 DNA。反应混合液按表 5-4 配制。37℃温浴 3h，然后 65℃温浴 2.5h。

表 5-4　AFLP 双酶切反应体系（20μl）

组　分	体积/μl
10 倍的反应缓冲液	2.0
*Eco*R Ⅰ(10U/μl)	0.3
Mse Ⅰ(10U/μl)	0.3
基因组 DNA(250ng in<18μl)	5
加 ddH_2O	至 20μl

(2) 按表 5-5 配制连接反应混合液，加入上一步骤的酶切混合物，25℃连接 2h。

表 5-5　AFLP 连接反应体系（20μl）

组　分	体积/μl
连接缓冲液	4.0
Mse Ⅰ接头	1.0
*Eco*R Ⅰ接头	1.0
T4 连接酶(3U/μl)	0.4
加 ddH_2O	至 20μl

(3) 将连接产物稀释 10 倍，稀释好的产物和剩下的产物一起置－20℃贮存。

2. DNA 扩增反应

预扩增的 PCR 混合液的配制如表 5-6 所示。PCR 程序为 20 个循环：94℃ 30s，56℃ 1min，72℃ 1min。扩增反应在 PTC-200（MJ RESEARCH 公司，美国）上进行。

表 5-6　AFLP 预扩增 PCR 反应体系（20μl）

组　分	体积/μl
上一步稀释好的模板 DNA	5.0
Mse Ⅰ引物(25ng/μl)	2.0
*Eco*R Ⅰ引物(25ng/μl)	2.0
$MgCl_2$(25mmol/L)	1.2
Taq DNA 聚合酶(5U/μl)	0.08
dNTPs(2mmol/L)	1.0
10 倍的反应缓冲液	2.0
加 ddH_2O	至 20μl

扩增结束后将反应混合物稀释 50 倍用作下一步扩增的模板；按表 5-7 配制选择性扩增混合液。PCR 程序为：第一轮循环，94℃ 30s，65℃ 30s，72℃ 1min；第 2～13 轮循环，DNA 退火温度每次递减 0.7℃，其余步骤同第一轮循环；第 14～36 轮循环，退火温度是 56℃，其余步骤同第一轮循环。

表 5-7　AFLP 选择性扩增 PCR 反应体系（20μl）

组　　分	体积/μl
上一步稀释好的模板	5.0
EcoR Ⅰ引物(10ng/μl)	2.0
Mse Ⅰ引物(10ng/μl)	6.0
$MgCl_2$(25mmol/L)	1.2
Taq DNA 聚合酶(5U/μl)	0.2
dNTPs(2mmol/L)	2.0
10 倍的反应缓冲液	2.0
加 ddH_2O	至 20μl

3. 凝胶电泳及染色

扩增反应结束后，取 5μl 扩增产物在 1.2%的琼脂糖凝胶上检测 20min。在 6%的变性聚丙烯酰胺凝胶上分离，恒定功率 60W 条件下，电泳 2h 左右（或二甲苯青指示剂距离凝胶底部约 1/3 处）。银染过程参照银染测序试剂盒 Q4130 技术手册（Promega，美国）。

四、结果与计算

如图 5-4 所示为凝胶电泳图。

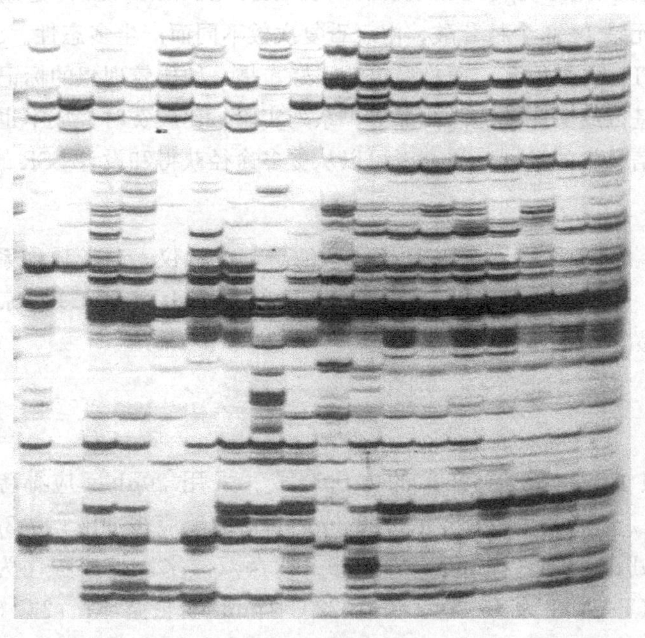

图 5-4　凝胶电泳图

五、注意事项

1. 要确定适宜的酶切时间，酶切时间太长浪费时间，酶切时间太短则 PCR 产物大片段较多、带型密集、不易分辨。必须保证基因组 DNA 酶切完全，否则会影响最终实验结果。

2. 制作聚丙烯酰胺凝胶时，胶平板应格外清洁，否则残留去污剂会导致银染时产生褐色背景或在灌胶时产生气泡，从而影响 DNA 分子条带的形状（如使条带成锯齿形）与迁移方向。

3. 进行聚丙烯酰胺凝胶电泳时，注意样品要变性完全。如样品变性不充分，样品孔内会有很深的条带。电泳前必须完全冲洗干净点样孔中的尿素和未聚合的丙烯酰胺。如孔中残留有尿素，跑出的条带会发虚，丙烯酰胺的残留则会使带弯曲。

六、参考文献

[1] 徐晋麟，陈淳，徐沁．基因工程原理．北京：科学出版社，2007.
[2] 吴乃虎．基因工程原理．第2版．北京：科学出版社，2005.
[3] 萨姆布鲁克J，拉塞尔D W著．分子克隆实验指南．第3版．黄培堂等译．北京：科学出版社，2002.
[4] Sandy primrose，Richard Twyman，Bob Old著．基因操作原理．第6版．瞿礼嘉，顾红雅译．北京：高等教育出版社，2002.
[5] 盛小禹，蔡武城．基因工程实验技术教程．上海：复旦大学出版社，1999.
[6] 彭秀玲，袁汉英．基因工程实验技术．第2版．长沙：湖南科学技术出版社，1998.

实验八　简单序列重复技术（SSR）

一、实验原理

简单序列重复（simple sequence repeat，SSR），又称为微卫星（microsatellite）或序列标签微卫星位点（sequence tagged microsatellite site，STMS）。SSR是短的串联的简单重复序列，它的组成基元是1～6个核苷酸，由于重复次数不同而产生多态性。SSR为共显性标记，检测的多态性比RFLP要高很多，而且稳定性很好，是一种比较理想的标记。设计SSR引物一般需要建立、筛选基因组文库和克隆测序等一系列实验，比较费时，成本也较高。近来随着比较基因组学和生物信息学的发展，研究者可以从更多途径获得和设计SSR的引物。

二、实验条件

（1）实验仪器　微量移液器，PCR仪，微波炉，电泳仪，凝胶成像系统。

（2）实验试剂　引物（上海生工），PCR试剂盒（上海生工），琼脂糖，过硫酸铵，TEMED，丙烯酰胺，亚甲基丙烯酰胺等。

三、实验步骤

1. PCR扩增

SSR引物按照Kijas等（1995）的方法合成。采用20μl反应体系：3μl模板DNA（10～30ng/μl）；0.2μl *Taq* 酶（5U/μl）；2.0μl 10倍的反应缓冲液；0.2μl正向和反向引物（10μmol/L）；0.2μl dNTPs（2mmol/L）；20μl灭菌双蒸水。扩增程序为94℃ 5min，然后94℃ 1min，55℃（TAA33为45℃）1min；72℃ 1min 35轮循环；72℃ 5min，4℃保存。

2. SSR产物的检测

扩增产物先用1.5%的琼脂糖凝胶检测20min左右，然后用6%变性聚丙烯酰胺凝胶分离。恒定功率60 W条件下，电泳1.5h，染色方法同AFLP。

四、实验结果

如图5-5所示。

五、注意事项

1. 电泳加样的时间不能太长，否则会导致样品扩散而被稀释，影响电泳效果。

2. 使用合适的电压和电流进行电泳，琼脂糖凝胶电泳的电压一般不超过5V/cm。

3. 冰醋酸、硝酸银、氢氧化钠、甲醛等染色试剂，对环境和人体都有污染、毒害作用，

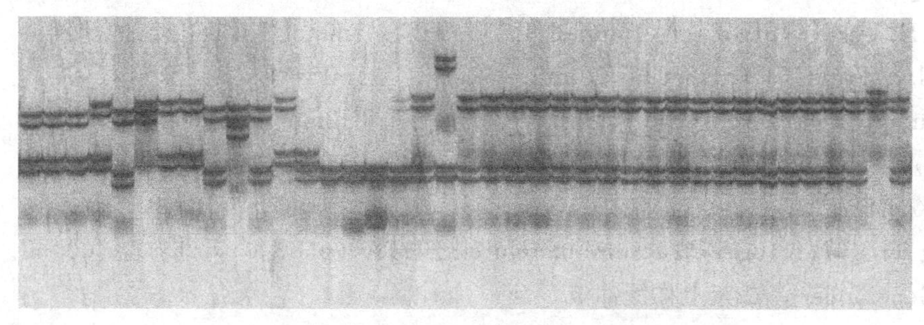

图 5-5　变性聚丙烯酰胺凝胶电泳图

染色须在通风橱中或在空气流通良好的环境中进行，硝酸银溶液需避光保存，或现用现配。

4. 丙烯酰胺为神经性毒剂，操作时必须戴手套。

六、参考文献

[1] 萨姆布鲁克 J，拉塞尔 D W著．分子克隆实验指南．第 3 版．黄培堂等译．北京：科学出版社，2002.

[2] 盛小禹，蔡武城．基因工程实验技术教程．上海：复旦大学出版社，1999.

[3] 吴乃虎．基因工程原理．第 2 版．北京：科学出版社，2005.

[4] Kijas J M H，Fowler J C S，Thomas M R. An evaluation of sequence tagged microsatellite site markers for genetic analysis within *Citrus* and related species. Genome，1995，38：349-355.

附：

1. LB 培养基的配制

蛋白胨（trypton）	10g
酵母提取物（yeast extract）	5g
NaCl	10g
琼脂（agar）	15g
蒸馏水	定容至 1000ml
pH	7.0

2. 溶液Ⅰ

50mmol/L 葡萄糖

25mmol/L Tris-HCl（pH8.0）

10mmol/L EDTA

3. 溶液Ⅱ（现用现配）

0.2mol/L NaOH

1% SDS

（先加水，再加 NaOH 和 SDS）

4. 溶液Ⅲ（100ml）

5mol/L KAc 60ml

冰醋酸 11.5ml

5. DNase-free RNase A

溶解 RNase A 于 TE 缓冲液中，浓度为 10mg/ml，煮沸 10～30min，除去 DNase 活性，－20℃贮存。

6. TE 缓冲液（pH 8.0）（10mmol/L Tris-HCl；1mmol/L EDTA）**的配制**

1mol/L Tris-HCl（pH8.0）	10ml	1ml
0.5mol/L EDTA	2ml	0.2ml
ddH_2O	定容至 1000ml	定容至 100ml

7. 20×TBE

216g Tris 碱，110g 硼酸，80ml 0.5mol/L EDTA（pH 8.0），定容至 1000ml。

8. GeneFinder-溴酚蓝上样缓冲液

6×loading buffer：0.25% 溴酚蓝，0.25% 二甲苯青 FF，40%（*w/v*）蔗糖水溶液。配制好后可以按 50：1 的比例稀释 GeneFinder。

9. pEGFP-N3 质粒全图谱

如图 5-6 所示。实验使用的 EGFP 蛋白取自原核-真核穿梭质粒 pEGFP-NB3B 的蛋白质编码序列。此质粒原本被设计用于在原核系统中进行扩增，并可在真核哺乳动物细胞中进行表达。本质粒主要包括位于 PCMV 真核启动子与 SV40 真核多聚腺苷酸尾部之间的 EGFP 编码序列和位于 EGFP 上游的多克隆位点；一个由 SV 40 早期启动子启动的卡那霉素/新霉素抗性基因，以及上游的细菌启动子可启动在原核系统中的卡那抗性。在 EGFP 编码序列上下游，存在特异的 *Bam*H Ⅰ及 *Not* Ⅰ限制性内切酶位点，可切下整段 EGFP 编码序列。

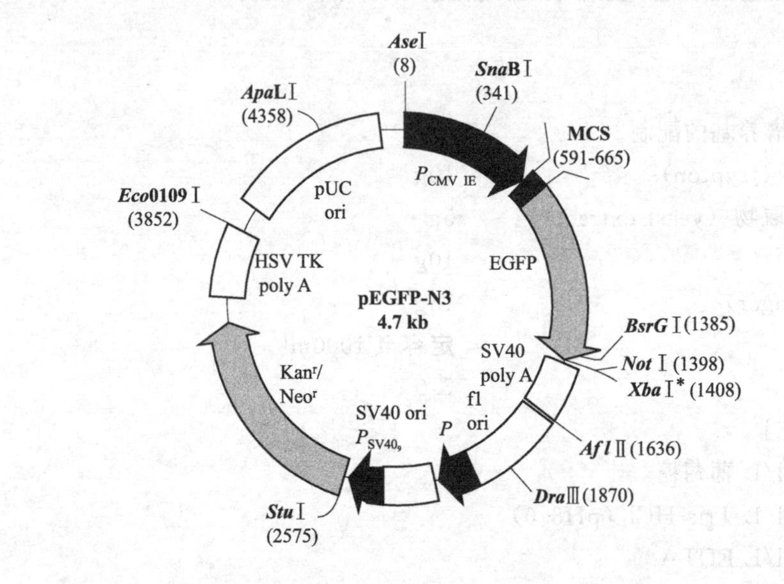

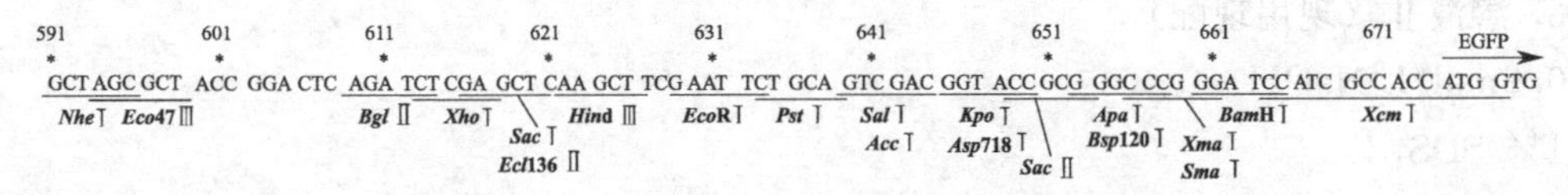

图 5-6　pEGFP-N3 质粒全图谱及限制性位点

10. pET-28a 质粒全图谱

如图 5-7 所示。表达 EGFP 蛋白使用的 pET-28 原核载体包含有在多克隆位点两侧的 His-tag polyHis 编码序列；用于表达蛋白的 T7 启动子、T7 转录起始物以及 T7 终止子；选择性筛选使用的 *lac* Ⅰ编码序列及卡那霉素抗性序列、pBR 322 启动子，以及为产生单链 DNA 产物的 f1 启动子。

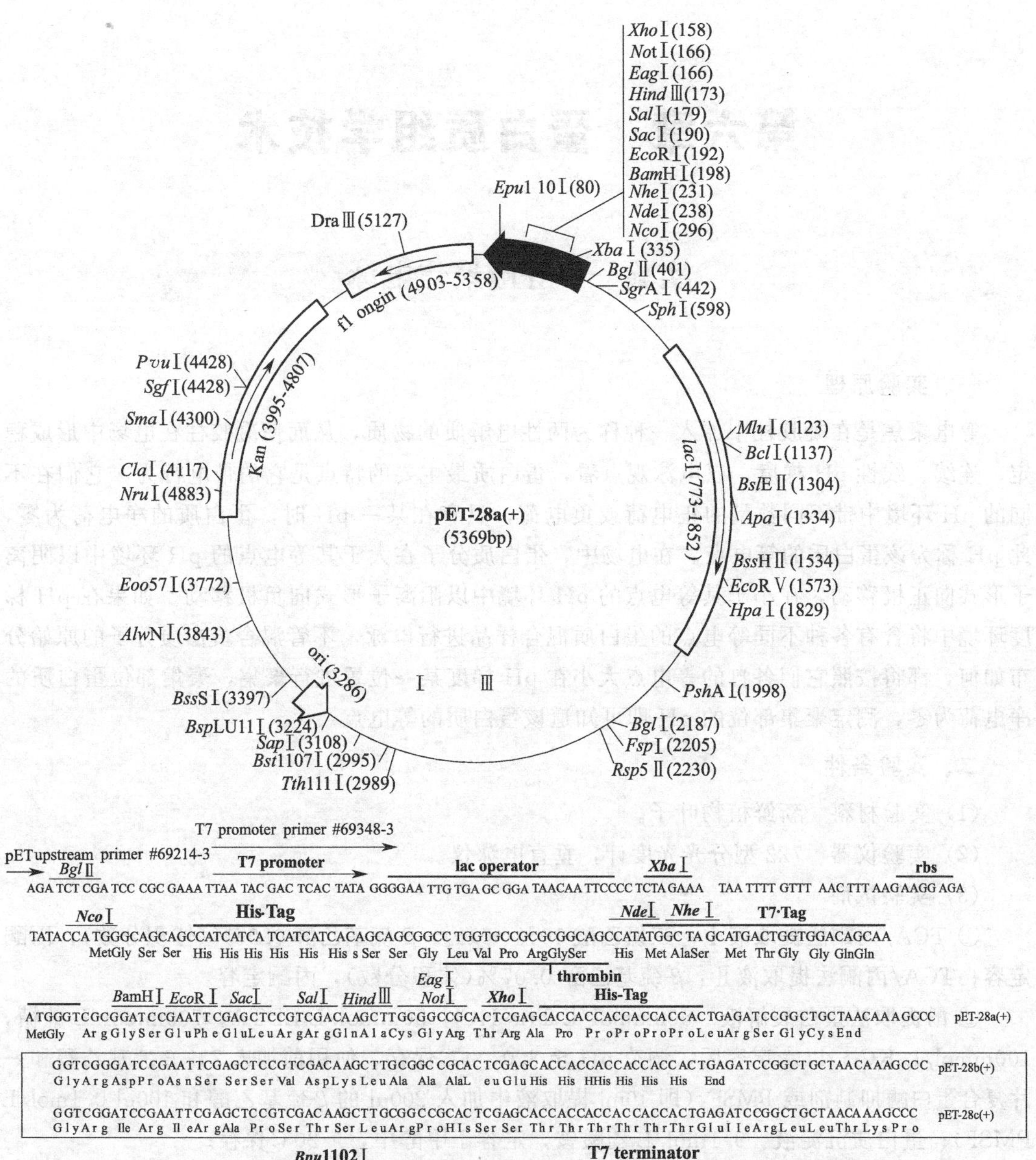

图 5-7　pET-28a 质粒全图谱及限制性位点

（本章由刘悦萍、葛秀秀、陈宏伟编写）

第六章　蛋白质组学技术

实验一　等电聚焦电泳

一、实验原理

等电聚焦是在凝胶柱中加入一种称为两性电解质的物质，从而使凝胶柱在电场中形成稳定、连续、线性 pH 梯度。以电泳观点看，蛋白质最主要的特点是它的带电行为，它们在不同的 pH 环境中带不同数量的正电荷或负电荷，只有在某一 pH 时，蛋白质的净电荷为零，此 pH 称为该蛋白质的等电点。在电场中，蛋白质分子在大于其等电点的 pH 环境中以阴离子形式向正极移动，在小于其等电点的 pH 环境中以阳离子形式向负极移动。如果在 pH 梯度环境中将含有各种不同等电点的蛋白质混合样品进行电泳，不管混合蛋白质分子的原始分布如何，都将按照它们各自的等电点大小在 pH 梯度某一位置进行聚集，聚集部位蛋白质的净电荷为零，测定聚集部位的 pH 即可知道该蛋白质的等电点。

二、实验条件

(1) 实验材料　新鲜植物叶子。

(2) 实验仪器　722 型分光光度计，垂直电泳仪。

(3) 实验试剂

① TCA/丙酮法提取液Ⅰ：三氯乙酸 10%(w/v)，β-巯基乙醇 0.07%(体积分数)，丙酮定容；TCA/丙酮法提取液Ⅱ：β-巯基乙醇 0.07%(体积分数)，丙酮定容。

② 酚提取法蛋白裂解液　500mmol/L Tris-HCl，50mmol/L EDTA，700mmol/L 蔗糖，100mmol/L KCl，以水定容后，调节 pH 至 8.0，4℃保存。使用前加入 2% β-巯基乙醇和一片复合蛋白酶抑制剂或 PMSF（即 10ml 提取液中加入 200μl 的 β-巯基乙醇和 100μl 0.1mol/L PMSF)；蛋白质沉淀液：0.1mol/L 乙酸铵，定容于甲醇中，－20℃保存。

③ 样品裂解液　见表 6-1。

表 6-1　裂解液组分与含量

试　剂	终　浓　度	加　入　量
尿素	7mol/L	10.5g
硫脲	2mol/L	3.8g
CHAPS	4g/100ml	1.0g
两性电解质	2%(体积分数)	500μl
DTT	40mmol/L	0.154g

加水定容至 25ml，分装为 1ml，－20℃保存。

④ 水化上样液　见表 6-2。

表 6-2　水化上样液组分与含量

试　剂	终 浓 度	加 入 量
尿素	7mol/L	10.5g
硫脲	2mol/L	3.8g
CHAPS	2g/100ml	0.5g
两性电解质	0.5%(体积分数)	125μl
1%溴酚蓝	0.002%	50μl

定容至 25ml，分装为 1ml，－20℃保存。使用前，每 1ml 中加入 0.0028g DTT。

⑤ 1%溴酚蓝

溴酚蓝	1%	加入量 100mg
Tris	50mmol/L	加入量 0.06mg

定容至 10ml。

⑥ Bradford 工作液　考马斯亮蓝 G-250 溶于 5ml 的 95%乙醇中，与 10ml 85%磷酸混合定容到 100ml，4℃避光保存，使用前滤纸过滤。

⑦ 聚乙烯吡咯烷酮（PVP-40）、交联聚维酮（PVPP）。

三、实验步骤

1. 样品制备

(1) TCA/丙酮法

① 取 2g 样品，加入 0.2g PVP-40，液氮研磨，转入离心管中；

② 加入 6ml TCA/丙酮法提取液Ⅰ，混匀，－20℃降解 1h；

③ 15000r/min，4℃，离心 15min；

④ 弃上清液，加入 6ml TCA/丙酮法提取液Ⅱ，混匀，－20℃降解 1h；

⑤ 15000r/min，4℃，离心 15min；

⑥ 重复④、⑤，一次；

⑦ 弃上清液，冷冻抽干后，－80℃保存。

(2) 酚提取法

① 取适量材料，加入 10%(质量分数）的 PVPP（0.2g）及少量石英砂，用液氮研磨成粉末，准确称取 1.0g，转入 15ml EP 管中。

② 加入 3ml 酚提取法蛋白裂解液，振荡匀浆，加入 3ml 的 Tris 饱和酚，漩涡混匀后，4℃放置 30min，期间振荡两次。4℃条件下 10000g 离心 15min 后，小心吸取两相提取液中含有酚的上层于新的 EP 管中，注意务必小心不要吸入中间的白色夹层。

③ 再次加入等体积的酚提取法蛋白裂解液（与提取的酚的体积相同），漩涡混匀后，4℃放置 30min，期间振荡两次。4℃条件下 10000g 离心 15min 后，小心吸取两相提取液中含有酚的上层于新的 EP 管中。

④ 所得提取液分装入 1.5ml 的 EP 管中，250μl/管。每管加入 4 倍体积的酚提取法蛋白质沉淀液（1ml），漩涡混匀，－20℃过夜沉降。

⑤ 4℃条件下 6000g 离心 5min，弃掉上清液。

⑥ 加入 500μl/管预冷的甲醇，漩涡混匀。4℃条件下 10000g 离心 10min，弃掉上清液，重复三次。

⑦ 加入 500μl/管预冷的丙酮，漩涡混匀。4℃条件下 10000g 离心 10min，弃掉上清液，重复三次。

⑧ 样品冷冻真空抽干，所得样品干粉可在－70℃保存。

⑨ 挥发冷丙酮，不能太干，然后加入 100μl/管的蛋白质裂解液。漩涡混匀多次，直到所有蛋白质溶解。把所有试管溶液归到一个 EP 管中。

⑩ 4℃条件下 10000g 离心 20min。上清液为聚焦溶液，测定蛋白质的含量。

2. 样品裂解

（1）称取 0.01g 样品，溶于 400μl 裂解液中。

（2）37℃温育 30min，其间摇匀 2 次。

（3）13000r/min，常温离心 45min。

（4）抽取上清液转移至另一 EP 管中。

（5）13000r/min，常温离心 45min，抽取上清液。

3. 蛋白质定量

（1）Bradford 法

① 进行蛋白质定量，以牛血清白蛋白（BSA）作为标准蛋白，以 1mg/ml 浓度溶于上样缓冲液中，分装并于－20℃保存。

② 参照表 6-3 绘制标准曲线，每管加入 1.0ml Bradford 工作液，室温 5min 后读取 OD_{595} 值，3 次重复求平均值。取 2μl 稀释适当倍数的溶解样品，加入 1.0ml Bradford 工作液，室温 5min 后读取 OD_{595} 值，3 次重复求平均值，按标准曲线求得测定样品浓度。

表 6-3 Bradford 法绘制标准曲线数据

试管号	1	2	3	4	5	6	7	8
标准蛋白质/μg	1.5	3	4.5	6	7.5	9	10.5	12
体积/μl	1.5	3	4.5	6	7.5	9	10.5	12
上样缓冲液/μl	48.5	47	45.5	44	42.5	41	39.5	38
0.1mol/L 盐酸/μl	10	10	10	10	10	10	10	10
H_2O/μl	40	40	40	40	40	40	40	40

（2）铜离子法

① 按照表 6-4 制作标准曲线

表 6-4 铜离子法绘制标准曲线数据

试 管 号	1	2	3	4	5	6
2mg/ml BSA 标准蛋白溶液加入量/μl	0	4	8	12	20	25
BSA 蛋白质总量/μg	0	8	16	24	40	50

② 加入 1～50μl 未知的蛋白质样品到 2ml EP 管中。建议实验样品要一致，总蛋白含量不要超过 50μg，所以要稀释个别样品使其浓度低于 50μg。

③ 每个离心管中加入 500μl UPPAAM Ⅰ，漩涡混匀，室温静置 2～3min。

④ 每个离心管中加入 500μl UPPAAM Ⅱ，漩涡混匀。

⑤ 10000g 离心 5min，沉淀蛋白质。为了更容易看到沉淀，确保离心时盖子朝外，沉淀可见。

⑥ 倒出上清液，继续离心，弃去上清液。

⑦ 加入 100μl Copper Solution（Reagent Ⅰ）和 400μl 去离子水，漩涡混匀，直到蛋白

质沉淀溶解。

⑧ 加入1ml Reagent Ⅱ于含有Copper Solution（Reagent Ⅰ）和去离子水的离心管中，迅速混匀。

⑨ 室温静置15～20min，在480nm下测定吸光值，参比溶液为去离子水。

⑩ 对照标准曲线得出蛋白质含量。读数时不要减去空白，这样会降低蛋白质含量。

4. 等电聚焦

（1）取出冷冻保存的IPG预制胶条，于室温下放置10min。

（2）沿着聚焦盘的边缘线性加入样品，中间的样品液一定要连贯，注意不要产生气泡。

（3）当所有的蛋白质样品都已经加入到聚焦盘中后，用镊子去除预制IPG胶条上的保护层。

（4）分清胶条的正负极，将IPG胶条胶面朝下置于聚焦盘中样品溶液上，使得胶条的正极（标有＋）对应于聚焦盘的正极。确保胶条与电极紧密接触。注意不使胶条下面的溶液产生气泡。如果已经产生气泡，用镊子轻轻地提起胶条的一端，上下移动胶条，直到气泡被赶到胶条以外。

（5）在每根胶条上覆盖2～3ml矿物油。

（6）对好正、负极，盖上盖子。参考表6-5设置等电聚焦程序。

表6-5　等电聚焦程序设置模式

步骤	状态	升压模式	温度/℃	7cm胶条		17cm胶条	
				电压/V	时间/h	电压/V	时间/h
S1	主动水化	—	20	50	14	50	16
S2	除盐	线性	20	250	0.5	250	1
S3	除盐	快速	20	500	1	1000	1.5
S4	升压	线性	20	4000	3	10000	5
S5	等电聚焦	快速	20	4000	5	10000	6
S6	保持	快速	20	500	0.5	5000	0.5

该程序可能并不适用于所有样品，最佳实验条件须自行摸索。

（7）聚焦结束的胶条，立即进行平衡，第二向SDS-PAGE，或将胶条置于样品水化盘中，－80℃保存。

四、结果与计算

分析凝胶中条带。

五、注意事项

1. 丙烯酰胺的纯度在等电聚焦电泳中极为重要，如纯度较低，则可能会引起聚焦后pH梯度漂移。

2. 两性电解质也是此次试验中的关键试剂，因pH梯度的线性依赖于两性电解质的性质，但使用何种pH梯度范围的两性电解质，则取决于蛋白质的p*I*。

3. 样品预处理与加样方法。

4. 电泳过程中，需通冷却水，水温应控制在4～10℃，流量控制在5～10L/min。电泳时间以1.5～2h为宜。

六、参考文献

[1] 李衍达. 生物信息学基因和蛋白质分析的使用指南. 北京：清华大学出版社，2000.

[2] 蒋登洲．高分辨率电泳和免疫球蛋白一元论学说．贵阳：贵州科技出版社，2000.
[3] 何忠效，张树政，郭尧君．等电聚焦．北京：科学出版社，1985.

实验二 SDS聚丙烯酰胺凝胶电泳

一、实验原理

SDS是一种阴离子表面活性剂，当向蛋白质溶液中加入足够量的SDS时，可形成蛋白质-SDS复合物，这使得蛋白质从电荷和构象上都发生了改变。SDS使蛋白质分子的二硫键还原，使各种蛋白质-SDS复合物都带上相同密度的负电荷，而且它的量大大超过了蛋白质分子原有的电荷量，因而掩盖了不同种蛋白质间原有的天然电荷差别。在构象上，蛋白质-SDS复合物形成近似"雪茄烟"形的长椭圆棒，这样的蛋白质-SDS复合物在凝胶中的迁移就不再受蛋白质原来的电荷和形状的影响，而仅取决于相对分子质量的大小，从而使我们可以通过SDS-聚丙烯酰胺凝胶电泳来测定蛋白质的相对分子质量。

二、实验条件

(1) 实验材料 小麦种子蛋白提取液。

(2) 实验仪器 垂直电泳仪，电泳槽，加样针，脱色摇床。

(3) 实验试剂

① 胶条平衡缓冲液 如表6-6所示。

表6-6 平衡缓冲液成分与含量

试剂	终浓度	加入量
尿素	6mol/L	72.1g
Tris-HCl(pH 8.8)	75mmol/L	10.0ml
甘油	29.3%(体积分数)	69ml
SDS	2g/100ml	4.0g
1%溴酚蓝	0.002g/100ml	400μl

定容至200ml，分装为10ml或20ml，－20℃保存。

② 胶条平衡缓冲液Ⅰ 使用前，每10ml胶条平衡缓冲液储液中加入DTT 0.2g。

③ 胶条平衡缓冲液Ⅱ 使用前，每10ml胶条平衡缓冲液储液中加入碘乙酰胺0.2g。

④ 丙烯酰胺单体储液 300g丙烯酰胺，8g亚甲基丙烯酰胺，加水定容至1L，4℃避光存放。

⑤ 1.5mol/L Tris-HCl，pH 8.8缓冲液 181.7g Tris，加水溶解，调pH至8.8，最终定容至1L，4℃保存。

⑥ 10% SDS溶液 5g SDS，加水定容至50ml，室温保存。

⑦ 10%过硫酸铵溶液 1g过硫酸铵，加水定容至10ml，1000μl分装，－20℃保存或新鲜配置。

⑧ 10×电极缓冲液储液 Tris 30.3g，甘氨酸144.1g，SDS 10.0g，定容至1L，室温保存。

⑨ 琼脂糖封胶液 1×电极缓冲液100ml，加入0.5g琼脂糖、1%溴酚蓝200μl。

⑩ 12.5% SDS-PAGE凝胶（100ml） 31.8ml水，41.7ml丙烯酰胺单体储液，25ml凝

胶缓冲液，1.0ml 10% SDS溶液，500μl过硫酸铵溶液，33μl TEMED。

⑪ 固定液 40%甲醇、10%无水乙醇，加水定容至500ml。

⑫ 考马斯亮蓝染色液 0.1%考马斯亮蓝R-250、40%甲醇、10%冰醋酸，加水定容至500ml。

⑬ 考马斯亮蓝脱色液 40%甲醇、10%冰醋酸，加纯水定容至500ml。

⑭ 胶体考马斯亮蓝染色液 5%考马斯亮蓝G-250、1.2%的磷酸（85%）、8%硫酸铵、20%甲醇，加水定容至500ml。

⑮ 银染色敏化液 30%无水乙醇、0.2%硫代硫酸钠、6.8%乙酸钠，加水定容至500ml。

⑯ 银染色液 0.25%硝酸银，加水定容至500ml。

⑰ 银染色显影液 2.5%碳酸钠、0.04%甲醛（37%），加水定容至500ml。

⑱ 银染色终止液 1.46% EDTA，加水定容至500ml。

三、实验步骤

1. 胶条平衡

(1) 从−80℃冰箱中取出完成等电聚焦的胶条，先于室温下放置10min。

(2) 将胶条胶面朝上放在干的厚滤纸上。将另一份厚滤纸用超纯水浸湿，挤去多余水分，然后直接置于胶条上，轻轻吸干胶条上的矿物油及多余样品。

(3) 将胶条转移至水化盘中，每槽放置一根胶条，7cm胶条每槽加入2.5ml胶条平衡缓冲液Ⅰ，17cm胶条每槽加入6ml胶条平衡缓冲液Ⅰ。将样品水化盘放在水平摇床上缓慢摇晃15min。

(4) 第一次平衡结束后，彻底倒掉或吸掉样品水化盘中的胶条平衡缓冲液Ⅰ，并用滤纸吸取多余的平衡液。再加入胶条平衡缓冲液Ⅱ，继续在水平摇床上缓慢摇晃15min。稍后等待进行第二向电泳。

2. SDS-PAGE

(1) 将配制好的12.5%丙烯酰胺凝胶溶液分别注入玻璃板夹层中，上部留1 cm的空间，用水饱和正丁醇或以水封面，保持胶面平整，聚合至少30min。一般凝胶与上方液体分层后，表明凝胶已基本聚合。

(2) 待凝胶凝固后，倒去分离胶表面的水饱和正丁醇或水，用超纯水冲洗。

(3) 用滤纸吸去SDS-PAGE聚丙烯酰胺凝胶上方玻璃板间多余的液体。将处理好的第二向凝胶放在桌面上，长玻璃板在下、短玻璃板朝上，凝胶的顶部对着自己。

(4) 将琼脂糖封胶液进行加热溶解。

(5) 将10×电泳缓冲液用量筒稀释10倍成1×电泳缓冲液。赶去缓冲液表面的气泡。

(6) 第二次平衡结束后，彻底倒掉或吸掉样品水化盘中的胶条平衡缓冲液，并用滤纸吸取多余的平衡液。

(7) 将IPG胶条从样品水化盘中移出，用镊子夹住胶条的一端使胶面完全浸没在1×电泳缓冲液中。然后将胶条胶面朝上放在凝胶的长玻璃板上。

(8) 将放有胶条的SDS-PAGE凝胶转移到灌胶架上，短玻璃板一面对着自己。在凝胶的上方加入琼脂糖封胶液。

(9) 用镊子将胶条向下推，使之与聚丙烯酰胺凝胶胶面完全接触。注意不要在胶条下方产生任何气泡。在用镊子推胶条时，要注意是推动凝胶背面的支撑膜，不要碰到胶面。

(10) 放置5min，使琼脂糖封胶液彻底凝固。

(11) 在琼脂糖封胶液完全凝固后，将凝胶转移至电泳槽中。

(12) 在电泳槽中加入电泳缓冲液后，接通电源，水冷条件下，7cm垂直电泳仪起始时使用低电压75V，待样品在完全走出IPG胶条、浓缩成一条线后，大约15min，使用150V电压，待溴酚蓝指示剂达到底部边缘时即可停止电泳，电泳时间大约2.0h；17cm垂直电泳系统起始时使用100V电压，待样品在完全走出IPG胶条、浓缩成一条线后，大约25min，使用300V电压，待溴酚蓝指示剂达到底部边缘时即可停止电泳，电泳时间大约3.5h。

(13) 电泳结束后，轻轻撬开两层玻璃，取出凝胶，并切角以作记号。

(14) 进行染色。

3. 染色

(1) 考马斯亮蓝R-250染色　先用去离子水洗胶3次，每次5min；再加入足量考马斯亮蓝染色液染色1h；然后用脱色液脱色至背景干净为止。以上各步均使用摇床。

(2) 胶体考马斯亮蓝染色　固定1h。去离子水洗胶3次，每次5min；胶体考马斯亮蓝染色，过夜；超纯水洗胶，当水变色时弃去，多次重复至蛋白质点在背景上清晰出现。

(3) 银染色　先用超纯水洗胶3次，每次5min；固定15min，重复2次；敏化30min；超纯水洗胶3次，每次5min；银染色10min；显影10min；终止10min；超纯水洗胶5min。以上步骤重复3次，以上各步均使用摇床。

四、结果与计算

分析凝胶中条带。

五、注意事项

过硫酸铵需现用现配，如有剩余，放置于－4℃，并在一周内用完。

六、参考文献

[1] 萨姆布鲁克J，拉塞尔D W著．分子克隆实验指南．黄培堂等译．第3版．北京：科学出版社，2002.

[2] 魏群．分子生物学实验指导．北京：高等教育出版社，1999.

[3] 李钧敏，倪坚，刘光富．分子生物学实验．杭州：浙江大学出版社，2010.

实验三　磷酸化蛋白质组学——^{32}P放射性标记检测

一、实验原理

蛋白质的磷酸化是由一系列的蛋白激酶催化，将ATP的γ-磷酸转移到靶位点上的过程。^{32}P放射性标记检测是目前常用的检测磷酸化蛋白质的方法。通常在有放射性标记的正磷酸盐存在的情况下，可以检测活细胞中蛋白质的磷酸化。常用的^{32}P是一种β射线辐射源，因为这种β射线辐射源是低能量的，所以^{32}P受到越来越广泛的应用。磷酸被细胞摄取后，由核酸合成途径转换成标记的ATP，不能用放射性的ATP标记细胞，因为ATP不能跨膜转运。标记的蛋白质经SDS-PAGE后，通过放射性自显影增强屏曝光，可增加测定的敏感性或通过磷光成像仪检测。

二、实验条件

(1) 实验材料　要标记的细胞培养物，$H_3^{32}PO_4$。

(2) 实验仪器　微量移液器，培养皿，玻璃棒，培养箱，离心机，SDS-PAGE 电泳装置，放射自显影装置，放射性^{32}P防护装置，胶片，曝光装置。

(3) 主要试剂

① 无磷的培养基　DMEM 高糖培养基+10%胎牛血清。

② SDS 凝胶加样缓冲液

50mmol/L	Tris-HCl(pH 6.8)
100mmol/L	DTT
2%	SDS
10%	甘油
0.1%	溴酚蓝

③ 分离胶缓冲液

分离胶浓度	12%
双蒸水	6.7ml
1.5mol/L Tris-HCl pH8.8	5ml
10% SDS	200μl
30% Acr/Bis	8ml
TEMED	10μl
10%过硫酸铵	100μl
总体积	20ml

④ 浓缩胶缓冲液

浓缩胶浓度	4%
双蒸水	6.1ml
0.5mol/L Tris-HCl pH6.8	2.5ml
10% SDS	100μl
30% Acr/Bis	1.3ml
TEMED	10μl
10%过硫酸铵	50μl
总体积	10ml

⑤ 30%凝胶储液（Acr：Bis=29：1）　29% Acr、1% Bis，加水定容至 100ml。

⑥ 10%SDS 溶液　10% SDS，加水定容至 100ml。

⑦ 电泳缓冲液（Tris-甘氨酸缓冲液，pH 8.3）　Tris 碱 7.5g、甘氨酸 36g、SDS 2.5g，加水定容至 500ml。使用时稀释 5 倍。

三、实验步骤

1. 蛋白裂解

(1) 在无磷的培养基中可以进行磷酸标记。

(2) 在无磷的培养基培养待标记细胞，培养至接近最大密度。

(3) 取培养细胞，2000*g* 温和离心 1min，用标准培养基悬浮细胞，2000*g* 温和离心 1min，弃上清液。

(4) 用含有 10%磷酸盐的完全培养基稀释细胞至合适浓度，以每 2ml×10^7 个细胞的量加入到合适大小的培养皿中，标记的量在 0.1μCi/10cm 至 1mCi/10cm 皿之间，培养 2h。

(5) 培养后，收集细胞，2000g 离心 1min，弃上清液。

(6) 加裂解液收集蛋白质，沉淀悬浮于 100μl 1×SDS 凝胶加样缓冲液。

(7) 100℃加热 3min，室温高速离心 1min，冰上放置，以备检测用。

2. SDS-PAGE 检测

(1) 将电泳槽玻璃板洗净，吹干，并用凡士林封边。安装制胶装置，配 12%分离胶。

(2) 将配好的分离胶立即倒入凝胶槽内，至凝胶槽高三分之二处，加蒸馏水密封。

(3) 待胶凝固后，约需 30min，倒掉水，用吸水纸吸干。

(4) 配 5%浓缩胶，将配好的浓缩胶倒入凝胶槽内。

(5) 插入梳子，待胶凝固后，拔出梳子。放入电泳槽中，制备好的样品加入上样孔。

(6) 连接电泳仪，打开电源，调整电压至 80V，待样品跑过浓缩胶后将电压调至 120V，待指示剂溴酚蓝到达凝胶的底部距离下缘 1cm 时停止电泳，大约 2h，电泳结束。

(7) 通过磷光成像仪检测信号，增强屏曝光可增加测定的敏感性。

胶的配方如表 6-7 所示。

表 6-7 SDS-PAGE 凝胶配制方法

成 分	12%分离胶	5%浓缩胶
H_2O	2.45ml	2.05ml
30%丙烯酰胺	3ml	0.5μl
Tris 缓冲液	1.9ml(1.5mol/L pH8.8)	375μl(1mol/L pH 6.8)
10% SDS	75μl	30μl
10%过硫酸铵	75μl	30μl
TEMED	3μl	3μl

四、结果与计算

分析凝胶中条带。

五、注意事项

蛋白裂解时需注意保护磷酸化位点，可加入磷酸化蛋白抑制剂。

六、参考文献

[1] 李衍达．生物信息学基因和蛋白质分析的使用指南．北京：清华大学出版社，2000.

[2] 蒋登洲．高分辨率电泳和免疫球蛋白一元论学说．贵阳：贵州科技出版社，2000.

[3] Wang J L，Zhang Y J，Cai Y，et al. Analysis of protein phosphorylation by combination of IMAC，phosphatase with biological mass spectrometry. Sheng Wu Hua Xue Yu Sheng Wu Wu Li Xue Bao，2003，35 (5)：459-466.

实验四 磷酸化蛋白质组学——PRO-Q Diamond 染色法

一、实验原理

蛋白质磷酸化在体内是一种不稳定的动态过程，而且磷酸化蛋白质在细胞内丰度较低，这些特点给磷酸化蛋白质的染色造成很大困难。PRO-Q Diamond 荧光染料能特异地与磷酸化修饰的丝氨酸、苏氨酸、酪氨酸结合。PRO-Q Diamond 染色后的蛋白质，可在 488nm 波长和 532nm 波长条件下进行扫描，通过分析荧光亮度，检测磷酸化水平及变化。提取总蛋白直接电泳后以 PRO-Q Diamond 荧光染料染色可以减少因操作和磷酸化而生成的蛋白质的丢失。

二、实验条件

(1) 实验材料 SDS-PAGE凝胶。

(2) 实验仪器 微量移液器，离心机，电泳系统，脱色摇床。

(3) 实验试剂

① 固定液 40%甲醇，10%冰醋酸。

② PRO-Q Diamond脱色液。

三、实验步骤

1. 电泳结束后，凝胶置于聚丙烯塑料盒中，固定液固定3h。

2. 凝胶用去离子水洗3次，每次20min。

3. 水洗后加入500ml PRO-Q Diamond，摇床上振荡，染色1h，回收染色液。注意需在避光条件下染色。

4. 用脱色液洗3次，每次30min。

5. 去离子水洗3次，每次10min。即可用荧光扫描仪采集图像。

四、结果与分析

分析凝胶中条带。

五、注意事项

蛋白裂解时需注意保护磷酸化位点，可加入磷酸化蛋白抑制剂。

六、参考文献

[1] 李衍达. 生物信息学基因和蛋白质分析的使用指南. 北京：清华大学出版社，2000.

[2] 蒋登洲. 高分辨率电泳和免疫球蛋白一元论学说. 贵阳：贵州科技出版社，2000.

[3] 魏开华. 蛋白质组学实验技术精编. 北京：化学工业出版社，2010.

实验五 定量蛋白质组学——蛋白质同位素标记

一、实验原理

稳定同位素标记法是检测组织或细胞中蛋白质含量变化的重要方法。对全蛋白表达进行定量的方法之一是进行体积标记。按照下述方案，使细胞分别生长在正常培养基和含有同位素的培养基上，可将稳定同位素掺入到代谢产物中，从而可以通过质谱分析这些产物的相对差异。

二、实验条件

(1) 实验材料 酿酒酵母(在培养皿中新生长的克隆)，其他类型的细胞也可用该法标记，只是需要对培养条件略做调整。

(2) 实验仪器

① 离心蒸发仪（SpeedVac，Thermo Savant；或其他相同类型)。

② 离心管（100ml)。

③ 血细胞计数器。

④ 孵育器（设为30℃）。

⑤ MALDI-TOF质谱仪和LC-MS/MS系统。

⑥ 超声波破碎仪。

⑦ 分光光度计。

⑧ 电泳设备（Hoefer DALT系统，Amersham Biosciences；或其他相同类型）。

（3）实验试剂

① 丙酮（冰冻）。

② 乙腈。

③ 乙腈/水/TFA（体积比分别为66：33：0.1和5：95：0.1）。

④ NH_4HCO_3（50mmol/L）。

⑤ NH_4HCO_3（250mmol/L），含0.05μg胰酶和0.1%正辛基葡萄糖苷。

⑥ NH_4HCO_3（25mmol/L），含0.1%正辛基葡萄糖苷。

⑦ 细胞生长培养基　需要可以维持细胞生长的培养基。培养基分为2种，二者除其中一个含^{15}N标记的代谢物外，其他组分完全相同。

⑧ 干冰或液氮。

⑨ 冰水。

⑩ 冰。

⑪ 2-巯基乙醇（10mmol/L）。

⑫ 50%甲醇/40%水/10%乙酸。

⑬ 铁氰化钾（15mmol/L）。

⑭ 蛋白提取试剂（如Y-PER试剂，Pierce）。

⑮ 组合蛋白酶抑制剂。

⑯ 硫代硫酸钠（50mmol/L）。

⑰ 水化缓冲液A

0.5mol/L Tris-Cl（pH 8.3）

8mol/L尿素

0.5% Triton X-100

2mmol/L二硫苏糖醇（DTT）

0.2% Ampholine（两性电解质，Amersham Biosciences）

⑱ 固定化干胶条（Amersham Biosciences）。

⑲ 聚丙烯酰胺凝胶（12.5%T，2.7%C）。

⑳ 银染试剂。

三、实验步骤

1. 培养细胞

（1）在培养皿中挑选一个新长的单克隆，接种在2ml ^{15}N标记的培养基上。另选一个单克隆作为对照，接种在2ml未标记的培养基中。

（2）剧烈振荡1min，将细胞分散均匀。

（3）230～270r/min条件下振荡，30℃孵育过夜。

（4）经过夜培养后，用分光光度计检测生长情况。细胞密度$OD_{600}>1.5$。

(5) 涡旋振荡过夜培养物约 1min，分散细胞。

(6) 再将细胞接种到 50ml ^{15}N 标记的培养基中。同样，将对照接种到 50ml 未标记的培养基中。

(7) 振荡速度为 220～250r/min 条件下于 30℃孵育，直至长到中对数期（$OD_{600}<1.0$）。

2. 提取蛋白质的细胞准备

(1) 测定细胞密度（用分光光度计测定 OD_{600} 值，或用血细胞计数仪计数）。

(2) 使用尽可能多的细胞样品，将等量的 ^{15}N 标记的培养细胞和未标记的对照培养细胞合并。

(3) 向装有一半冰水混合液的 100ml 离心管中迅速加入细胞样品。

(4) 迅速将离心管放进预冷的转头中，4℃条件下 1000*g* 离心 5min。

(5) 去掉上清液，用 50ml 冰水重悬细胞（未融化的冰与上清液一起去除）。

(6) 1000*g* 离心 5min。

(7) 去掉上清液，将离心管迅速放入干冰或液氮中冷冻细胞，存于－80℃备用。

3. 蛋白质提取

(1) 向冰冻的细胞样品中加入适量的蛋白提取试剂（含组合蛋白酶抑制剂和 10mmol/L 2-巯基乙醇）。通常 2.5～5ml 提取试剂（Y-PER 试剂）可用于 1ml（1g）细胞样品。

(2) 室温缓摇温育 30min。

(3) 离心沉淀碎片，收集上清液。

(4) 加入 5 倍体积的冰冻丙酮到上清液中，涡旋振荡。

(5) 蛋白提取物－80℃孵育 10min。

(6) 4℃、20000*g* 离心 5min。

(7) 除去上清液，迅速进行以下步骤，或将沉淀的蛋白质存于－80℃。

4. 蛋白质分离

(1) 用水化缓冲液 A 400μg 溶解 500μg 蛋白质样品。

(2) 在固定化干胶条上水化上样。

(3) 进行第一向等电聚焦。

(4) 将胶条转移到聚丙烯酰胺凝胶（12.5%T，2.7%C），进行 SDS-PAGE 第二向分离。

(5) 电泳结束后，可用银染方法（该染色方法与随后的 MS 检测相匹配）进行染色。

5. 胶内酶解

(1) 用新鲜配制的 15 mmol/L 铁氰化钾和 50 mmol/L 硫代硫酸钠混合液将银染的胶脱色几分钟。

(2) 以 500μl 50%甲醇/40%水/10%乙酸溶液洗胶 30min，期间保持晃动。

(3) 重复步骤(2) 4 次以上，每次使用新配的溶液。

(4) 将胶与 500μl 5mmol/L NH_4HCO_3 溶液孵育 5min。

(5) 将胶与 500μl 乙腈孵育 5min。

(6) 使胶在离心蒸发仪中完全干燥。

(7) 向干燥的胶块中加入 2μl 25mmol/L NH_4HCO_3（含 0.05μg 胰酶和 0.1%正辛基葡萄糖苷），使之吸胀。

(8) 待所有溶剂进入胶后（通常 5～10min），加入 10μl 25mmol/L NH_4HCO_3（含 0.1%正辛基葡萄糖苷），37℃条件下静置 2h。

(9) 用 40μl 乙腈/水/TFA（66∶33∶0.1，体积比）溶液在 350W 超声仪中抽提酶解肽段 2 次，每次 5～10min。将合并的抽提物（约 90μl）于离心蒸发仪中抽干。

6. 蛋白质质谱分析

(1) 用 5μl 乙腈/水/TFA（5∶95∶0.1，体积比）溶解抽干的经胰酶消化的肽段。

(2) 将 10%样品进行 MALDI-TOF-MS 分析，剩余的样品用于 LC-MS/MS 分析。

四、结果与计算

分析凝胶中条带。

五、注意事项

避免皮肤和头发的角蛋白污染；凝胶不要长时间存放在乙酸中；1.5ml 离心管及染胶的容器必须用甲醇和水充分清洗，避免 BSA 等物质污染。

六、参考文献

[1] 李衍达．生物信息学基因和蛋白质分析的使用指南．北京：清华大学出版社，2000.

[2] 蒋登洲．高分辨率电泳和免疫球蛋白一元论学说．贵阳：贵州科技出版社，2000.

[3] Conrads T P，Issaq H J，Veenstra T D，et al. The SELDI-TOF MS approach to proteomics：protein profiling and biomarder identification. BBRC，2002，290（3）：885-890.

实验六　定量蛋白质组学——荧光标记

一、实验原理

2D-DIGE 荧光染料具有灵敏度高、光稳定性好、光谱分开的特点，有 Cy2、Cy3、Cy5 等 3 种不同颜色的染料，它们的相对分子质量和电荷是匹配的，即相对分子质量一致且全带一价正电荷。标记的是赖氨酸上的 ε-氨基。ε-氨基也带一价正电荷，在标记时染料的正电荷和赖氨酸上的 ε-氨基上的电荷完成电荷取代，所以不会改变标记蛋白的等电点。标记时，控制荧光染料和待标记样品的比例，使之成最小化标记，标记蛋白质的起始量为 50μg。由于 Cy2、Cy3、Cy5 之间的相对分子质量和电荷是匹配的，染料使每个标记的蛋白质的相对分子质量增加 500，同一蛋白质标记了不同的染料后，其在 2D 胶上的迁移的位置相同。用 Cy3、Cy5 标记 2 个不同的样品，再将 2 个样品等量混合后用 Cy2 标记作为内标。标记后所有样品的蛋白质均被 Cy2 标记并呈现在一块胶上。然后将 3 种染料标记的蛋白质样品混合物进行电泳。如此可以将样品中的每一个蛋白质点在胶板上，就可与相应的内标点对应起来。保证胶板内和不同胶板间的匹配。

二、实验条件

(1) 实验材料　蛋白质样品。

(2) 实验仪器　2-D 电泳仪。

(3) 实验试剂

① 5nmol/μl 包装荧光染料母液　将染料从－20℃冰箱中取出，室温平衡 5min。短暂离心，确保粉末分布到管底部。加入 5μl DMF，关闭管盖，涡旋振荡 30s，溶解染料。

12000r/min 离心 30s，使染料储液置于管底。

② 荧光染料工作液　将染料储液从−20℃冰箱中取出，室温下解冻。短暂离心后使染料储液置于管底。取 1 个体积的 1nmol/μL 的染料储液，用 1.5 倍体积的 DMF 稀释，使其浓度为 400pmol/μl。在−20℃条件下，染料工作液只能稳定保存 1 周。

③ 样品标记　取 50μg 对照样品、50μg 处理样品和 50μg 内参样品（对照与处理各 25μg），分别加入 1μl 染料工作液（400pmol/μl）。漩涡振荡混合，短暂离心。避光，冰上放置 30min 进行标记反应。加入 1μl 10nmol/L 赖氨酸终止标记反应。漩涡振荡混合，短暂离心使溶液聚集在管底。避光，冰上放置 10min。

④ 一向电泳缓冲液　50mmol/L NaOH 正极电泳液：1g NaOH 加入去离子水定容至 500ml。25mmol/L H_3PO_4 负极电泳液：0.69g H_3PO_4 加入去离子水定容至 500ml。

⑤ 一向管胶配制

尿素	2.412g
NP-40	87.8μl
双蒸水	877.5μl
30% Acr/Bis	573.3μl
Ampholyte3-10	27.3μl
Ampholyte5-8	104μl
Ampholyte4-6.5	7.8μl
10%过硫酸铵	6μl
TEMED	1.5μl

按上述配方配制 6 根管胶，每根管胶长 15cm、直径约 2mm。存放于−20℃冰箱中。

⑥ 平衡液

平衡液Ⅰ：6mol/L 尿素；2% SDS；375mmol/L Tris-HCl pH 8.8；30% 甘油；2% DTT。

平衡液Ⅱ：6mol/L 尿素；2% SDS；375mmol/L Tris-HCl pH 8.8；30% 甘油；2.5% 碘乙酰胺。

⑦ 二向电泳胶（12%SDS-PAGE）

	12%分离胶	5%浓缩胶
H_2O	2.45ml	2.05ml
30%丙烯酰胺	3ml	0.5μl
Tris 缓冲液	1.9ml（1.5mol/L pH 8.8）	375μl（1mol/L pH 6.8）
10%SDS	75μl	30μl
10%过硫酸铵	75μl	30μl
TEMED	3μl	3μl

三、实验步骤

1. 一向电泳

(1) 将胶条从−20℃冰箱中拿出置于室温下 10min 左右，胶面朝下放于已上样的水化盘中（蛋白样品量约 250μg）12～16h。

(2) 随后进行聚焦反应，聚焦程序为：200V，15min；300V，30min；400V，30min；600V，16h；800V，30min；1000V，30min；200V，任意时间。

2. 二向 SDS-PAGE 电泳

(1) 胶条在一向聚焦后，平衡两次，每次 15min。

(2) 恒流 25 mA 下，电泳。

3. 采集图像，分析数据

4. 凝胶染色

扫描之后的凝胶需要进行重新染色，以便挖取目标蛋白质进行质谱鉴定。

四、结果与计算

分析凝胶中条带。

五、注意事项

1. 蛋白质从一向（IPG 胶条）到二向（SDS 凝胶）转移时，为避免点脱尾和损失高分子量蛋白，应缓慢进行（场强小于 10V/cm）。

2. 琼脂糖的温度不能太高，热的琼脂糖会加速平衡缓冲液中尿素的分解。

3. 对于非常疏水的蛋白质或含有二硫键的蛋白质，相对于 DTT 和碘乙酰胺，TBP 更有效。

4. 胶条平衡缓冲液Ⅰ和胶条平衡缓冲液Ⅱ都要现配，因 DTT 和碘乙酰胺在室温的半衰期很短。

5. 平衡过程导致蛋白质丢失约 5%～25%，还会使分辨率降低，平衡 30min 时，蛋白带变宽约 40%，故平衡时间不能太长。

六、参考文献

[1] 李衍达．生物信息学基因和蛋白质分析的使用指南．北京：清华大学出版社，2000.

[2] 蒋登洲．高分辨率电泳和免疫球蛋白一元论学说．贵阳：贵州科技出版社，2000.

[3] 郭尧君．生物科学实验指南系列：蛋白质电泳实验技术．第 2 版．北京：科学出版社，1999.

（本章由刘悦萍、张国庆编写）

第七章　生物芯片技术

实验一　基因表达谱芯片检测肺癌 A549 细胞

一、实验原理

采用 cDNA 或寡核苷酸片段作为探针，将其固定在芯片上；再将样品中的 mRNA 进行荧光标记。然后与芯片进行杂交，使用荧光扫描仪等仪器，分析荧光强度，检测基因表达水平。基因表达谱芯片主要包括四个主要步骤（图 7-1)：芯片制备、样品制备、杂交反应以及信号检测和结果分析。

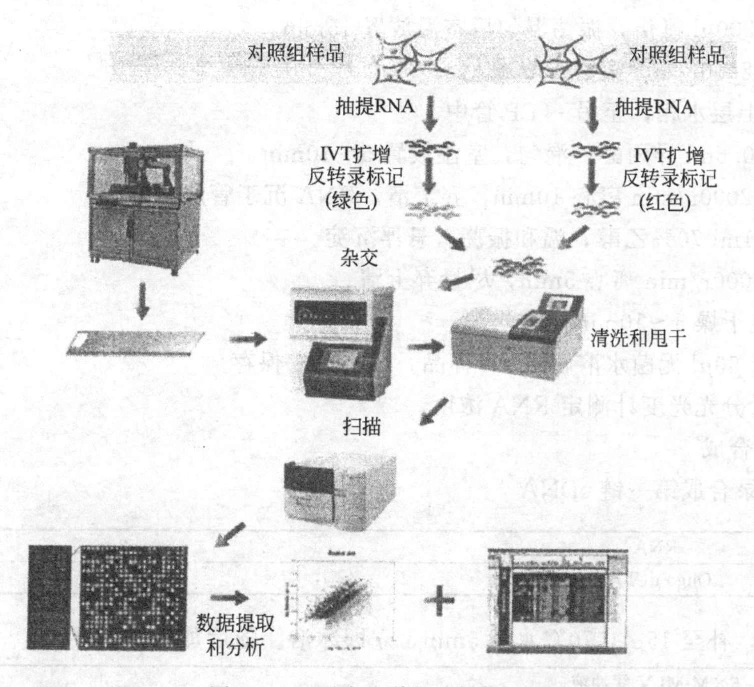

图 7-1　基因表达谱芯片操作流程

（1）芯片制备　以玻璃片或硅片为载体，采用原位合成和微矩阵的方法将寡核苷酸片段或 cDNA 作为探针按顺序排列在载体上。

（2）样品制备　生物样品往往是复杂的生物分子混合体，除少数特殊样品外，一般不能直接与芯片反应，且有时样品的量很少。所以，必须将样品进行提取、扩增，获取其中的蛋白质或 DNA、RNA，然后用荧光标记，以提高检测的灵敏度。

（3）杂交反应　是将荧光标记的样品与芯片上的探针进行的反应进行一系列处理的过程。选择合适的反应条件能使生物分子间反应处于最佳状况，减少生物分子之间的错配率。

（4）信号检测和结果分析　杂交反应后的芯片上各个反应点的荧光位置的荧光强弱经过

芯片扫描仪和相关软件可以进行图像分析，将荧光转换为数据，即可获得有关生物信息。

二、实验条件

(1) 实验材料　人肺癌 A549 细胞。

(2) 实验仪器　荧光扫描仪：ScanArray 3000，Ceneral Scanning 公司；图像处理软件：Genepix 3.0 Axon 公司；冷冻离心机、移液器：Eppendorf 公司；紫外微量分光光度计：Thermo 公司；分子杂交仪：兴化市分析仪器厂。

(3) 实验试剂　Humangene 1.0 ST 基因表达谱芯片，Affymetrix 公司；Oligo-d(T)$_{15}$；dNTPs；RNasin；M-MLV 反转录酶；PCR 纯化试剂盒；Trizol RNA 提取试剂；Poly dA；Cot-1 DNA；Cy3、Cy5-dUTP；0.5mol/L EDTA；2mol/L NaOH；1mol/L HCl；1mol/L Tris-HCl pH 8.0；20% SDS。

三、实验步骤

1. 人肺癌 A549 细胞总 RNA 提取

(1) 向细胞培养瓶中加入 1ml Trizol 试剂，室温放置 5min，使其充分裂解。

(2) 12000r/min 室温离心 5min，弃沉淀。

(3) 加入 200μl 氯仿，振荡混匀后室温放置 15min。

(4) 4℃ 12000r/min 离心 15min。

(5) 吸取上层水相，至另一 EP 管中。

(6) 加入 0.5ml 异丙醇，混匀，室温放置 5～10min。

(7) 4℃ 12000r/min 离心 10min，弃上清，RNA 沉于管底。

(8) 加入 1ml 70%乙醇，温和振荡，悬浮沉淀。

(9) 4℃ 8000r/min 离心 5min，尽量弃上清。

(10) 室温干燥 5～10min。

(11) 加入 50μl 无菌水溶解 RNA 样品，于－70℃保存。

(12) 微量分光光度计测定 RNA 浓度。

2. cDNA 合成

(1) 反转录合成第一链 cDNA

RNA	2μg
Oligo-d(T)$_{15}$	1μg

加无菌水，补至 15μl，70℃水浴 5min，立即冰浴。随后加入如下试剂：

5×M-MLV 缓冲液	5μl
10mmol/L dNTPs	1μl
RNase 抑制剂	1μl
M-MLV	1μl

加无菌水，补至 25 μl，37℃ 温浴 50min。

(2) 反转录合成第二链 cDNA　在 EP 管中加入如下试剂：

无菌水	13μl
5×第二链合成缓冲液	4μl
第二链合成酶	1μl
cDNA 第一链样品	10μl

于16℃温浴60min，65℃热激10min。

3. A549细胞cDNA荧光标记——Cy3、Cy5标记

(1) 体外转录合成标记cRNA　在室温下向新的EP管中加入如下试剂：

IVT Cy3和Cy5标记物	4μl
IVT标记缓冲液	20μl
IVT酶	6μl
加水，补至30μl	

转移30μl上述混合液至30μl双链cDNA样品管中，混匀。于40℃反应16h。

(2) aRNA纯化　提前在50～60℃预热aRNA洗脱液10min以上。

① 室温下准备aRNA标定混合液（aRNA标定磁珠10μl＋aRNA标定缓冲液50μl）。

② 将上述混合液加入到样品中，转移样品至U形板中。

③ 用枪上下混匀几次，加入120μl无水乙醇至样品中。

④ 用枪上下混匀几次，轻轻振荡混匀2min。

⑤ 转移U形板到磁力架上放置约5min。

⑥ 小心吸取上清，丢弃，取下U形板。

⑦ 加入100μl aRNA洗脱液到样品中，振荡1min。转移U形板到磁力架上放置约5min。小心吸取上清，丢弃，取下U形板。

⑧ 重复⑦一次。剧烈振荡U形板1min。

⑨ 加入5μl预热的aRNA洗脱液到样品中，从磁珠上洗脱下纯化后的aRNA。

⑩ 剧烈振荡U形板3min。检查磁珠是否全部混匀，转移上清到一个新的无RNase的EP管中，于－20℃保存。

4. 杂交

(1) aRNA片段化

aRNA	15μg
5× 芯片片段缓冲液	8μl
加无菌水，补至40μl	

于94℃反应35min，反应结束后立即放置冰上。TAE凝胶电泳检测片段化产物片段大小，约为35～200nt。

(2) 杂交过程

① 在新的EP管中加入如下试剂：

片段化aRNA	12.5μg
对照核苷酸B2	4.2μl
20×杂交对照液	12.5μl
2×杂交混合液	125μl
DMSO	25μl
无菌水，补至250μl	

② 在室温平衡芯片，99℃加热杂交液5min。

③ 同时加适量预热杂交液到芯片中，芯片预热10min。

④ 杂交液 99℃加热后，45℃放置 5min，最大转速离心杂交液 5min。加杂交液到芯片里，45℃、60r/min 杂交 16h。

5. 扫描

分别分装 600μl stain 1、600μl stain 2、800μl 芯片缓冲液，放置到洗涤工作站的相应位置。

图 7-2 基因表达谱芯片结果

选择相应的洗涤程序，按下软件开始洗涤染色按钮进行洗涤染色芯片。

芯片洗涤染色后放进扫描仪，按下软件开始扫描按钮进行扫描芯片。

四、结果与计算

图 7-2 为扫描后，A549 细胞的基因表达谱芯片结果。在此结果基础上，可采用归一化、聚类、回归等方法分析基因表达情况。

五、注意事项

1. RNA 在提取时，要避免降解或含有影响芯片检测的杂质如蛋白质、基因组 DNA、盐类等。RNA 的总量需保证在 60μg 以上。

2. 杂交完成后，可多次洗涤，避免残余探针对后续试验产生影响。

3. 同一样本需重复相同的芯片实验，取其共性，保证所得数据的真实性和可靠性。

六、参考文献

[1] 马立人．生物芯片．第 2 版．北京：化学工业出版社，2002.

[2] 丁金凤．基因分析和生物芯片技术．武汉：湖北科学技术出版社，2004.

[3] 吴斌，沈自尹．基因芯片表达谱数据的预处理分析．中国生物化学与分子生物学报，2006，22 (4)：272-277.

实验二 蛋白质芯片检测人肺癌 A549 细胞中细胞因子表达

一、实验原理

蛋白质芯片是一种高通量检测系统，通过靶蛋白与捕获蛋白相互作用来检测蛋白质，通常捕获蛋白都固定在芯片表面。其基本原理是将各种蛋白质有序地固定在芯片上，然后用标记有荧光物质的蛋白质与芯片作用，与芯片上的蛋白质相匹配的蛋白质结合，检测荧光即可指示对应的蛋白质表达情况和数量。蛋白质芯片实验流程如图 7-3 所示。

二、实验条件

(1) 实验材料 人肺癌 A549 细胞。

(2) 实验仪器 荧光扫描仪；图像处理软件；冷冻离心机、移液器；酶标仪。

(3) 实验试剂 蛋白裂解液 (50mmol/L Tris-HCl pH 8.0，150mmol/L NaCl，1% Triton X-100，100μg/ml PMSF)；BCA 蛋白定量试剂盒；人细胞因子蛋白芯片。

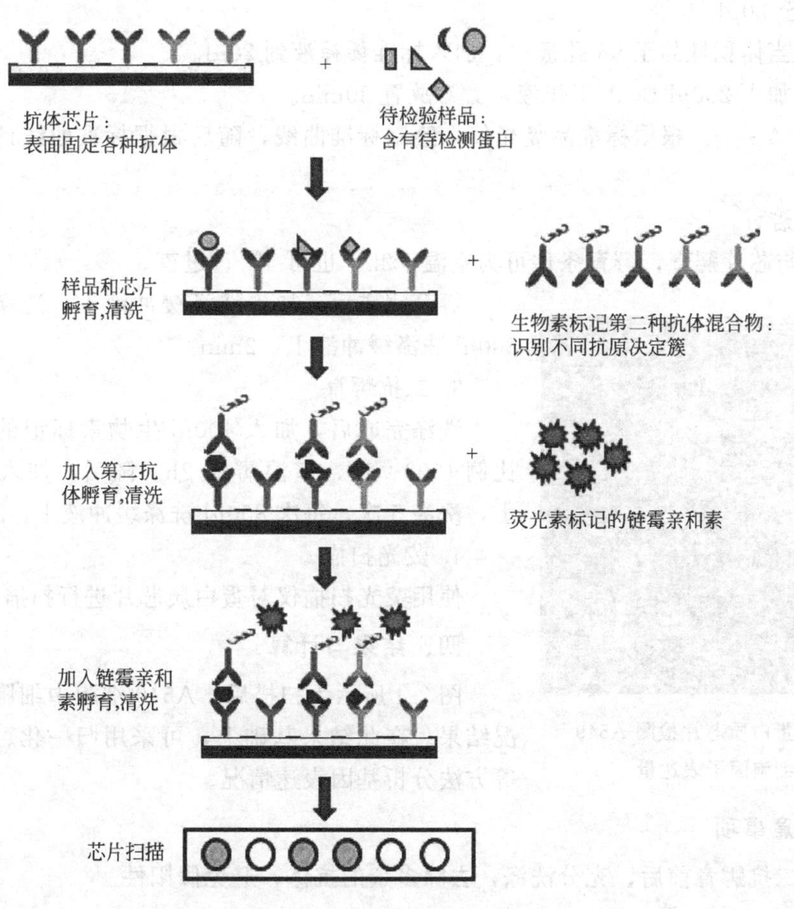

图 7-3　蛋白质芯片实验流程

三、实验步骤

1. 蛋白质提取及定量

(1) 蛋白质提取

① 倒掉细胞培养液，一定要吸干净。

② 加入 3ml 4℃的预冷 PBS，进行洗涤。重复三次。洗净后，将细胞培养瓶置于冰上。

③ 加入 400μl 含 PMSF 的裂解液，置于冰上裂解 30min，使细胞充分裂解。

④ 使用细胞刮将细胞刮下来，转入 1.5ml EP 管中。

⑤ 于 4℃ 12000g，离心 5min。

⑥ 取上清，保存于 4℃中。

(2) 蛋白质定量

① 取 0.8ml 蛋白标准稀释液加入到一管蛋白标准品（20mg BSA）中，充分溶解后配制成 25mg/ml 的蛋白质标准溶液。

② 将蛋白质标准溶液稀释至终浓度为 0.5mg/ml。

③ 根据样品数量，按 50 体积 BCA 试剂 A 加 1 体积 BCA 试剂 B（50∶1）配制适量 BCA 工作液，充分混匀。

④ 将标准品按 0、1μl、2μl、4μl、8μl、12μl、16μl、20μl 加入到 96 孔板中，加入标准

稀释液补足至20μl。

⑤ 加适当体积样品至96孔板中，加入标准稀释液到20μl。

⑥ 各孔加入200μl BCA工作液，37℃放置30min。

⑦ 测定A_{570nm}。根据标准品吸光值，绘制标准曲线，随后根据标准曲线计算样品的蛋白质浓度。

2. 样品孵育

将样品与芯片孵育，孵育条件可为室温、2h，也可4℃、过夜。

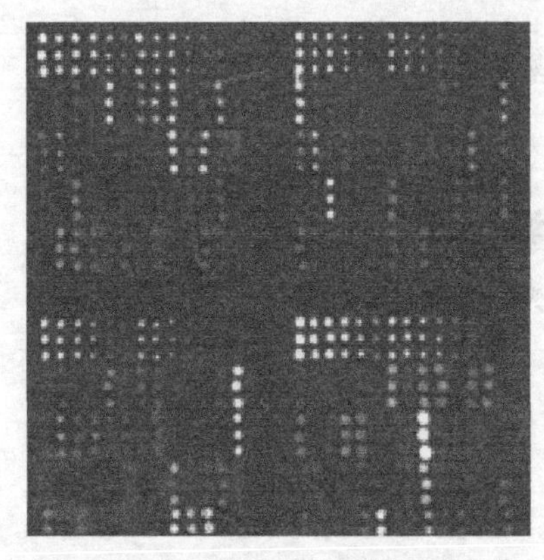

图7-4 蛋白质芯片检测A549中细胞因子表达量

孵育完成后，加入洗涤缓冲液Ⅰ，洗涤5次，每次800μl洗涤缓冲液Ⅰ，2min。

3. 二抗孵育

洗涤完成后，加入400μl生物素标记的二抗（稀释比例1000∶1），室温孵育2h。随后，加入洗涤缓冲液Ⅰ，洗涤5次，每次800μl洗涤缓冲液Ⅰ，2min。

4. 荧光扫描

使用荧光扫描仪对蛋白质芯片进行扫描。

四、结果与计算

图7-4所示为扫描后，A549细胞中细胞因子表达情况结果。在此结果基础上，可采用归一化、聚类、回归等方法分析基因表达情况。

五、注意事项

一抗和二抗孵育前后，充分洗涤，去除多余的抗体，避免假阳性。

六、参考文献

[1] 马立人. 生物芯片. 第2版. 北京：化学工业出版社，2002.

[2] 丁金凤. 基因分析和生物芯片技术. 武汉：湖北科学技术出版社，2004.

[3] 沙莎，郑晓冬. 蛋白质芯片构建技术进展. 生物技术进展，2011，1 (5)：312-317.

[4] Schena. 蛋白质芯片. 北京：科学出版社，2005.

实验三 组织芯片技术

一、实验原理

组织芯片是在生物芯片的基础上而延伸出来的一种新型生物芯片技术，其是将不同组织标本以规则阵列方式，将其排布在同一载玻片上，进行某一种相同指标的组织学研究。

二、实验条件

(1) 实验材料 人肺非小细胞癌组织芯片（西安艾丽娜生物科技有限公司）。

(2) 实验仪器 生物显微镜。

(3) 实验试剂 羊抗人K-ras多克隆抗体，免疫组化超敏SP试剂盒，DAB显色试剂盒，PBS缓冲液，苏木素染色剂，BSA封闭液。

三、实验步骤

1. 脱蜡

将组织芯片在室温下放置60min或60℃烘烤20min，随后置于二甲苯中浸泡10min，更换二甲苯后再浸泡10min，再后用无水乙醇浸泡5min，95%乙醇浸泡5min，75%无水乙醇浸泡5min。

2. SP法染色

使用PBS洗涤芯片3次，每次5min；3% H_2O_2 滴加在芯片上，室温静置10min；PBS洗涤3次，每次5min；滴加数滴BSA封闭液，室温孵育20min。

用PBS洗去多余液体，加入100μl K-ras抗体，室温孵育1～2h或4℃过夜；加入PBS洗涤芯片3次，每次5min；加入45μl二抗，室温孵育1～2h或4℃过夜；加入PBS洗涤芯片5次，每次10min；DAB显色5～10min，在显微镜下掌握染色程度；PBS洗涤10min；苏木素复染2min，盐酸酒精分化。

3. 镜检、计数

将SP染色后的组织芯片置于显微镜下镜检，至少计数5个视野，每个视野不少于200个细胞。

四、结果与分析

计数芯片中K-ras阳性细胞数及总细胞数，计算K-ras阳性率。

五、注意事项

一抗和二抗孵育前后，充分洗涤，去除多余的抗体，避免假阳性。

六、参考文献

[1] 马立人．生物芯片．第2版．北京：化学工业出版社，2002.
[2] 张锦生．现代组织化学原理及应用．上海：上海科学技术文献出版社，2003.
[3] 纪小龙．免疫组织化学新编．北京：人民军医出版社，2005.

（本章由郭伟强、刘恒蔚编写）

第八章　发酵工程技术

实验一　发酵过程中微生物的菌体量与菌体密度及发酵液黏度测定

一、实验原理

1. 血球计数板计算微生物菌体量

对于发酵过程的监测控制、动力学研究及细胞成分分析，微生物菌体量的测定是十分重要的工作。其检测方法可分为基于细胞物理性质变化的直接法和基于细胞内或外成分变化换算而得出的间接法。

通常采用的是显微计数法，显微计数法适用于各种含单细胞菌体的纯培养悬浮液，缺点是不易区分死菌体与活菌体，需要采用活菌染色法配合实验。菌体较大的酵母菌或霉菌孢子可采用血球计数板，细菌则采用 Petroff-Hausser 计数器。两种计数板的原理和部件相同，但 Petroff-Hausser 计数器盖玻片和载玻片之间的距离只有 0.02 mm，因此可以使用油镜观察，而血球计数板较厚，不宜使用油镜，计数板下部的细菌不易看清。

血球计数板是一块特制的厚型载玻片（见图 8-1），载玻片上由 4 条槽构成 3 个平台。中间的平台较宽，有的又被一短横槽分隔成两半，每个半边上面各有一个计数区，计数区的刻度有两种：一种是计数区分为 16 个大方格（大方格用三线隔开），而每个大方格又分成 25 个小方格；另一种是一个计数区分成 25 个大方格（大方格之间用双线分开），而每个大方格又分成 16 个小方格。但是不管计数区是哪一种构造，它们都有一个共同特点，即计数区都由 400 个小方格组成。

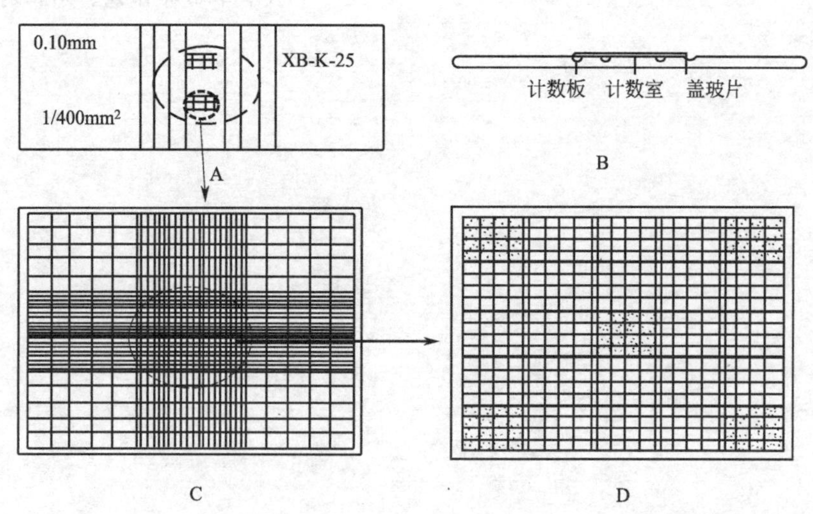

图 8-1　血球计数板的构造

A—顶面观；B—侧面观；C—放大后的网格；D—放大后的计数室

计数区边长为1mm，计数区的面积为$1mm^2$，盖上盖玻片后计数区的高度为0.10mm，所以每个计数区的体积为$0.1mm^3$，每个小方格的体积为$1/4000mm^3$。

使用血球计数板计数时，先要测定每个小方格中微生物的数量，再换算成每毫升菌液（或每克样品）中微生物细胞的数量。

已知：1ml体积为$10mm \times 10mm \times 10mm = 1000mm^3$

所以，1ml体积应含有小方格数为：$1000mm^3/(1/4000mm^3) = 4 \times 10^6$个小方格，即系数$K = 4 \times 10^6$。

因此，每毫升菌悬液中含有细胞数＝每个小格中细胞平均数（N）×系数（K）×菌液稀释倍数（d）。

2. 毛细管黏度计测量菌液黏度

黏度代表流体流动时内摩擦阻力的大小，为克服内摩擦阻力，必须消耗一定能量，并转化为热。黏度就是这种能量消耗速率的度量。黏度大时，流动性差，传质阻力大，易使混合不充分。当发酵介质的黏度与细胞浓度的关系确定时，可通过测定发酵液的黏度来确定细胞的浓度。本实验采用毛细管黏度计法测定发酵液的黏度。

如图8-2所示为黏度计结构图。使用时，检测样品从右侧粗管口加入，然后将毛细管黏度计垂直固定在恒温槽内，当温度达到平衡时，在右侧管口施加一定压力，使存放在e处的待测试样流入c中一直到a处。然后测定试样从基线a流过b所需时间t。

由Poiseuille公式(8-1)可知，通过一支毛细管的液体的体积正比于流动的时间t、推动流动力p和毛细管半径的四次方，与毛细管长度L、液体的黏度μ成反比。

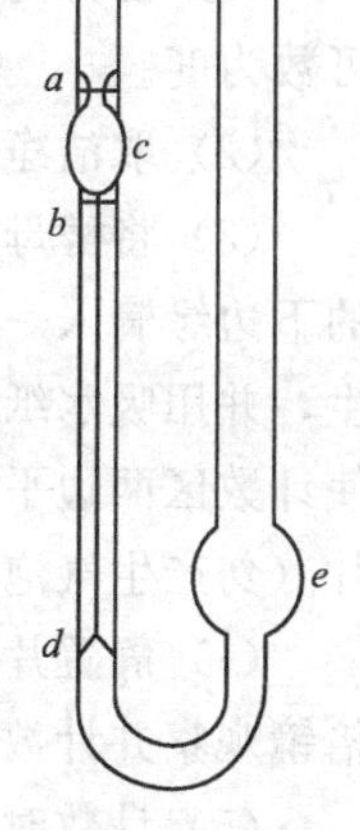

图8-2　毛细管黏度计结构

$$V=\frac{\pi t r^4 p}{8L\mu} \tag{8-1}$$

$$\mu_1=\frac{\pi t_1 r^4 p_1}{8LV} \tag{8-2}$$

$$\mu_2=\frac{\pi t_2 r^4 p_2}{8LV} \tag{8-3}$$

$$\frac{\mu_1}{\mu_2}=\frac{p_1 t_1}{p_2 t_2} \tag{8-4}$$

$$p=\rho g h \tag{8-5}$$

$$\frac{\mu_1}{\mu_2}=\frac{\rho_1 t_1}{\rho_2 t_2} \tag{8-6}$$

式中，V为毛细管的液体体积；p为推动流动力；μ为液体黏度；L为毛细管长度；t为流动时间；r为毛细管半径；ρ为液体密度；g为重力加速度；h为推动液体流动的液位差。

按式(8-1)由实验来测定液体绝对黏度比较困难，但在已知标准液体的绝对黏度时，根据公式(8-6)可算出被测液体的绝对黏度。条件为：两种液体在自身重力作用下，分别流经同一毛细管，流出体积相等。

二、实验条件

1. 血球计数法

(1) 实验材料 酵母菌培养液。

(2) 实验仪器 显微镜，血球计数板，盖玻片（22mm×22mm），吸水纸，计数器，滴管，擦镜纸。

2. 毛细管黏度计测量菌体黏度

(1) 实验材料 酵母菌。

(2) 实验仪器 水浴恒温槽，奥氏黏度计，秒表，移液管，洗耳球。

(3) 实验试剂 牛肉膏蛋白胨（牛肉膏 3g/L、蛋白胨 10g/L，pH 7.0～7.2）。

三、实验步骤

1. 血球计数法

(1) 视待测菌悬液浓度，加适量无菌水稀释（斜面一般稀释到 10^{-2}），以每小格的菌数可数为度。

(2) 取洁净的血球计数板一块，在计数区上盖上一块盖玻片。

(3) 将酵母菌菌悬液摇匀，用滴管吸取少许，从计数板中间平台两侧的沟槽内沿盖玻片的下边缘滴入一小滴（不宜过多），让菌悬液利用液体的表面张力充满计数区，勿使气泡产生，并用吸水纸吸去沟槽中流出的多余菌悬液。也可以将菌悬液直接滴加在计数区上，不要使计数区两边平台沾上菌悬液，以免加盖盖玻片后，造成计数区深度的升高。然后加盖盖玻片（勿产生气泡）。

(4) 静置片刻，将血球计数板置载物台上夹稳，先在低倍镜下找到计数区后，再转换高倍镜观察并计数。由于生活细胞的折射率和水的折射率相近，观察时应减弱光照的强度。

(5) 计数时若计数区是由 16 个大方格组成，按对角线方位，数左上、左下、右上、右下的 4 个大方格（即 100 小格）的菌数。如果是 25 个大方格组成的计数区，除数上述四个大方格外，还需数中央 1 个大方格的菌数（即 80 个小格）。如菌体位于大方格的双线上，计数时则数上线不数下线、数左线不数右线，以减少误差。

(6) 对于出芽的酵母菌，芽体达到母细胞大小一半时，即可作为两个菌体计算。每个样品重复计数 2～3 次（每次数值不应相差过大，否则应重新操作），求出每一个小格中细胞平均数（N），按公式计算出每毫升（克）菌悬液所含酵母菌细胞数量。

(7) 测数完毕，取下盖玻片，用水将血球计数板冲洗干净，切勿用硬物洗刷或抹擦，以免损坏网格刻度。洗净后自行晾干或用吹风机吹干，放入盒内保存。

2. 毛细管黏度计测量菌液黏度

(1) 培养基灭菌 取 250ml 三角瓶 1 只，加入配好的液体培养基，121℃（0.103MPa）、15min 灭菌，冷却。

(2) 种子活化和接种 将酵母菌接入培养基，25℃培养活化。取活化后的酵母菌接入已灭菌冷却的三角瓶（培养瓶）中，振荡混匀。

(3) 培养 将已接种的三角瓶培养液置于振荡培养箱，200r/min、28℃培养 48h 后取出。

(4) 测定发酵液通过毛细管的时间 t_1 调节恒温槽温度，在洗净烘干的奥氏黏度计中用量筒移入 10ml 培养液，然后垂直浸入恒温槽中。恒温后，用洗耳球将液体吸到高于刻度线

a，再让液体由于自身重力下降，用秒表记下液面从 a 流到 b 的时间 t_1，重复三次，误差不得超过 0.2s，取平均值。

(5) 测定蒸馏水通过毛细管的时间 t_2　洗净黏度计并烘干，用量筒移入 10ml 蒸馏水，同步骤 (4) 的方法测定蒸馏水从 a 流到 b 的时间的平均值 t_2。

(6) 测定发酵液的密度 ρ　用密度瓶测定该实验温度下的培养液的密度。

四、结果与计算

将实验结果填入表 8-1 和表 8-2 中。

表 8-1　血球计数板数据

计数次数	每个大方格菌数					稀释倍数	试管斜面中的总菌数	平均值
	1	2	3	4	5			
第一次								
第二次								

表 8-2　毛细管黏度计数据

项　目	ρ/(kg/L)	t/s	μ/(Pa·s)
水			
样品			

记录发酵液和蒸馏水通过毛细管的时间 t_1、t_2，取平均值后将数据记在表中，并按公式处理数据。

五、注意事项

(1) 利用血球计数板计数时：

① 务必使分散成单个细胞，取样计数前，充分混匀细胞悬液。

② 显微镜下计数时，遇到 2 个以上细胞组成的细胞团，应按单个细胞计算，如果细胞团＞10%，说明细胞分散不充分。

(2) 测定黏度时：

① 温度波动直接影响溶液黏度的测定，一般波动控制在±0.5℃。

② 实验过程中恒温槽的温度要恒定，溶液每次稀释恒温后才能测量。

③ 黏度计要垂直放置，实验过程中不要振动黏度计，否则影响结果的准确性。

④ 黏度计一定要洗干净，以备下组使用。

六、参考文献

[1]　贾士儒．生物工程专业实验．第 2 版．北京：中国轻工业出版社，2010．

[2]　沈萍，范秀容，李广武．微生物学实验．第 3 版．北京：高等教育出版社，1999．

[3]　常景玲．生物工程实验技术．北京：科学出版社，2012．

实验二　发酵过程中溶解氧的控制与测定

一、实验原理

1. 溶解氧浓度的测定原理

发酵液的溶解氧浓度 (DO) 是一个十分重要的发酵参数，它既影响细胞的生长，又影响产物的生成。这是因为当发酵过程中溶解氧很低时，细胞的供氧速率会受限。反应器条件下溶解氧的检测要远比检测温度困难，低溶解氧使其检测更加困难，除非采用直接在线检测。

溶解氧浓度的检测方法主要有 3 种，其共性是使用专用膜将测定点与发酵液分离，使用前均需进行校准。这三种方法为：①导管法（tubing method）；②质谱电极法；③电化学检测器。因为上述方法均使用了膜，因而检测中出现的问题也有某些共性。

(1) 导管法　将一种惰性气体通过渗透性的硅胶蛇管充入反应器中。氧从发酵液跨过管壁扩散进入管内的惰性气流，扩散的驱动力是发酵液与惰性气体之间的氧浓度差。惰性混合气中的氧浓度在蛇管出口处用氧气分析仪测定。这种方法的响应速率较慢，通常需要几分钟，因为管壁对其扩散产生一定的阻力，从而使气体从蛇管到检测仪器的输送出现迟滞。此法简便且易于进行原位灭菌，但当系统校准时，由于气体中氧浓度远低于液体中与之相平衡的氧浓度，使得惰性气体的流动对校准产生很大影响。

(2) 质谱电极法　质谱仪电极的膜可将发酵罐内容物与质谱仪高真空区隔开。除了溶解氧的检测外，质谱仪电极和导管法通常可检测任何一种可跨膜扩散的组分。

(3) 电化学检测器　这是最常用的溶解氧检测仪器，可用蒸汽灭菌。两种市售的电极是电流电极和极谱电极，二者均用膜将电化学电池与发酵液隔开。对于溶解氧测定，重要的一点是膜仅对氧气有渗透性，而其他可能干扰检测的化学成分则不能通过。几种常见的溶氧电极如图 8-3 所示。

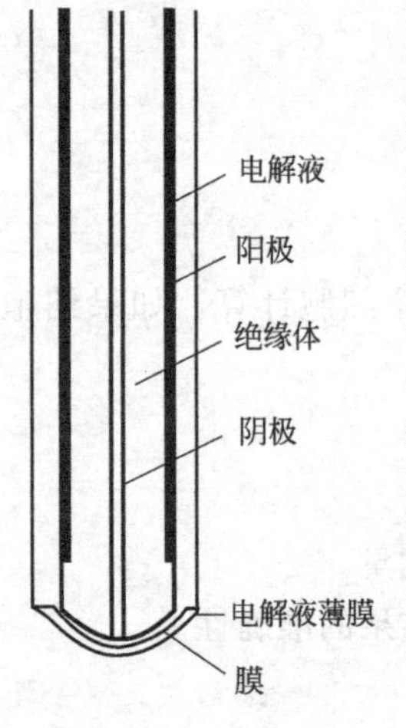

图 8-3　电化学溶氧电极结构示意

O_2 通过渗透性膜从发酵液扩散到检测器的电化学电池，O_2 在阴极被还原时会产生可检测的电流或电压，这与 O_2 到达阴极的速率成比例。需要指出的是，阴极检测到的信号实际是 O_2 到达阴极的速率，这取决于它到达膜外表面的速率、跨膜传递的速率以及它从内膜表面传递到阴极的速率。如果忽略传感器内所有动态效应，O_2 到达阴极的速率与氧跨膜扩散速率成正比，且与氧从发酵液扩散到膜表面的速率相等，膜表面的扩散速率与氧传质的总浓度驱动力成比例。假定膜内表面的氧浓度可以有效地降为零，则扩散速率仅与液体中的溶解氧浓度成正比，从而使电极测得的电信号与液体中的溶解氧浓度成正比。

2. 发酵液中溶解氧浓度的控制

在测定发酵液中的溶解氧浓度时，由于电极的阳极、阴极和电解质溶液与被测溶液被一层聚分子膜隔开，而这种膜能透过气体氧分子，却不能通过溶液中的其他离子。

如果发酵液混合很充分，可以近似地认为，电极表面处溶解氧浓度与发酵液中的溶解氧浓度相同。发酵液中溶解氧浓度范围是 $0 \sim c$（mol/m^3），所以记膜中的溶解氧浓度为 c_m，根据斐克第二定律，膜中的氧传递方程为：

$$\frac{\partial c_m}{\partial t} = D_m \frac{\partial^2 c_m}{\partial x^2} \tag{8-7}$$

式中，D_m 为氧在膜中的扩散系数，m^2/s；x 为电极薄膜外表面距阴极表面的距离，m。

又当 $t<0$ 时，$c_m=0$　　(8-8)

当 $x=0$ 时，$c_m=0$　　(8-9)

当 $x>b$ 时，$c_m=0$　　(8-10)

式中，b 为膜的厚度，m。式(8-7) 可通过拉普拉斯变换获得其解析解。电极的电流输出正比于透过膜到达电极表面的氧流的传质通量。

$$N=D_m\left(\frac{\partial c_m}{\partial x}\right)_{x=0} \tag{8-11}$$

式中，c_m 表示膜中的溶解氧浓度，mol/m³；D_m 表示氧在膜中的扩散系数，m²/s；x 表示电极薄膜外表面距阴极表面的距离，m；N 表示透过膜到达电极表面的氧流的传质通量，mol/(s·m²)。

根据式(8-8)～式(8-10) 这三个边界条件式，解式(8-7) 后，再代入式(8-11)，可得：

$$N=\frac{D_m}{b}\left[1+2\sum_{n=1}^{m}(-1)^n\exp\left(-n^2\pi^2\frac{D_m t}{b^2}\right)\right] \tag{8-12}$$

所以，如果用 $\Gamma(t)$ 表示电极的响应，可得：

$$\Gamma(t)=\frac{e(t)}{e_m}=1+2\sum_{n=1}^{\infty}(-1)^n\exp\left(-n^2\pi^2\frac{D_m t}{b^2}\right) \tag{8-13}$$

式中，$e(t)$ 为时间 t 时电流输出的数值，A；e_m 为和 c_m 相对应的电流值，A。

式(8-13) 所给出的响应时间可以用氧电极的空耗时间 τ 和灵敏度 k 表示，所以 $\Gamma(t)$ 可近似地表示为：

$$\Gamma(t)=\begin{cases}0 & t<\tau\\ 1-\exp[1-k(1-\tau)] & t\geqslant\tau\end{cases} \tag{8-14}$$

从上式可知，电极的响应时间的延迟变化可由 k(1/s) 和 τ(s) 这两个特征值来表示。

3. 发酵过程中溶解氧浓度的控制

在充分混合的发酵罐中，溶解氧的衡算式为：

$$\frac{dc}{dt}=k_La(c_s-c)-Q_{O_2}X \tag{8-15}$$

式中，dc/dt 表示单位时间内溶解氧浓度的变化，mol/(m³·h)；k_La 表示体积溶氧系数，1/h；c_s 表示氧在水中的饱和浓度，mol/m³；c 表示发酵液中的溶解氧浓度，mol/m³；Q_{O_2} 表示菌体呼吸强度，mol/(g·h)；X 表示菌浓，g/m³。

如果 $E(t)$ 为与溶解氧浓度相对应的电流值，那么，它的变化为：

$$\frac{dE}{dt}=k_La(E_s-E)-R_o \tag{8-16}$$

式中，dE/dt 表示单位时间内电流值的变化，A/h；k_La 表示体积溶氧系数，1/h；E_s 表示与氧在水中饱和浓度相对应的电流值，A；E 表示与发酵液中溶解氧浓度相对应的电流值，A；R_o 表示与呼吸强度所对应的电流强度，A/h。

在测定发酵液中的溶解氧时，选用响应时间短的膜比较好，但从强度方面看，应该选用厚的膜。所以，溶解氧浓度的控制系统如图8-4所示。

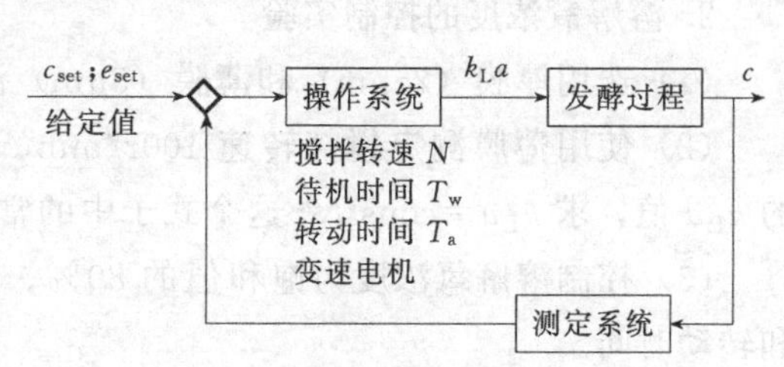

图 8-4　溶解氧浓度的控制系统

它的控制方法为：当氧浓度与设定值的差在规定的允许范围内时，不需要开电机搅拌；所测溶解氧浓度值与设定值的差在规定的允许范围以外时，启动电机，提高搅拌速度，当进行一段时间后，无论溶解氧的测定值为多少，均有一定时间段的停机时间。

选择适宜的电机转动时间和停机时间，让溶解氧浓度停留在非敏感区域内的时间最小。

通过数字模拟可以选择电机的驱动时间和停机等待的时间。在上面步骤的基础上，改变搅拌转速和相应的 k_La 值，公式(8-15) 和公式(8-16) 可以通过数值计算来探索。

二、实验条件

(1) 实验材料　斯达酵母菌。

(2) 实验仪器　BIOTECH-7BG 型发酵罐；超净工作台；高压灭菌锅；生化培养箱；厚膜、薄膜溶氧电极；秒表。

(3) 实验试剂

① 斜面种子培养基 (g/L)

a. 葡萄糖 50、磷酸二氢钾 2.5、磷酸氢二钠 0.5、硫酸铵 1、尿素 1、$MgSO_4 \cdot 7H_2O$ 1、酵母膏 0.5、$FeSO_4$ 0.1、琼脂 20，调 pH 5.8～6（优选）。

b. YEPD 培养基　葡萄糖 20、酵母浸出汁 10、蛋白胨 10；固体培养基在 YEPD 基础上加入 2%琼脂粉，pH 自然。

② 液体种子培养基 (g/L)　葡萄糖 20、酵母膏（浸出汁）10、蛋白胨 10，pH 自然。

③ 基础限氮发酵培养基 (g/L)　葡萄糖 15，木薯淀粉 55（木薯淀粉用 1g 淀粉酶水解)，$(NH_4)_2SO_4$ 2.5，KH_2PO_4 1.5，酵母粉 0.9，$MgSO_4 \cdot 7H_2O$ 0.9，pH 5.8～6.0。

④ 补料培养基 (g/L)　木薯淀粉 300，用淀粉酶 (4g) 水解。

⑤ 发酵消泡剂（体积之比）　泡敌：水＝2.5：30。

三、实验步骤

1. 溶解氧浓度的测定实验

(1) 斜面种子培养　从母种培养基取种接种于斜面培养基上，30℃恒温培养 7 天。

(2) 摇瓶种子培养　500ml 摇瓶加入 50ml 种子培养基（或 30ml/250ml 三角瓶)，灭菌后冷却，挖一约 0.5cm² 小块斜面放入培养基中，30℃、180r/min，培养 24h。

(3) 将发酵培养基加入至发酵罐，插入调整好的氧电极，灭菌，连接，设定好相应的温度、通风量及搅拌转速。

(4) 连接氧电极输出端。

(5) 接入适量的种子液，开始培养。

(6) DO 值通过溶氧电极在线测定。

2. 溶解氧浓度的控制实验

(1) 选用厚膜 (25μm) 和薄膜 (5μm) 测定空耗时间 τ 和灵敏度 k。

(2) 使用薄膜测定搅拌转速 100r/min、200r/min、300r/min、400r/min、500r/min 下的 k_La 值，求 $k_La=\text{const}N^n$ 这个式子中的常数 const 和 n，同时，可求出 R_o。

(3) 控制溶解氧浓度为饱和值的 80%、60%、40%、20%，求出搅拌电机的待机时间和转动时间。

四、结果与计算

实验数据处理和记录在表 8-3～表 8-5 中。

表 8-3　膜厚度对溶氧电极参数的影响

膜的厚度/μm	空耗时间 τ/s	灵敏度 k/(1/s)
5		
25		

表 8-4　搅拌转速对 k_La 的影响

搅拌转速/(r/min)	100	200	300	400	500
k_La/(1/h)					

表 8-5　不同饱和溶解氧浓度下搅拌电机的待机时间和转动时间

饱和溶解氧浓度/%	20	40	60	80
待机时间/min				
转动时间/min				

五、注意事项

1. 电机的输出信号的变化与实际溶解氧浓度的变化存在一个延迟时间，当延迟时间不能忽视时［参考式(8-14)］，$E(t)$ 与电极实际的电流输出 $e(t)$ 的关系要用下式表达：

$$\frac{de(t)}{dt}=k[E(t-\tau)-e(t)] \tag{8-17}$$

2. 在实际生产中，因为强度的关系，不宜选用薄膜。

3. 注意实验过程中的无菌操作。

六、参考文献

[1] 李啸．生物工程专业综合大实验指导．北京：化学工业出版社，2009.

[2] 史仲平，潘丰．发酵过程解析、控制与检测技术．北京：化学工业出版社，2005.

[3] 陈长华．发酵工程实验．北京：高等教育出版社，2009.

[4] 黄儒强，李玲．生物发酵技术与设备操作．北京：化学工业出版社，2006.

[5] 雷德柱，胡位荣．生物工程中游技术实验手册．北京：科学出版社，2010.

[6] 张嗣良，李凡超．发酵过程中 pH 及溶解氧的测量与控制．上海：华东理工大学出版社，1995.

[7] 贾士儒．生物工程专业实验．第 2 版．北京：中国轻工业出版社，2010.

[8] 贾士儒．生物工艺与工程实验技术．北京：中国轻工业出版社，2002.

实验三　林可霉素发酵过程工艺控制

一、实验原理

林可霉素（又名洁霉素，Lincomycin）对组织和细胞的穿透力强，与骨髓有特殊的亲和力，临床上常用于骨髓炎的治疗，而以林可霉素为原料药开发的克林霉素在临床上应用则更为广泛，它可以用于败血症、呼吸系统感染、皮肤软组织感染、尿路感染等多种疾病的治疗，具有很好的应用研究前景。目前，国内各生产厂家主要采用微生物发酵法生产林可霉素。本试验采用林肯链霉菌 *Streptomyces lincolnensis* 进行深层液体发酵生产林可霉素，发酵方式为流加分批发酵。林可霉素的发酵过程一般可分为三阶段：0～16h，菌丝生长期；16～24h，此段时间内生长期转向生产期；24～186h，生产期。

费林试剂法测还原糖实验原理：还原糖是指含有自由醛基或酮基的糖类，单糖都是还原糖，双糖和多糖不一定是还原糖，其中乳糖和麦芽糖是还原糖，蔗糖和淀粉是非还原糖。随着发酵过程的进行，发酵培养液中的还原糖被菌体消耗利用，转化成菌体组织或代谢产物。因此，通过定时取样检测发酵液中的还原糖浓度，可以更好地了解发酵进程，以便优化控制发酵生产过程。

将一定量的碱性酒石酸铜甲、乙液等量混合，立即生成天蓝色的氢氧化铜沉淀，这种沉淀很快与酒石酸钾钠反应，生成深蓝色的可溶性酒石酸钾钠铜络合物。在加热条件下，以次甲基蓝作为指示剂，用样液滴定，样液中的还原糖与酒石酸钾钠铜反应，生成红色的氧化亚铜沉淀，待二价铜全部被还原后，稍过量的还原糖把次甲基蓝还原，溶液由蓝色变为无色，即为滴定终点。根据样品消耗量即可计算求得还原糖的含量。

甲醛滴定法测氨基氮含量实验原理：蛋白质和氨基酸中的$—NH_3^+$基的pK值常在9.0以上，不能用一般的酸碱指示剂（包括酚酞）以氢氧化钠作滴定测量，但可以用甲醛滴定法测量。在甲醛滴定法中，甲醛可以与氨基酸中的氨基相互作用，使滴定终点移至pH9.0左右，在该过程中指示剂酚酞不与甲醛作用。pH9.0正是酚酞的变色范围，因此，可以用酚酞作指示剂，以氢氧化钠来滴定$—NH_3^+$基上的H^+。反应如下：

$$R—NH_3^+ \longrightarrow H^+ + RNH_2$$

$$R—NH_2 + 2HCHO \longrightarrow R—N(CH_2OH)_2$$

如果样品中只含有某一种已知的氨基酸，从甲醛滴定的结果可算出该氨基酸的含量。如果样品是多种氨基酸的混合物（如蛋白水解液），则滴定结果不能作为氨基酸的定量依据。但一般常用此法测定蛋白质水解程度，随水解程度的增加滴定值增加，当水解作用完成后，滴定值不再增加。

林可霉素含量测定原理：林可霉素与$PdCl_2$在酸性条件下可形成有色的络合物。此络合物随林可霉素添加量的增大而颜色加深，因此，可用分光光度法进行定量测定林可霉素的含量。

二、实验条件

(1) 实验材料　菌种为林肯链霉菌。

(2) 实验仪器　BIOTECH-7BG型发酵罐，紫外分光光度计，显微镜，台式离心机等。

(3) 实验试剂

① 培养基

a. 斜面种子培养基（%）　可溶性淀粉2.0、黄豆饼粉0.5、氯化钠0.1、硝酸钾0.1、硫酸镁0.05、硫酸亚铁0.01、琼脂1.8，pH7.0～7.2。

b. 摇瓶种子培养基（%）　淀粉2.0、葡萄糖1.5、豆饼粉2.5、玉米浆3.0、$CaCO_3$ 0.5，pH7.0～7.2。

c. 发酵培养基（%）

ⓐ 发酵罐　淀粉2.0、葡萄糖4.0、黄豆饼粉2.3、玉米浆0.6、氯化钠0.5、碳酸钙0.5、硫酸铵0.3、磷酸二氢钾0.02、玉米油0.06，pH7.0～7.2。

ⓑ 摇瓶　淀粉2.0、葡萄糖2.0、黄豆饼粉4、玉米浆0.6、氯化钠0.5、碳酸钙0.5、硫酸铵0.5、磷酸二氢钾0.02，pH7.0～7.2。

d. 补料培养基（%）　淀粉6.6、葡萄糖1.0、玉米浆0.8、NaCl 0.08、碳酸钙$_3$0.5、

硫酸铵 0.5，pH7.2。

e. 消泡剂　泡敌：玉米油：水＝1：2：10。

② 还原糖测定所用试剂

a. 费林甲液　称取分析纯硫酸铜（$CuSO_4 \cdot 5H_2O$）15g 及亚甲蓝（次甲基蓝）0.05g，用蒸馏水溶解，定容至 1000ml。

b. 费林乙液　称取分析纯酒石酸钾钠 50g、分析纯氢氧化钠 54g 及分析纯亚铁氰化钾 4g，用蒸馏水溶解，定容至 1000ml。

c. 0.1%葡萄糖标准溶液　精确称取在 105℃烘 2～3h 至恒重的分析纯无水葡萄糖 1.000g，放入 100ml 烧杯中，用蒸馏水溶解，定容至 1000ml，为防染菌，可加 5ml 浓盐酸后再定容。

③ 氨基氮测定所用试剂

a. 中性甲醛溶液　将试剂级甲醛（36%～37%）调到 pH7（用 pH 计检查），或是在 50ml 36%～37%甲醛中加入几滴 0.5%酚酞乙醇水溶液，然后用 0.2mol/L 氢氧化钠溶液滴定到微红（需临用前配制，若放置一些时间后，在使用前要重新中和）。

b. 酚酞指示剂　0.5%酚酞的 50%乙醇溶液。

c. 标准碱溶液　0.1mol/L 氢氧化钠溶液，使用前应标定。

d. 溴酚蓝指示剂　0.05%溴酚蓝的 20%乙醇溶液。

④ 效价测定所用试剂　林可霉素标准品（含量 85.4%）；1mol/L 盐酸；0.02mol/L 的 $PdCl_2$溶液（用 1mol/L 盐酸溶液溶解，并定容至 1L）。

三、实验步骤

发酵工艺条件为：菌种母斜面 → 菌种子斜面 → 摇瓶种子 →发酵。

1. 斜面种子培养

从母种培养基取种接种于斜面培养基上，30℃恒温培养 7 天。

2. 摇瓶种子培养

500ml 摇瓶加入 50ml 种子培养基（或 30ml/250ml 三角瓶），灭菌后冷却，将斜面挖一小块放入培养基中，摇床转速 200r/min，30℃培养 30h。

3. 发酵

(1) 罐上发酵　摇瓶种子长好后（不染菌、种子液较黏稠、菌丝粗壮）接入发酵罐中，接种量 15%，30℃，200r/min，通气量 0.8VVM，发酵周期 7 天。

控制参数：DO≥20%；$T=$（30±1）℃；pH＝7.0±0.1（用氨水调 pH）；

还原糖：1.0%～1.5%（10～15g/L）；

氨基氮：60～100 mg/100ml；

补料速率：根据还原糖和氨基氮的分析结果进行补料，暂定 12ml/h；

放罐条件：放罐前 24h 停止补料；

还原糖：0.2%～0.5%（2～5g/L）；

氨基氮：30～50 mg/100ml。

(2) 摇瓶发酵　250ml 摇瓶加入 50ml 发酵培养基，种子长好后（不染菌、种子液较黏稠、菌丝粗壮）接入摇瓶，接种量 5%，30℃，200r/min，发酵周期 7 天。

4. 离线参数测定

在发酵过程中每 4 小时取一次样分析以下项目：

(1) 镜检　美蓝染色，镜检观察，并记录菌丝以及孢子形态。

(2) 菌体浓度测定　菌体浓度的测定用湿重法。将称重过的装发酵液的离心管（m_1）在以转速 3000r/min 的离心机上离心 10min，倒出上清液，测定固体物质量（m_2），计算固体与发酵液的百分比，为菌体浓度（湿重）。但因为固含物中含有不溶性营养物质，故上述菌浓并非菌体的实际浓度，应称为相对菌体浓度更合适。

计算公式：

$$X=\frac{m_2-m_0}{m_1-m_0}\times 100\% \tag{8-18}$$

式中，m_1为装发酵液的离心管质量，g；m_2为沉降物与离心管质量，g；m_0为离心管质量，g；X为湿重，%，即 10g/L。

(3) 费林试剂法测还原糖

① 样品处理及吸取　精确吸取离心上清液 2ml，用蒸馏水稀释 10 倍，摇匀，吸取稀释液 1ml 进行测定。稀释度及吸取量根据含糖量可予增减。

② 空白滴定　精确吸取费林甲、乙液各 5ml 放入 150ml 锥形瓶中，加蒸馏水 10ml。再用滴定管加入 0.1%葡萄糖标准液 9ml。摇匀在电炉上加热，沸腾 30s 后，匀速滴入 0.1%葡萄糖标准液至蓝色消失即为终点。记录沸腾前后共耗用葡萄糖液体积（A，ml）。

③ 预备滴定　精确吸取费林甲、乙液各 5ml，放入 150ml 锥形瓶中，加蒸馏水 10ml，再加 1ml 10%样品稀释液。根据样品含糖量的高低（估计数），可用糖液滴定管先加入一定量的 0.1%葡萄糖液（空白滴定耗用葡萄糖液一般在 10ml 以上），摇匀加热，沸腾 30s 后，匀速滴入 0.1%葡萄糖液，至蓝色消失即为终点，记下沸腾前后共耗用 0.1%葡萄糖标准液体积（ml），作正式滴定时参考用。

④ 正式滴定　精确吸取费林甲、乙液各 5ml，放入 150ml 锥形瓶内，加蒸馏水 10ml 及 1ml 10%样品稀释液，再用糖液滴定管加入比预备滴定耗用量少 0.5ml 左右的 0.1%葡萄糖标准液，摇匀后加热，使其在 1～2min 内沸腾，沸腾 30 s 后匀速滴入 0.1%葡萄糖标准液至蓝色消失即为终点，记下沸腾前后共耗用 0.1%葡萄糖标准液的体积（B，ml）。

做平行测定，两次相差不得超过 0.1ml。

⑤ 按下面公式进行计算：

$$还原糖(g/100ml)=\frac{(A-B)\times c}{V}\times 样品稀释倍数 \tag{8-19}$$

式中，A为空白滴定耗用 0.1%葡萄糖标准液体积，ml；B为正式滴定耗用 0.1%葡萄糖标准液体积，ml；c为葡萄糖标准液浓度，0.1g/100ml；V为参加反应样液量，ml。

(4) 甲醛滴定法测氨基氮

① 分别吸取发酵液离心上清液 2.0ml 于两个磨口具塞锥形瓶中，各加蒸馏水 5ml。向另一磨口具塞锥形瓶中加入 7ml 蒸馏水，做空白对照。

② 向上述三个瓶中各加中性甲醛溶液 5.0ml，混匀，加溴酚蓝指示剂 2 滴，加酚酞指示剂 4 滴。

③ 用标准 0.100mol/L NaOH 溶液滴定至红色，分别记录消耗的 NaOH 体积（ml）。

④ 按下式计算：

$$氨基氮含量=\frac{(V-V_0)\times 1.4008}{2} \tag{8-20}$$

式中，V 为滴定发酵液时消耗 NaOH 溶液的体积，ml；V_0 为滴定空白时消耗 NaOH 溶液的体积，ml；1.4008 为 1ml 0.1mol/L NaOH 溶液相当的氮的质量，mg；氨基氮的含量为每毫升中的含量，mg/ml。

（5）效价测定　取发酵液离心后的上清液用分光光度法测定林可霉素含量。

① 林可霉素标准曲线的绘制

a. 标准储备液　准确称取林可霉素标准品 38.9 mg 于 100ml 棕色容量瓶中，加水溶解并定容至刻度。该标准溶液含林可霉素的质量浓度为 332.206g/ml。

b. 工作液　分别准确吸取标准储备液 2ml、4ml、6ml、8ml、10ml、12ml 和 15ml 于 25ml 棕色容量瓶中，加入 1.6ml 0.02mol/L 的 $PdCl_2$ 溶液，用 1mol/L 盐酸溶液定容至刻度，并摇匀。静置 30min 后，用 0.02mol/L 的 $PdCl_2$ 溶液作空白对照组，在波长 380nm 处测定吸光度 A。吸光度 A 与林可霉素的质量浓度 c 应该成良好的线性关系。以吸光度 A 为纵坐标、林可霉素的质量浓度 c 为横坐标绘制标准曲线。

② 样品的测定　吸取发酵液离心上清液 2.0ml 于 25ml 棕色容量瓶中，加入 1.6ml 0.02mol/L 的 $PdCl_2$ 溶液，用 1mol/L 盐酸溶液定容至刻度，并摇匀。静置 30min 后，用 0.02mol/L 的 $PdCl_2$ 溶液作空白对照组，在波长 380nm 处测定吸光度 A。

③ 根据所测吸光度从标准曲线查出样品的浓度，乘以稀释倍数计算得发酵液中林可霉素的浓度。

5. 在线参数测定

在发酵罐上连续测定 pH、溶解氧（DO）、转速、流量、温度等。

6. 记录所测参数，记入林可霉素发酵批报。

四、结果与计算

见表 8-6。

表 8-6　林可霉素发酵批报

发酵时间/h	0	4	8	12	16	20	24	28	…
镜检图									
pH									
转速/(r/min)									
还原糖含量/%									
氨基氮含量/(mg/ml)									
溶解氧/%									
温度/℃									
林可霉素含量/(g/ml)									

根据表格绘制发酵过程中各参数的变化曲线图并做分析。

五、注意事项

1. 种子、分批发酵培养时保证无污染培养。

2. 分批发酵过程中，控制各参数到设定值，密切关注发酵液的状态。

3. 还原糖测定时，至少以1滴/s的速度滴定；滴定在1min内完成；滴定消耗葡萄糖量控制在1ml以内；做平行测定，两次相差不得超过0.1ml。

六、参考文献

[1] 陈长华．发酵工程实验．北京：高等教育出版社，2009.
[2] 常景玲．生物工程实验技术．北京：科学出版社，2012.
[3] 李啸，储炬，张嗣良等．林可霉素发酵过程代谢特性与pH调控的研究．中国抗生素杂志，2009，34（4）：215-218，230.

实验四　L-谷氨酸的发酵与提取

一、实验原理

谷氨酸是生物机体内氮代谢的基本氨基酸之一，在代谢上具有重要意义。L-谷氨酸是蛋白质的主要构成成分，谷氨酸盐在自然界普遍存在。多种食品以及人体内都含有谷氨酸盐，它既是蛋白质或肽的结构氨基酸之一，又是游离氨基酸，L型氨基酸味较浓。L-谷氨酸又名“麸酸”或写作“夫酸”，发酵制造L-谷氨酸是以糖质为原料经微生物发酵，采用“等电点提取”加上“离子交换树脂”分离的方法而制得。

谷氨酸发酵原理：谷氨酸发酵包括氨基酸的生物合成和产物的积累两个过程。由葡萄糖在谷氨酸产生菌的作用下生物合成谷氨酸，经糖酵解途径（EMP）和磷酸己糖途径（HMP）降解为丙酮酸，其中一分子丙酮酸通过羧化作用固定一分子CO_2成为草酰乙酸，另一分子丙酮酸通过脱羧作用形成乙酰辅酶A，草酰乙酸与乙酰辅酶A合成柠檬酸，转化为异柠檬酸，脱羧形成α-酮戊二酸，在铵离子存在条件下，α-酮戊二酸由谷氨酸脱氢酶催化，经还原氨基化反应生成谷氨酸。

以L-谷氨酸纯品的不同浓度溶液与茚三酮试剂反应的特殊显色产物的光吸收（OD）值，获得一条标准曲线。因此，只要测得发酵液与茚三酮试剂反应产物的OD值，即可从标准曲线上查得相应的谷氨酸浓度。

二、实验条件

（1）实验材料　菌种为棒状杆菌属谷氨酸棒状杆菌（*Corynebacterium glutamicum*）：生物素缺陷型、温度敏感型。

（2）实验仪器　BIOTECH-7BG型发酵罐，紫外分光光度计，显微镜，台式离心机等。

（3）实验试剂

① 培养基

a. 碳源　目前使用的谷氨酸生产菌均不能利用淀粉，只能利用葡萄糖、果糖等，有些菌种还能利用醋酸、正烷烃等作碳源。在一定的范围内，谷氨酸产量随葡萄糖浓度的增加而增加，但若葡萄糖浓度过高，由于渗透压过大，则对菌体的生长很不利，谷氨酸对糖的转化率降低。国内谷氨酸发酵糖浓度为125～150g/L，但一般采用流加糖工艺。

b. 氮源　常见无机氮源为尿素、液氨、碳酸氢铵；常见有机氮源为玉米浆、黄豆饼粉、蛋白胨等。当氮源的浓度过低时会使菌体细胞营养过度贫乏形成“生理饥饿”，影响菌体增殖和代谢，导致产酸率低。随着玉米浆的浓度增高，菌体大量增殖使谷氨酸非积累型细胞增多，同时又因生物素过量使代谢合成磷脂增多，导致细胞膜增厚不利于谷氨酸的分泌造成谷氨酸产量下降。

碳氮比一般控制在100：(15～30)。

c. 生物素　含硫水溶性维生素，是B族维生素的一种，又叫做维生素H或辅酶R。广布于动物及植物组织，已从肝提取物和蛋黄中分离，是多种羧化酶辅基的成分。生物素的作用主要是影响谷氨酸生产菌细胞膜的通透性，同时也影响菌体的代谢途径。生物素对发酵的影响是全面的，在发酵过程中要严格控制其浓度。

② 生产原料

a. 玉米、小麦、甘薯、大米等。其中甘薯和淀粉最为常用，大米进行浸泡磨浆，再调成15°Bx，调pH6.0，加细菌α-淀粉酶进行液化，85℃30min，加糖化酶60℃糖化24h，过滤后可供配置培养基。

b. 甘蔗糖蜜、甜菜糖蜜。糖蜜原料因含丰富的生物素，不宜直接用来作为谷氨酸发酵的碳源。预处理方法为，活性炭或树脂吸附法和亚硝酸法吸附或破坏生物素。也可以在发酵液中加入表面活性剂或添加青霉素。

三、实验步骤

1. 种子扩大培养

斜面培养，谷氨酸生产菌适用于糖质原料，需氧，以生物素为生长因子，32℃培养18～24h。

一级种子在摇瓶机上振荡培养，培养基1000ml装200～250ml振荡，32℃培养12h。如需在50L发酵罐中培养时，需进行二级种子培养，二级种子用种子罐培养，料液量为发酵罐投料体积的1%，用水解糖代替葡萄糖于32℃进行通气搅拌7～10h。二级种子培养过程中，pH的变化有一定规律，从pH6.8上升到pH8左右，然后逐步下降。种子培养结束时，无杂菌或噬菌体污染，菌体大小均一，呈单个或八字排列，活菌数为10^8～10^9/ml，活力旺盛处于对数生长期。各条件均逐步接近发酵条件。

2. 谷氨酸发酵

在5L或50L发酵罐中进行。

适应期，尿素分解成氨使pH上升，2～4h。接种量和发酵条件控制使适应期缩短。

对数生长期，糖耗快，尿素大量分解使pH上升，氨被利用pH又迅速变小，菌体形态为排列整齐的八字形，不产酸，12h。采取流加尿素办法及时供给菌体生长必需的氮源及调节pH在7.5～8.0，维持温度在30～32℃。

菌体生长停止期，谷氨酸合成，糖和尿素分解产生α-酮戊二酸和氨用于合成谷氨酸。及时流加尿素以提供足够的氨并使pH维持在7.2～7.4。大量通气，控制温度在34～37℃。

发酵后期，菌体衰老糖耗慢，残糖低。营养物耗尽，酸浓度不增加时，及时放罐。

不同的谷氨酸生产菌其发酵时间有所差异。低糖(10%～12%)发酵，其发酵时间为36～38h，中糖(14%)发酵，其发酵时间为45h。发酵后期菌体衰老，糖耗慢，残糖低。当营养物耗尽酸浓度不增加时，及时放罐。一般发酵周期为30h。

3. 参数控制

(1) pH　谷氨酸生产菌的最适pH一般是中性或微碱性，pH7.0～8.0条件下累积谷氨酸，发酵前期的pH值以7.5左右为宜，中后期以7.2左右对提高谷氨酸产量有利。

(2) 温度　谷氨酸发酵前期应采取菌体生长最适温度为30～32℃。对数生长期维持温度30～32℃。谷氨酸合成的最适温度为34～37℃。催化谷氨酸合成的谷氨酸脱氢酶的最适温度在32～36℃，在发酵中、后期需要维持最适的产酸温度，以利谷氨酸合成。

(3) 通风量　谷氨酸生产菌是兼性好氧菌，有氧、无氧的条件下都能生长，只是代谢产物不同。谷氨酸发酵过程中，通风必须适度，过大菌体生长慢、过小产物由谷氨酸变为乳酸。应在长菌期间低风量、产酸期间高风量、发酵成熟期低风量。其中，谷氨酸发酵罐现均采用气-液分散较理想的圆盘涡轮式多层叶轮搅拌器。

(4) 泡沫　谷氨酸发酵是好气性发酵，因通风和搅拌以及菌体代谢产生的CO_2，使培养液产生泡沫是正常的，但泡沫过多不仅使氧在发酵液中的扩散受阻，影响菌体的呼吸代谢，也会影响正常代谢以及染菌。因此，要控制好泡沫是关键。消泡方法有机械消泡（靶式、离心式、刮板式、蝶式消泡器）和化学消泡（天然油脂、聚酯类、醇类、硅酮等化学消泡剂）两种方法。

(5) 无菌　谷氨酸生产菌对杂菌及噬菌体的抵抗力差，一旦染菌，就会造成减产或无产现象的发生，预示着谷氨酸发酵生产的失败，这使厂家造成不同程度的损失。所以预防及挽救是很重要的。常见杂菌有芽孢杆菌、阴性杆菌、葡萄球菌和霉菌。针对芽孢杆菌，打料时，检查板式换热器和维持管压力是否高出正常水平。如果堵塞，容易造成灭菌不透。板式换热器要及时清洗或拆换。维持罐要打开检查管路是否有泄漏或短路，阀门和法兰是否损坏。针对阴性杆菌，对照放罐体积，看是否异常。如果高于正常体积，可能是排灌泄漏，对接触冷却水的管路和阀门等处进行检查。针对葡萄球菌，流加糖罐和空气过滤器要进行无菌检查，如果染菌要统一杀菌处理。针对霉菌，要加大对环境消毒力度，对环境死角进行清理。

4. 谷氨酸的提取

低温等电点-离子交换法提取谷氨酸是一种在发酵法生产谷氨酸过程中的谷氨酸提取工艺，提取工艺具体如下：谷氨酸发酵液经灭菌后进入超滤膜进行超滤，澄清的谷氨酸发酵液在第一调酸罐中调整pH值为3.20～3.25，然后进入常温的等电点连续蒸发降温结晶装置进行结晶、分离、洗涤，得到谷氨酸晶体和母液，将一部分母液进入脱盐装置，脱盐后的谷氨酸母液一部分与超滤后澄清的谷氨酸发酵液合并；另一部分在第二调酸罐中调整pH值至4.5～7，蒸发、浓缩，再在第三调酸罐中调pH值至3.20～3.25后，进入低温的等电点连续蒸发降温结晶装置，使母液中的谷氨酸充分结晶出来，低温的等电点连续蒸发降温结晶装置排出的晶浆被分离、洗涤，得到谷氨酸晶体和二次母液。

5. 参数测定

(1) 镜检　参照林可霉素发酵过程工艺控制。

(2) 菌湿重　参照林可霉素发酵过程工艺控制。

(3) 还原糖含量　参照林可霉素发酵过程工艺控制。

(4) 氨基氮含量　参照林可霉素发酵过程工艺控制。

(5) 谷氨酸含量测定

① 标准样品的制备　L-谷氨酸纯品梯度稀释溶液：分别称取0.05～0.5g分析纯L-谷氨酸，并分别溶解到100ml蒸馏水中，调节pH5.5～6。

② 茚三酮试剂的制备　称取0.5g茚三酮溶于100ml丙酮。

③ pH调节试剂的制备　取20只试管，分别加入3ml配制好的0.05～0.5g/100ml的L-谷氨酸纯品溶液各2管。每只试管分别沿壁加入茚三酮试剂0.5ml，测定各浓度的吸光值，绘制标准曲线。

④ 谷氨酸发酵液在 11400r/min 条件下离心 5min，取上清，以蒸馏水稀释到一定浓度，调节 pH5.5～6，取 3ml 预处理好的发酵液加入试管，沿试管壁加入茚三酮试剂 0.5ml，摇匀，迅速置于 80℃水浴，3min 后，快速冰浴 3min。在 569nm 以相同稀释倍数的空白发酵培养基为对照，测吸光值，并计算含量。

四、结果与计算

见表 8-7。

表 8-7　谷氨酸发酵批报

发酵时间/h	0	4	8	12	16	20	24	28	…
镜检图									
pH									
转速/(r/min)									
还原糖含量/%									
氨基氮含量/(mg/ml)									
溶解氧/%									
温度/℃									
谷氨酸含量/(g/100ml)									

依据表格数据画图并分析。

五、注意事项

1. 切勿使菌种及发酵液污染。
2. 在发酵过程中按已定方案设定与控制发酵参数。

六、参考文献

[1]　程丽娟，袁静．发酵食品工艺学．陕西杨凌：西北农林科技大学出版社，2002.
[2]　常景玲．生物工程实验技术．北京：科学出版社，2012.
[3]　贾士儒．生物工程专业实验．第 2 版．北京：中国轻工业出版社，2010.
[4]　梁红．生物技术综合实验教程．北京：化学工业出版社，2010.

实验五　生物油脂发酵过程工艺控制

一、实验原理

微生物油脂，又称为单细胞油脂（single cell oil，SCO），是某些微生物在特定条件下产生的、在细胞内过量贮存的脂肪酸甘油酯，这些微生物称为产油微生物，通常可分为三大类：酵母和霉菌、藻类、细菌。一般来讲，微生物细胞仅含有 2%～3%的油脂，而产油微生物在特定的条件下培养，能够将碳水化合物或碳氢化合物等转化为占细胞干重 30%～40%，甚至 70%以上的油脂。大部分微生物油脂的脂肪酸组成与植物油脂相似，主要是 C_{16}、C_{18}系脂肪酸，如棕榈酸、棕榈油酸、硬脂酸、油酸及少量多不饱和脂肪酸等。微生物油脂用途广泛，通过与醇反应，可生产生物柴油、润滑油、溶剂油、油漆、表面活性剂和粘接剂等产品，同时还可作为获取高附加值脂肪酸，如 γ-亚麻酸（GLA）、花生四烯酸（ARA）、二十碳五烯酸（EPA）、二十二碳六烯酸（DHA）等的原料。生物柴油是优质的化石能源代用品和清洁的可再生能源，是典型的“绿色能源”，大力发展生物柴油对推动社会经济可持续发展、减轻环境压力、控制城市大气污染具有重要的战略意义。因此，微生物油脂研究具有广阔的发展空间。

本试验采用斯达酵母菌 *Lipomyces starkeyi* 进行深层液体发酵生产生物油脂，发酵方式为流加分批发酵。生物油脂的发酵过程一般可分为两阶段：0～50h，菌丝生长期；50～120h，此段时间内生长期转向油脂生产（积累）期，此后阶段主要是油脂生产（积累）期。

微生物高产油脂的一个关键因素是培养基中碳源充足，其他营养成分，特别是氮源缺乏。当产油微生物培养基中可同化氮源耗尽并且在可同化碳源丰富的情况下，其三酰基甘油酯（TAG，又称甘油三酯）积累过程被激活。这个过程牵涉到微生物代谢和与代谢相关的一系列生理生化过程的变化。首先，当氮源枯竭时，产油微生物的腺苷一磷酸（AMP）脱氨酶活性增加，AMP 脱氨酶将 AMP 大量转化为肌苷一磷酸（IMP）和氨，相当于微生物对缺氮的一种应激反应。通常产油酵母线粒体中异柠檬酸脱氢酶（ICDH）都是 AMP 依赖性脱氢酶，细胞内 AMP 浓度的降低将减弱甚至完全停止该酶的活性。因此，异柠檬酸不再被代谢为 α-酮戊二酸，三羧酸（TCA）循环陷入低迷状态，代谢路径发生改变。线粒体中积累的柠檬酸通过线粒体内膜上的苹果酸/柠檬酸转移酶转运进入细胞溶胶中，在 ATP：柠檬酸裂解酶（ACL）的作用下裂解生成乙酰辅酶 A 和草酰乙酸。这样，微生物在氮源枯竭、蛋白质合成停滞的情况下仍可将葡萄糖有效地代谢为乙酰辅酶 A，并在脂肪酸合成酶（FAS）的作用下完成脂肪酰辅酶 A 的合成。

二、实验条件

(1) 实验材料　菌种为斯达酵母菌。

(2) 实验仪器　BIOTECH-7BG 型发酵罐，紫外分光光度计，显微镜，电子天平，台式离心机，旋转蒸发仪等。

(3) 实验试剂　各种培养基。

① 斜面种子培养基（g/L）

a. 葡萄糖 50、磷酸二氢钾 2.5、磷酸氢二钠 0.5、硫酸铵 1、尿素 1、$MgSO_4 \cdot 7H_2O$ 1、酵母膏 0.5、$FeSO_4$ 0.1、琼脂 20，调 pH5.8～6.0（优选）。

b. YEPD 培养基　葡萄糖 20、酵母浸出汁 10、蛋白胨 10；固体培养基在 YEPD 基础上加入 2%琼脂粉，pH 自然。

② 液体种子培养基（g/L）　葡萄糖 20、酵母膏（浸出汁）10、蛋白胨 10，pH 自然。

③ 基础限氮发酵培养基（g/L）　葡萄糖 15、木薯淀粉 55（木薯淀粉用 1g 淀粉酶水解）、$(NH_4)_2SO_4$ 2.5、KH_2PO_4 1.5、酵母粉 0.9、$MgSO_4 \cdot 7H_2O$ 0.9，pH5.8～6.0。

④ 补料培养基（g/L）　木薯淀粉 300，用淀粉酶（4g）水解。

⑤ 发酵消泡剂配比（体积之比）　泡敌：水＝2.5：30。

⑥ 培养基灭菌方法　培养基等配好后在蒸汽灭菌罐内于 121℃下灭菌 30min；补料培养基在 121℃灭菌 30min。

三、实验步骤

1. 发酵工艺条件路线

菌种母斜面 → 菌种子斜面 → 摇瓶种子 →罐发酵（或摇瓶发酵）。

2. 斜面种子培养

从母种培养基取种接种于斜面培养基上，30℃恒温培养 7 天。

3. 摇瓶种子培养

500ml 摇瓶加入 50ml 种子培养基（或 30ml/250ml 三角瓶），灭菌后冷却，挖一约 0.5

cm^2小块斜面放入培养基中，30℃、180r/min，培养24h。

4. 发酵

(1) 罐发酵培养　以10%(体积分数) 接种量接种于7L (装液4.5L) 发酵培养基中，30℃，pH(6.0±0.2)，0.03MPa，2L/min (初始)，180r/min (初始)，补料分批培养，用10%NaOH自动调节pH，到120h (5～6天) 左右放罐。

接种后培养8h (视具体情况而定，也有可能在16h以后) 后，通过调节空气流量和转速，分别控制溶解氧 (DO) 在60% (±5%)、20% (±5%) 两个不同的水平。

a. 第1批控制溶解氧 (DO) 在60% (±5%) 水平。

b. 第2批控制溶解氧 (DO) 在20% (±5%) 水平。

总糖控制在3.0g/L，还原糖在1.0g/L，若总糖含量较高，可不控制糖浓度。补料速率：根据还原糖分析结果及溶解氧水平情况进行补料 (30～60min补料一次)。

每班取3个摇瓶测定有关参数。

(2) 参数测定及记录　在线参数每1小时记录一次；离线参数每4小时取样分析一次，包括总糖、还原糖、氨基氮、菌体浓度、pH、油脂含量、柠檬酸裂解酶 (ACL) 和苹果酸酶 (ME) 活性等。

(3) 放罐条件　放罐前24h或12h停止补料。

还原糖：0.2%～0.5% (2～5g/L)。

5. 离线参数测定

在发酵过程中每4小时取一次样分析以下项目：

(1) 美蓝染色，镜检观察，并记录酵母细胞菌体形态。

(2) 菌体浓度测定　取10ml发酵液，3000r/min离心15min，计算沉降物质量百分比(%) =沉降物质量/发酵液总质量 (参照林可霉素发酵过程工艺控制)。

(3) 还原糖测定　3′,5′-二硝基水杨酸比色法。

① 试剂　DNS (3′,5′-二硝基水杨酸) 比色法所用试剂3′,5′-二硝基水杨酸溶液：准确称取无水的3′,5′-二硝基水杨酸6.5g溶解待用，以无水氢氧化钠40.0g溶解后移入500ml容量瓶，冷却后定容。将水杨酸移入1000ml容量瓶中并加入325ml氢氧化钠，再加入15ml丙三醇溶解定容至刻度，摇匀后储存于棕色试剂瓶中。以上试剂均为分析纯，水为蒸馏水。

② DNS比色法绘制标准曲线　用移液管准确吸取0、0.1ml、0.2ml、0.3ml、0.5ml、0.7ml、0.8ml 0.1%葡萄糖标准液分别置于试管中，用蒸馏水补充至1ml，加3′,5′-二硝基水杨酸溶液1ml，摇匀，置沸水中煮5min，迅速取出以流水冷却，加蒸馏水至10ml，用只加入蒸馏水的试管空白调零，选用分光光度计在520nm波长处测定吸光度值，整个测定过程控制在2h内，并且显色20min后测定。以吸光度值作纵坐标、葡萄糖标准系列中葡萄糖含量 (μg) 作横坐标，绘制标准曲线。

③ 样品测定　将待测样品稀释至测定范围内 (5～160μg/ml)，用移液管吸取样液1ml，加3′,5′-二硝基水杨酸溶液1ml，以下同标准曲线的绘制方法。

(4) 总糖的测定　苯酚-硫酸法。

① 原理　苯酚-硫酸法是利用多糖在硫酸的作用下水解成单糖，并迅速脱水生成糠醛或糠醛衍生物，这些脱水产物和苯酚反应呈金黄色，己糖含量高时，吸收波长在490nm处，戊糖含量高时，吸收波长在480nm处，吸收值与糖含量呈线性关系。

② 溶液的配制

a. 浓硫酸：分析纯。

b. 80%苯酚：称取 80.00g 苯酚（分析纯重蒸馏试剂），加 20g 水在烧杯中使之溶解，移入棕色瓶中密封，可置冰箱中避光长期保存。

c. 5%苯酚：使用前以 80%苯酚配制。

d. 标准葡萄糖：将无水葡萄糖于 105℃烘干至恒重。

③ 标准曲线的绘制及样品的测定

制作标准曲线：准确称取标准葡萄糖 20mg 于 500ml 容量瓶中，加水至刻度，摇匀。分别吸取 0.4ml、0.6ml、0.8ml、1.0ml、1.2ml、1.4ml、1.6ml 及 1.8ml，各补水至 2.0ml，然后加入 5%苯酚 1.0ml 及浓硫酸 5.0ml，静置 10min，摇匀，室温放置 20min 后于 490nm 处测光密度，以 2ml 水同样显色操作为空白，横坐标为糖质量（μg）、纵坐标为光密度值，得标准曲线。

样品测定：取离心后上清液 2.0ml，加入 5%苯酚 1.0ml 及浓硫酸 5.0ml，静置 10min，摇匀，室温放置 20min 后于 490nm 处测光密度。利用标准曲线计算总糖含量。

（5）取发酵液离心后的上清液用甲醛滴定法测氨基氮（参照林可霉素发酵过程工艺控制）。

（6）油脂的提取及定量测定

① 菌体细胞的破碎　酸热法。

酸热法破碎细胞油脂得率较高，以酸热法处理菌体主要是利用盐酸对细胞中的糖及蛋白质等成分的作用，疏松细胞的结构，再经过沸水、冷冻处理，使细胞达到破碎的效果，油脂得率相对较高。

向上述离心后的菌体沉淀中加入 4mol/L HCl 10ml，浸泡 1h，转移入 250ml 三角瓶中，煮沸 10min，流水冷却后放入 4℃冰箱中 30min。

② 油脂的提取及定量测定：石油醚-乙醚法。30min 后取出上述样品加入 15ml 石油醚，振荡，再加入 15ml 乙醚，振荡，3500r/min 离心 15min，可见明显分层。用胶头滴管小心吸取上层油层于 25ml 蒸发瓶中，旋转蒸发仪蒸至恒重，置 80℃烘箱 2h，称量，得油脂含量（g/L）。

（7）在线参数测定　在发酵罐上连续测定 pH、溶解氧（DO）、转速、流量、温度等。

（8）记录所测参数，记入生物油脂发酵批报表。

四、结果与计算

见表 8-8。

表 8-8　生物油脂发酵批报

发酵时间/h	0	4	8	12	16	20	24	28	…
镜检图									
pH									
转速/(r/min)									
还原糖含量/%									
总糖/%									
氨基氮含量/(mg/ml)									
溶解氧/%									
温度/℃									
油脂含量/(g/100ml)									

根据表格绘制发酵过程中各参数的变化曲线图并做分析。

五、注意事项

1. 种子、分批发酵培养时保证无污染培养。

2. 发酵时间5～6天，每天3班，每班（组）3～4人，由组长负责管理和考勤。

3. 记录每次实验步骤与实验结果，实验结束后统一进行数据处理并上交。

4. 按论文的正规格式，将实验结果总结成论文（要特别注意对现象和结果的分析），每位同学各自完成一份，一定要自己独立完成。

六、参考文献

[1] 何东平，陈涛．微生物油脂学．北京：化学工业出版社，2005.

[2] 李维平．生物工艺学．北京：科学出版社，2010.

[3] 施安辉，谷劲松，刘淑君等．高产油脂酵母菌株的选育、发酵条件的优化及油脂成分分析．中国酿造，1997，(4)：10-14.

（本章由扶教龙、李良智编写）

第九章 食品生物技术

实验一 葡萄酒酿造

一、实验原理

葡萄酒是用新鲜葡萄或者葡萄汁制成的低度酒精饮料。它的主要成分有单宁、酒精、糖分、有机酸等。葡萄果粒破碎后，酵母菌利用葡萄浆中的糖类代谢生成乙醇、二氧化碳和其他副产物，获得生长繁殖所需要的能量。另外，葡萄浆中的含氮化合物和硫化物被酵母菌代谢合成为葡萄酒的风味物质。

葡萄酒质量的好坏很大程度上取决于进行发酵的酵母。酵母属于子囊菌纲酵母属，是一种单细胞微生物，酿造葡萄酒的主要酵母是葡萄酒酿酒酵母，它发酵能力较强，能抵抗度数较高的酒精。

葡萄酒的品种繁多，按酒色分类可以分为白葡萄酒、桃红葡萄酒和红葡萄酒，按糖分含量可分为干葡萄酒、半干葡萄酒、半甜葡萄酒和甜葡萄酒。本实验以干红葡萄酒为例。

二、实验条件

（1）实验材料 葡萄，白砂糖，果胶酶，酵母，鸡蛋。

（2）实验仪器 发酵罐，pH 计，比重计，温度计，酒精计。

（3）实验试剂 SO_2，$KHCO_3$，硫酸，4g/L 碘液，费林试剂，0.1mol/L NaOH，酚酞，紫色石蕊，淀粉。

三、实验步骤

1. 葡萄选择

采用蛇龙珠、赤霞珠、品丽珠等品种的红葡萄，葡萄应颜色深红，成熟度高，剔除霉烂、生青和虫蛀的果子。

2. 破碎

采用手工破碎法，将每个果子都破碎。测定葡萄浆的糖度、酸度和 pH 值。

3. 酵母活化

将 10g 干酵母加入 38℃ 的 200ml 50g/L 的糖水中，搅拌均匀，15～30min 后冷却至28～30℃。

4. 接种

在发酵罐中，按 200ml/L 的用量将活化后的酵母加入葡萄浆（带皮）中，另外加入 90～100ml/L SO_2 和 20mg/L 的果胶酶。

5. 浸提和酒精发酵

温度控制在 25～28℃，使其缓慢发酵，浸提色素。浸提过程中不断观察色泽，48h 左右浸提结束，将果皮与果汁分离。按照酒度要求，将白砂糖加入分离出的果汁中，一般酿造

10%～12%的酒，葡萄汁的糖度在17～20°Bx。发酵过程中每隔一定时间测定葡萄浆的相对密度（残糖）和发酵温度的变化。当残糖降低至4g/L时，调整游离SO_2的量在40～50ml/L。

6. 苹果酸-乳酸发酵

当相对密度降到0.995～0.998时，酒精发酵结束，用$KHCO_3$调整pH值至3.2，温度为25℃，开始苹果酸-乳酸发酵。苹果酸-乳酸发酵可以降低葡萄酒的酸度。

7. 澄清

发酵结束后，调整游离SO_2的量保持在20～30ml/L，温度保持在20℃以下，静置3～5天，使酒脚沉淀于发酵罐底部。经过倒罐，将酒脚与酒分离。每100L酒加2～3个蛋清进行澄清，使蛋白质、单宁和多糖之间絮凝，也使葡萄酒更加稳定。蛋清加入前要打成沫状，并加入少量酒搅匀。加入蛋清后，充分搅匀，静置8～10天，过滤除去胶体。

8. 陈酿

保持20℃以下，静置2～3个月，让酒自然老熟，使刺激性和辛辣感减少。

9. 葡萄酒理化指标测定

（1）糖度测定　使用费林试剂滴定法测定葡萄汁的糖度，再通过查表得出糖含量。

（2）酸度测定　0.1mol/L NaOH标准溶液进行滴定。酒色较浅时使用酚酞指示剂，酒色较深时使用紫色石蕊指示剂。

（3）酒精含量　葡萄酒经过蒸馏后，用酒精计测定。

（4）游离SO_2含量　25ml葡萄酒加入20ml蒸馏水稀释，加入1/3浓度的硫酸3ml、2～3滴2%淀粉指示剂，用4g/L碘液测定。

四、结果与计算

1. 实验得到的干红葡萄酒应具有浓郁的酒香和果香，醇厚香浓，单宁感强，口感协调。

2. 测定干红葡萄酒的糖度、酸度和酒精含量。酸度一般在0.45～0.6g/100ml，糖度一般在14.5～15.5g/100ml，酒精含量一般在10%～12%。

五、注意事项

1. 注意保持发酵温度，过高或者过低都会抑制酵母菌的繁殖和生长。

2. 注意适当通风，使酵母得到发酵所需氧气。

3. 酒精发酵时最好保持pH值在3.3～3.5，在这个酸度范围内，杂菌受到抑制，而酵母菌正常生长。

4. SO_2的添加是葡萄酒酿造过程中的重要步骤，SO_2可以起到杀菌、澄清、溶解、增酸和抗氧化等作用，所以在适当的时间添加适量SO_2可以保证葡萄酒酿造的顺利进行。

六、参考文献

[1]　李江华. 发酵工程实验. 北京：高等教育出版社，2011.
[2]　程丽娟，袁静. 发酵食品工艺学. 咸阳：西北农林科技大学出版社，2002.
[3]　邓开野. 发酵工程实验. 广州：暨南大学出版社，2010.

实验二　酸奶酿造及乳酸快速测定

一、实验原理

酸奶是在乳制品加工过程中添加乳酸菌，经过发酵得到的一种食品。乳酸菌是一类革兰阳性，厌氧或者兼性厌氧，发酵多种糖类产生乳酸的细菌。乳酸菌的主要作用是分解乳糖成为乳酸，使乳酸的pH值降低，从而使酪蛋白凝固，酸度提高。保加利亚乳杆菌和嗜热乳酸链球菌是市场销售的酸奶中最常用的两类菌种，这两种菌种混合的目的是利用它们之间的共生作用。

酸奶根据生产工艺可分为凝固型酸奶和搅拌型酸奶。凝固型酸奶是在接种后立即包装，并在容器内进行发酵和后熟，搅拌型酸奶是在发酵罐中接种和发酵，再进行灌装和后熟。

酸度是检验酸奶质量的重要指标，乳酸度是100ml牛乳用0.1mol/LNaOH滴定所需的NaOH体积（ml），常用含乳酸百分含量（%）表示。

二、实验条件

（1）实验材料　保加利亚乳杆菌，嗜热乳酸链球菌，鲜牛乳或奶粉，脱脂乳培养基，蔗糖。

（2）实验仪器　干燥箱，灭菌锅，超净工作台，培养箱，发酵罐，冰箱，酸奶瓶，比重计，移液管，滴定管，三角瓶，具棉塞试管。

（3）实验试剂　0.1mol/L NaOH，0.5%酒精酚酞。

三、实验步骤

1. 牛乳的配制和灭菌

将鲜牛乳或奶粉、蔗糖和水以10∶5∶70的比例混合均匀，在60～65℃下保持30min进行巴氏杀菌。

2. 菌种活化和扩大培养

脱脂乳培养基是将新鲜脱脂乳盛入灭菌具棉塞试管后，进行间歇灭菌。在超净工作台里，将装菌种的试管口用火焰灭菌，按2%～3%的接种量接入脱脂乳培养基中，置于40℃培养箱中培养至凝固，取出同样量反复数次培养。

3. 接种

将培养好的保加利亚乳杆菌和嗜热乳酸链球菌的混合菌液以5%的接种量接入冷却至40～45℃的牛乳中。

4. 发酵和后熟

（1）凝固型酸奶　接种后，摇匀，立即分装入已灭菌的酸奶瓶中，封口后置于40℃培养箱中约3～4h，直至凝乳块出现。然后转入4℃冰箱中后熟24h以上，使pH为4～4.5。

（2）搅拌型酸奶　在发酵罐中，于搅拌状态下接种，并继续搅拌3min，然后每隔一定时间测定pH，当pH达到4.5～4.7时停止发酵，冷却后无菌灌装，然后转入4℃冰箱中后熟24h以上。

5. 乳酸快速测定

取10ml酸奶用蒸馏水稀释至100ml后，加入0.5ml 0.5%酒精酚酞指示剂，用0.1mol/L NaOH滴定至出现红色，并持续1min不褪为止。

四、结果与计算

实验得到的酸奶应均匀细腻，色泽均匀，无气泡，无乳清析出，有较好的口感。

乳酸测定计算公式：

$$\text{乳酸}(\%)=\frac{\text{NaOH 消耗物质的量(mol)}\times 90}{10\times \text{酸奶密度}}\times 100\%$$

式中，90 为乳酸的相对分子质量。

五、注意事项

1. 牛乳的配制中可以加入 0.1%～0.5%的琼脂或者明胶作为稳定剂，提高酸奶黏稠度，防止乳清析出。

2. 牛乳灭菌也可采用 80℃下保持 15min 的工艺。

3. 牛乳灭菌后应冷却至 40～45℃再进行接种，温度过高和过低都不利于发酵。

4. 为避免杂菌污染，所用设备和器皿应严格灭菌。

六、参考文献

[1] 程丽娟，袁静．发酵食品工艺学．咸阳：西北农林科技大学出版社，2002.

[2] 邓开野．发酵工程实验．广州：暨南大学出版社，2010.

[3] 贾士儒．生物工程专业实验．第 2 版．北京：中国轻工业出版社，2010.

实验三　平菇生产技术

一、实验原理

平菇作为世界四大食用菌之一，具有适应性强、抗逆性强、栽培技术简易、生产周期短、经济效益好等特点。平菇属于担子菌亚门层菌纲伞菌目侧耳科侧耳属真菌。平菇的形态结构可分为菌丝体和子实体两部分。生活史是由担孢子萌发形成单核菌丝体，经质配形成双核菌丝，最后形成原基，再形成子实体。子实体的发育可分为原基期、桑葚期、珊瑚期、成形期 4 个时期。

平菇能利用多种碳源，可以从玉米芯、棉籽壳、作物秸秆、木屑中获得碳源。平菇属低温型。菌丝体最适生长温度是 24～28℃，子实体形成最适温度为 12～18℃。菌丝体生长阶段培养料中的水分在 60%左右。在子实体生长发育阶段，空气相对湿度在 85%～95%。菌丝体生长不需要光线，而子实体生长需要有散射光刺激。由于平菇是好气性真菌，需要新鲜的空气，平菇的最适 pH 值为 5.5～6.0。

本实验采用平菇塑料袋熟料栽培法，是指将培养料装在聚丙烯薄膜袋里，经过灭菌处理后在无菌条件下进行接种和发酵的栽培方式。

二、实验条件

(1) 实验材料　平菇菌种，玉米芯，麸皮，石灰粉。

(2) 实验仪器　灭菌锅，台秤，超净工作台，聚丙烯袋（15cm×15cm)，绳子。

(3) 实验试剂　过磷酸钙，尿素。

三、实验步骤

1. 配料

玉米芯（粉碎成蚕豆大小的）85%，麸皮 10%，过磷酸钙 1%，石灰粉 3%，尿素 0.5%，料∶水为 1∶(1.55～1.65)。

2. 灭菌

使用灭菌锅将配好的料在 100℃下灭菌 10～12h，待冷却后才可装袋接种。

3. 装袋和接种

在超净工作台内，采用4层接种法，先放1层平菇菌种，再放1层料，边装袋边压实，如此反复，接种量为15%～20%，装满扎口后，袋上打小孔便于通气。

4. 发菌管理

菌袋可列状摆放，也可呈“井”字摆放，一般摆放4～6层。菇房温度应保持在20～25℃，空气湿度在65%～75%，黑暗培养。15天后把上下料调堆，检查菌丝生长情况。25～30天后，菌丝浓白，出现菇蕾。

5. 出菇管理

将菌袋两头松开，适量通风，以供给新鲜空气，并每天向菇房喷洒雾状水，湿度应保持在85%～90%。控制一定量的散射光可以诱导早出菇、多出菇，每天给予7～12℃的温差刺激，也可促使出菇，子实体发育整齐。随着菇体的生长，要适当加大通风量。

6. 采收

菌盖基本展开，颜色由深灰色变为灰白色，孢子即将弹射时是平菇的最适收获期。

四、结果与计算

实验得到的平菇应个头大，菇体肥厚，产量高，味道好。

五、注意事项

1. 在栽培时加入石膏粉，可以抑制培养料中杂菌的生长。

2. 发菌时要勤检查，发现污染的要及时拣出处理。

3. 出菇时水分需要控制，因为湿度低时，子实体易干，损失料内水分，影响出菇产量；湿度过大，子实体易腐烂，喷水时不要直接喷洒在子实体上。

4. 保持菇房周围环境卫生，预防杂菌污染和虫害。

六、参考文献

[1] 王世东．食用菌．北京：中国农业大学出版社，2005.
[2] 牛天贵．食品微生物学实验技术．第2版．北京：中国农业大学出版社，2011.
[3] 刘继和．无公害平菇生产技术．上海蔬菜，2012，(1)：75-76.

（本章由刘佳、胡翠英编写）

第十章　酶的分离提取与纯化技术

实验一　槭树叶蛋白酶活力测定

一、实验原理

福林试剂（磷钼酸与磷钨酸的混合物）在碱性条件下极不稳定，可使酚类化合物还原而呈蓝色反应（钨蓝和钼蓝混合物）。蛋白酶催化蛋白质水解的产物中含有酚基的氨基酸（酪氨酸、色氨酸、苯丙氨酸）也呈此反应。因而可以利用这个原理测定蛋白酶活力的强弱。以酪蛋白为作用底物，在一定 pH 与温度下，同一定体积的酶液反应一定时间后，加入三氯乙酸终止酶反应，并使残余酪蛋白沉淀。过滤后，取滤液用碳酸钠碱化。再加入福林试剂显色（呈蓝色）。其颜色强弱与酶水解产物量成正比，用分光光度计测定其光密度值后计算酶活力。

二、实验条件

（1）实验材料　取新鲜鸡爪槭或元宝枫或其他槭树科植物叶片。

（2）实验仪器　水浴锅，分光光度计，离心机，磁力搅拌器，回流装置，通风橱，移液器，烧杯，试管等。

（3）实验试剂

① 福林试剂　在 2L 的磨口回流装置内加入 100g 钨酸钠（$Na_2WO_4 \cdot 2H_2O$）、700ml 蒸馏水，加 50ml 85%磷酸及 100ml 浓盐酸，充分混匀后，以小火回流 10h，去除冷凝器后，再加入 50g 硫酸锂（Li_2SO_4）、50ml 蒸馏水及数滴液体溴，然后在通风橱中开口继续煮沸 15min，以便驱除过量的溴（冷却后若仍有绿色需再加溴水，再煮沸去除过量的溴）。冷却后加蒸馏水定容到 1L，混合均匀过滤，溶液呈金黄色，置于棕色试剂瓶中，放于冰箱保存，使用时，以 1 份原福林溶液与 2 份蒸馏水混匀。

② 0.4mol/L 碳酸钠溶液。

③ 0.4mol/L 三氯乙酸。

④ 0.02mol/L pH7.5 磷酸盐缓冲液。

⑤ 酪素（酪蛋白）溶液　精确称取酪素 2g，先用少量 0.5mol/L NaOH 湿润后加入适量的相应缓冲溶液，在沸水浴中加热（应经常搅拌），使其完全溶解，冷却后倾入 100ml 容量瓶，以相应缓冲液定容至 100ml，在 4℃冰箱中保存一周内有效。

⑥ 1mg/ml 标准酪氨酸溶液。

三、实验步骤

1. 酪氨酸标准曲线制作

（1）取 10 支干净试管，按表 10-1 所示操作，配制不同浓度标准酪氨酸溶液。

表 10-1 不同浓度标准酪氨酸溶液

试管编号	1	2	3	4	5	6	7	8	9	10
加 1mg/ml 酪氨酸	0.5	1	1.5	2	2.5	3	3.5	4	4.5	5
加 0.2mol/L HCl	9.5	9	8.5	8	7.5	7	6.5	6	5.5	5
酪氨酸终浓度/(mg/ml)	0.05	0.10	0.15	0.20	0.25	0.30	0.35	0.40	0.45	0.50

(2) 将按表 10-1 配制的各种浓度酪氨酸溶液各取 1ml，分别加入 0.4mol/L 碳酸钠溶液 5ml、福林试剂 1ml，置 40℃恒温水浴中显色 20min。

(3) 用分光光度计测定吸光值，以 0.2mol/L HCl 作对照，以酪氨酸浓度为横坐标、光密度值为纵坐标绘制标准曲线。

2. 待测酶液制备

(1) 从鲜叶制取酶液　采取新鲜叶片，剪碎。精确称取 1g 样品于研钵中，加入少许石英砂及 2ml 0.02mol/L pH7.5 的磷酸盐缓冲液研碎，至匀浆状态，再加入 3ml 磷酸盐缓冲液后继续研磨成匀浆，此为酶液。

(2) 酶冻干粉配制酶液　精确称取 1g 酶粉于烧杯中，加入适量 0.02mol/L pH7.5 的磷酸盐缓冲液，用磁力搅拌器搅拌 20min，静置，将上层液小心倾入 50ml 容量瓶中，沉渣再用上述缓冲溶液冲洗多次洗入容量瓶，再用缓冲溶液定容至刻度，摇匀，过滤。还可根据需要适当稀释。

3. 测定

先将酶液和酪蛋白溶液各自放入 40℃恒温水浴中预热 3～5min。然后，取 1ml 酪蛋白溶液加入 1ml 酶液中，于 40℃准确反应 5min。再加入 0.4mol/L 三氯乙酸 2ml，立即摇匀，以终止反应。静置 10min 后过滤。取滤液 1ml，加入 0.4mol/L 碳酸钠溶液 5ml，再加入福林试剂 1ml。摇匀后放入 40℃恒温水浴显色 20min。用分光光度计测定 A_{680nm} 吸光值，以先加入 1ml 三氯乙酸，再加 1ml 酪蛋白和其他试剂的操作制成空白对照。

四、结果与计算

在一定的反应条件下，每分钟水解酪蛋白产生 1μg 酪氨酸的量为一个酶活力单位（U）。结果为：

$$蛋白酶活力(U)=(c_2-c_1)\times 4\times 50/5 \quad (10\text{-}1)$$

式中，c_1 表示空白对照中酪氨酸浓度，μg/ml；c_2 表示样品中酪氨酸浓度，μg/ml；4 表示样品稀释倍数；50 表示样品定容体积，ml；5 表示样品反应时间，min。

五、注意事项

1. 上述方法适用于中性蛋白酶活力的测定，若测酸性或碱性蛋白酶活力，需配制相应 pH 的缓冲液。

2. 酪蛋白溶液配制好后应及时使用或放入冰箱内保存，否则极易繁殖细菌，引起变质。

六、参考文献

[1] 陈安和．几种蛋白酶活力测定新方法．生命的化学，1997，17 (6)：41-43.

[2] 周慧，鲁治斌，齐杰等．蛋白水解酶活力测定新方法．生物化学杂志，1994，10 (5)：630-632.

实验二　槭树叶蛋白酶分离纯化

一、实验原理

槭树叶蛋白酶是存在于槭树科植物叶片中的一种蛋白酶。以酪蛋白为底物时，其最适pH为7.5，最适反应温度为60℃，该酶能被半胱氨酸和EDTA激活，而被$HgCl_2$抑制，是一种含巯基蛋白酶。

到目前为止，已知的酶绝大多数都为蛋白质，因此酶的分离提纯方法，也就是常用来分离提纯蛋白质的方法。由于选择的生物材料不同，各种酶的结构和性质差别也很大，因此，分离提纯酶的方法技术很多。常见的提纯方法有盐析、有机溶剂沉淀、等电点沉淀、选择性变性、吸附色谱、离子交换、亲和色谱分离、高效液相色谱分离、凝胶过滤、电泳及逆流分溶等。

从槭树叶提取蛋白酶，首先是用缓冲溶液将蛋白酶提取出来，经有机溶剂粗分离后，经DEAE-Sephadex A-50和Sephadex G-200两次离子交换色谱分离，可得较高纯度的酶蛋白。

评价酶分离纯化有两个指标，一是酶的比活力，二是总活力的回收率。这两者都需要越高越好，但很难同时做到。

二、实验条件

(1) 实验材料　采摘新鲜的鸡爪槭、元宝枫或其他槭树科植物叶片。采叶以9月或10月为最好，其酶含量最高。

(2) 实验仪器　冰箱，离心机，色谱柱，冷冻干燥机，匀浆机。

(3) 实验试剂

① 丙酮。

② 0.02mol/L pH7.8磷酸盐缓冲液。

三、实验步骤

1. 蛋白酶提取工艺流程图

如图10-1所示。

2. 酶活力及蛋白质含量测定

对第二次离心后的上清液、加丙酮沉淀后的粗制酶粉和2次色谱分离后的冻干酶粉测定蛋白酶活力（按前法）和蛋白质含量（考马斯亮蓝法）。

四、结果与计算

(1)
$$比活力=\frac{酶活力(U/ml)}{蛋白质量(mg/ml)} \tag{10-2}$$

(2)
$$提纯倍数=\frac{提纯酶液比活力}{粗酶液比活力} \tag{10-3}$$

(3)
$$总回收率(\%)=\frac{提纯酶活力(U/ml)\times V_2}{粗酶液活力(U/ml)\times V_1}\times 100\% \tag{10-4}$$

式中，V_1表示第2次离心后上清液的体积，ml；V_2表示丙酮分离后的体积，DEAE-

Sephadex A-50 色谱分离后的体积、Sephadex G-200 色谱分离后的体积，均用 V_2 表示，ml。

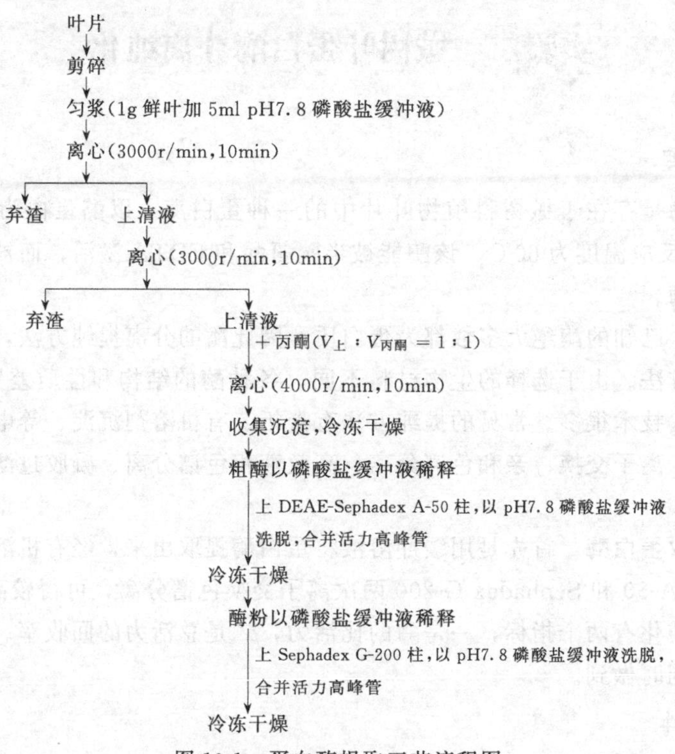

图 10-1　蛋白酶提取工艺流程图

(4) 实验结果填入表 10-2 中。

表 10-2　纯化结果列表

纯化步骤	体积/ml	总蛋白/mg	总活力/U	比活力/(U/mg)	纯化倍数	回收率/%
粗提液						
丙酮分离						
DEAE-Sephadex A-50						
Sephadex G-200						

五、注意事项

操作过程中需注意控制温度，以免酶失活。

六、参考文献

[1] 马丽，邱业先，杨进军等．元宝枫蛋白酶的分离纯化及其生化性质．植物资源与环境学报，2005，14 (1)：6-9.

[2] 徐凤彩，李明启．番麻蛋白酶的分离纯化及其部分特性研究．生物化学与生物物理学报，1993，25 (1)：25-31.

[3] 许志强，徐凤彩，李明启．剑麻蛋白酶的分离纯化及其部分特性研究．植物学报，1993，35 (3)：171-178.

[4] 邱业先，刘勇．无花果蛋白酶的分离纯化及其理化性质研究．江西农业大学学报，1996，18 (1)：46-50.

实验三　槭树叶蛋白酶的氨基酸组成

一、实验原理

氨基酸自动分析仪就是根据离子交换柱色谱的原理设计的。它是利用离子交换剂上的活性基团和溶液中的离子进行交换，由于各种离子交换能力不同，与离子交换剂结合的牢固程度就不同，洗脱时各种离子就以不同的顺序洗脱下来，从而达到分离的目的。

分离氨基酸时常用的离子交换剂为离子交换树脂，它是一种人工合成的聚苯乙烯（单体）-苯二乙烯（交联剂）组成的具有网状结构的高分子聚合物，此聚合物上带有能电离的活性基团，根据活性基团的不同可以分为阳离子交换树脂和阴离子交换树脂。当溶液 pH 小于氨基酸的等电点时，氨基酸本身为阳离子，能同阳离子交换树脂交换阳离子，并结合在树脂上。当溶液 pH 大于氨基酸的等电点时，氨基酸本身为阴离子，能同阴离子交换树脂交换阴离子并结合在树脂上。不同氨基酸与树脂结合的能力不同，其结合的牢固程度主要取决于氨基酸所带电荷，如氨基酸所带正电荷越多，与阳离子交换树脂的交换能力就愈强，即亲和力就愈强。此外，还与氨基酸侧链和树脂基质聚苯乙烯之间的疏水作用有关，如侧链为非极性氨基酸与树脂间存在疏水作用，其亲和力就强。

由于离子交换反应是可逆的，当提高洗脱液的 pH 和离子强度时，就降低了氨基酸与阳离子交换树脂之间的亲和力，所以各种氨基酸就以不同的顺序被洗脱下来。酸性和极性较大的氨基酸先被洗脱下来，接着被洗脱下来的是中性氨基酸，最后洗脱下来的是碱性氨基酸。氨基酸被分离后，用茚三酮显色，再在 570nm 处测定光吸收。

二、实验条件

（1）实验材料

按本章实验二提取的纯化槭树叶蛋白酶。

（2）实验仪器

氨基酸分析仪，烘箱，旋转蒸发器，真空泵，电子天平，酒精喷灯。

（3）实验试剂

① 6mol/L 盐酸。

② pH2.2 柠檬酸钠缓冲液。

三、实验步骤

1. 称样

在电子天平上称取蛋白酶 30g±5mg，置于水解管中。

2. 水解

在水解管内加入 6mol/L 盐酸（优级纯盐酸，与水按 1∶1 混合）10ml，在距管口 2cm 处，使用酒精喷灯燃烧并拉成细颈。再将管子放入冷却剂中，冷却至溶液呈固体后取出，接在真空泵的抽气管上，使减压至 7Pa 后封口。将封好口的水解管放在 110℃±1℃的恒温干燥箱内，水解 22～24h 后，关闭恒温干燥箱电源，让其在干燥箱内自然冷却，取出。

3. 分析测定

打开水解管，将水解液转移到 25ml 容量瓶中，定容过滤，吸取滤液 1ml，用旋转蒸发器（45～50℃）或置于真空干燥器内真空干燥，残留物用 1～2ml 蒸馏水溶解后蒸干，如此反复进行 1～2 次，最后一次蒸干后，加 pH2.2 柠檬酸钠缓冲液定容至 1000ml 溶解，上样至高速氨基酸自动分析仪进行测定。

四、结果与计算

氨基酸百分含量：

$$\text{氨基酸(g/100g)}=\frac{C\times\frac{1}{20}\times F\times V\times M}{m\times10^{-9}} \tag{10-5}$$

式中，C 为样品测定液中氨基酸的含量，nmol/20μl；1/20 为折算成每毫升样品测定液的氨基酸含量，nmol/ml；F 为样品稀释倍数；V 为水解后样品稀释体积，ml；M 为氨基酸分子质量，g/mol；m 为样品质量，g；10^{-9}为将样品含量由 ng 折算成 g 的系数。

五、注意事项

1. 使用氨基酸分析仪的所有试剂均需过≤0.45 μm 的滤膜过滤，以免堵塞仪器内离子交换柱。

2. 仪器使用后要用规定的溶剂清洗。

六、参考文献

[1] 田纪春．谷物品质测试理论与方法．北京：科学出版社，2006.
[2] 雷东锋．现代生物化学与分子生物学仪器与设备．北京：科学出版社，2006.
[3] 李昉，王志奇，袁堇等．野生植物灰叶堇菜、白术中氨基酸含量分析．氨基酸和生物资源，2004，26（2）：77-78.
[4] 李晓杰，唐德瑞，何佳林．陕西不同品种银杏叶水解氨基酸的测定与分析．西北林学院学报，2011，26（1）：131-133.

实验四　槭树叶蛋白酶动力学

一、实验原理

根据 Michaelis-Menten 方程：$v=\frac{V_{max}[S]}{K_m+[S]}$，测定 K_m 和 V_{max}，是酶学研究的基本内容之一。尤其 K_m 是酶的一个基本特征常数，它反映了酶与底物结合和解离的性质，特别是当同一种酶可作用于几种不同底物时，米氏常数往往可以反映出酶与各种底物亲和力的强弱。K_m 越大，反映酶与底物的亲和力越弱；反之，K_m 越小，酶与底物的亲和力越强。

双倒数作图法是测定动力学参数的主要方法，其优点是：①可以精确地测定 K_m 和 V_{max}；②根据是否偏离线性易于鉴别反应是否违反 Michaelis-Menten 动力学；③可以简单地分析各种抑制剂的影响。缺陷是：反应速度小时误差较大。双倒数作图法测定米氏常数是将米氏方程两边取倒数，$\frac{1}{v}=\frac{K_m+[S]}{V_{max}[S]}$，整理后得 $\frac{1}{v}=\frac{K_m}{V_{max}}\cdot\frac{1}{[S]}+\frac{1}{V_{max}}$，以 $\frac{1}{v}$ 对 $\frac{1}{[S]}$ 作图可得一条直线，纵轴截距为 $\frac{1}{V_{max}}$，可得 V_{max}，横轴截距为 $-\frac{1}{K_m}$，可得 K_m。

二、实验条件

（1）实验材料　取新鲜鸡爪槭或元宝枫叶片为材料。

（2）实验仪器　匀浆机，离心机，水浴锅，分光光度计，烧杯，试管，移液器。

（3）实验试剂　底物酪蛋白。磷酸盐缓冲液、终止剂三氯乙酸、福林试剂等的配制均按实验一方法配制。

三、实验步骤

1. 槭树叶蛋白酶提取

按本章实验一法。

2. 动力学测定设计

以酪蛋白为底物，分别配制成 0.3125mg/ml、0.625mg/ml、1.25mg/ml、2.5mg/ml、

5mg/ml 5 种浓度，并且设置 5 种反应温度（40℃，50℃，60℃，70℃，80℃）和 5 种反应 pH（6.5，7.0，7.5，8.0，8.5）。

3. 酶活性测定

吸取预热的酶液和酪蛋白溶液各 1ml 混匀，不同温度、pH 条件下分别精确作用 2min、5min、7min、10min、15min，再加入 0.4mol/L 三氯乙酸 2ml，立即摇匀，以终止反应。静置 10min 过滤。取滤液 1ml，加入 0.4mol/L 碳酸钠 5ml，再加福林试剂 1ml。摇匀后置 40℃水浴 20min。在 680nm 处测定吸光值。以先加 1ml 三氯乙酸再加 1ml 酪蛋白试管制成空白。

四、结果与计算

按 Lineweaver-Burk 法，以反应初速度对反应底物浓度的倒数（即 $\frac{1}{v}$ 对 $\frac{1}{[S]}$）作图，求出 K_m 和 V_{max}。

五、注意事项

1. 酶液、样液添加量及反应时间与温度均要严格控制。
2. 各试剂加入后可使用混匀器混匀。

六、参考文献

[1] 张龙翔，张庭芳，李令媛．生化实验方法和技术．第 2 版．北京：高等教育出版社，1997.
[2] 邱业先，彭仁，汪金莲等．红壤稻田脲酶动力学特性研究．中国学术期刊文摘（科技快报），2000，(5)：621-623.
[3] 邱业先，汪金莲，陈尚钘等．几种化合物对土壤脲酶抑制作用动力学．江西农业大学学报，2000，22 (3)：356-358.
[4] 马丽，邱业先，杜天真．元宝枫叶蛋白酶的动力学特征．植物资源与环境学报，2006，15 (1)：70-71。

实验五　槭树叶蛋白酶抑制作用动力学

一、实验原理

抑制剂与酶的活性部位结合，改变了酶活性部位的结构或性质，引起酶活力下降。根据抑制剂与酶结合的特点可分为可逆抑制剂与不可逆抑制剂。不可逆抑制剂与酶是通过共价键结合，不能用透析等物理方法解除，而可逆抑制剂则可以通过透析法解除。这两种类型抑制剂可通过实验进行判断。实验方法为：在固定抑制浓度情况下，用一系列不同浓度的酶与抑制剂结合，并测定反应速度，以反应速度对酶浓度作图，根据曲线特征可判断之，如图10-2 所示。

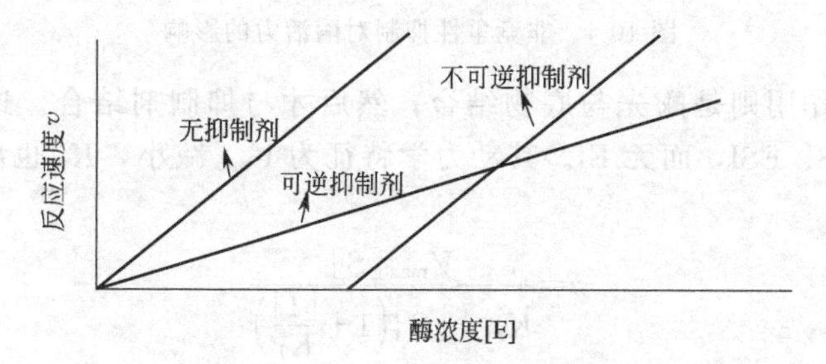

图 10-2　不同抑制剂对酶活力的影响

在可逆抑制类型中可分为竞争性抑制、非竞争性抑制和反竞争性抑制三种。

在竞争性抑制中，酶既可以与底物结合，又可以与抑制剂结合，但不能与两者同时结合，即有 ES 和 EI，而不存在 ESI。其动力学特征是表观 K'_m 增加，而最大反应速度 V_{max} 不变，公式为：

$$K'_m = K_m\left(1+\frac{[I]}{K_I}\right)$$

$$v_1 = \frac{V_{max}[S]}{K_m\left(1+\frac{[I]}{K_I}\right)}$$

作图（图 10-3）为：

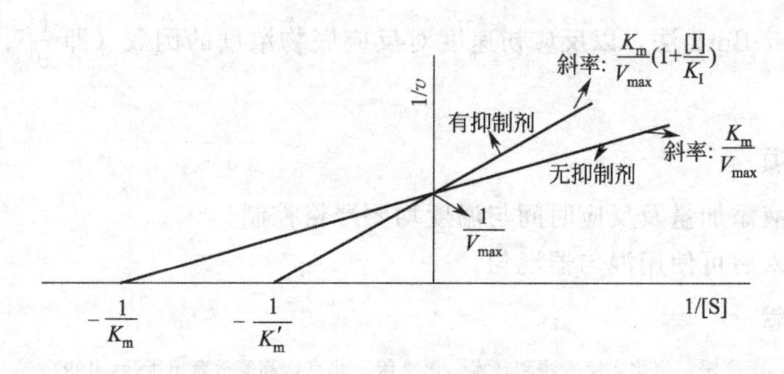

图 10-3　竞争性抑制对酶活力的影响

在非竞争性抑制中，酶可以与底物和抑制剂同时结合，形成 EIS，但 EIS 不能进一步转变为产物。抑制作用动力学特征是 V_{max} 降低而 K_m 不变。其动力学公式为：

$$v_1 = \frac{V_{max}[S]}{\left(1+\frac{[I]}{K_I}\right)(K_m+[S])} \quad V'_{max} = \frac{V_{max}}{1+\frac{[I]}{K_I}}$$

作图（图 10-4）为：

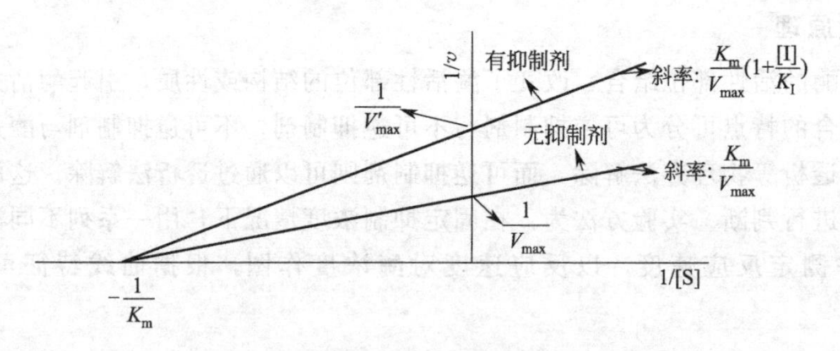

图 10-4　非竞争性抑制对酶活力的影响

反竞争性抑制作用则是酶先与底物结合，然后才与抑制剂结合。这类抑制剂与酶结合的中间产物有 ES、ESI，而无 EI。其动力学特征为 V_{max} 减小，K_m 也减小。其动力学公式为：

$$v = \frac{V_{max}[S]}{K_m+[S]\left(1+\frac{[I]}{K_I}\right)}$$

$$K'_m = \frac{K_m}{1+\frac{[I]}{K_I}}$$

作图（图 10-5）为：

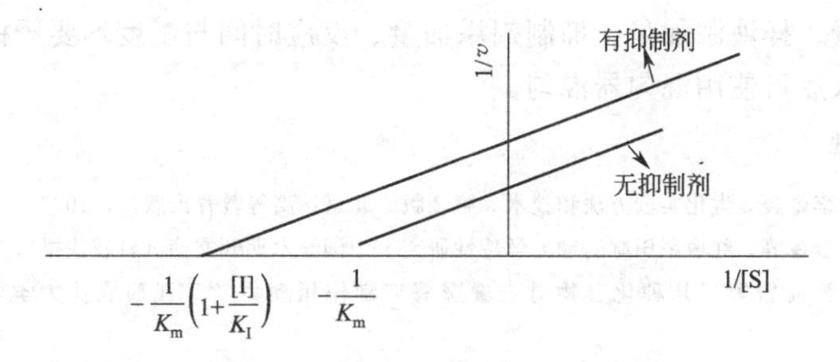

图 10-5　反竞争性抑制对酶活力的影响

二、实验条件

(1) 实验材料　取新鲜鸡爪槭或元宝枫叶片为材料。

(2) 实验仪器　匀浆机，离心机，水浴锅，分光光度计，烧杯，试管，移液器等。

(3) 实验试剂　底物酪蛋白、磷酸盐缓冲液、终止剂三氯乙酸、福林试剂的配制均按实验一方法配制。配制茶多酚、硼砂、$AgNO_3$，使其达到的最终浓度为：茶多酚，0.01×10^{-3}g/ml 和0.01×10^{-4}g/ml；硼砂，1×10^{-3}mol/L 和 5×10^{-2}mol/L；$AgNO_3$，1.25×10^{-1}mol/L 和 5×10^{-2}mol/L。

三、实验步骤

1. 槭树叶蛋白酶提取

按本章实验一法。

2. 动力学测定设计

以酪蛋白为底物，分别配制成 0.3125mg/ml、0.625mg/ml、1.25mg/ml、2.5mg/ml、5mg/mL 5 种浓度，反应温度 60℃，反应 pH7.5。

3. 抑制作用动力学

在动力学测定体系中分别加入 0.01×10^{-3}g/ml 和 0.01×10^{-4}g/ml 的茶多酚、1×10^{-3}mol/L 和5×10^{-2}mol/L 的硼砂、1.25×10^{-1}mol/L 和 5×10^{-2}mol/L 的 $AgNO_3$，然后测定反应速度。

4. 酶活性测定

吸取预热的酶液和酪蛋白溶液（加入抑制剂，使其达到上述设计浓度）各 1ml 混匀，分别精确作用 2min、5min、7min、10min、15min，再加入 0.4mol/L 三氯乙酸 2ml，立即摇匀，以终止反应。静置 10min 过滤。取滤液 1ml，加入 0.4mol/L 碳酸钠 5ml，再加福林试剂 1ml。摇匀后置 40℃水浴 20min。在 680nm 处测定吸光值。以先加 1ml 三氯乙酸再加 1ml 酪蛋白试管制成空白。

四、结果与计算

1. 以时间为横坐标（min）、A_{680}值为纵坐标作图，由直线斜率求出不同底物浓度相应的初速度［初速度以每分钟生成酪氨酸物质的量（μmol）来表示，可参考本章实验一］。

2. 按 Lineweaver-Burk 法，以反应初速度对反应底物浓度的倒数（即$\frac{1}{v}$对$\frac{1}{[S]}$）作图，求出 K'_m 和 V_{max}。

五、注意事项

1. 酶液添加量、样液添加量、抑制剂添加量、反应时间与温度均要严格控制。

2. 各试剂加入后可使用混匀器混匀。

六、参考文献

[1] 张龙翔，张庭芳，李令媛．生化实验方法和技术．第2版．北京：高等教育出版社，1997.

[2] 邱业先，彭仁，汪金莲等．红壤稻田脲酶动力学特性研究．中国学术期刊文摘（科技快报），2000，(5)：621-623.

[3] 邱业先，汪金莲，陈尚钘等．几种化合物对土壤脲酶抑制作用动力学．江西农业大学学报，2000，22 (3)：356-358.

[4] 马丽，邱业先，杜天真．元宝枫叶蛋白酶的动力学特征．植物资源与环境学报，2006，15 (1)：70-71.

（本章由邱业先、胡翠英编写）

第十一章　酶固定化技术

实验一　固定化酵母乙醇发酵

一、实验原理

1. 固定化细胞

固定化细胞（immobilized cell）技术，就是将具有一定生理功能的生物细胞，例如微生物细胞、植物细胞或动物细胞等，用一定的方法将其固定，作为固体生物催化剂而加以利用的一门技术。固定化细胞与固定化酶技术一起组成了现代的固定化生物催化剂技术。

其优点为：细胞密度大，反应速度快，耐毒害能力强，产物分离容易，可反复使用，能实现连续操作，可大大提高生产能力、降低成本。

应用：已涉及工业、医学、制药、食品、化学分析、环境保护、能源开发等多种领域。用于生产各种胞外产物，包括酒精及各种酒类、氨基酸、有机酸、抗生素、生化药物和甾体激素等发酵产品。如将固定化的胰岛细胞制成微囊，能治疗糖尿病；用固定化细胞制成的生物传感器用于医疗诊断。

2. 制备方法

(1) 吸附法　吸附法又叫载体结合法，依据带电的微生物细胞和载体之间的静电、表面张力和黏附力的作用，使细胞固定在载体表面和内部。用木屑吸附细胞装填的固定化反应器来生产乙酸，是最早应用固定化细胞的过程之一。

特点：简单，成本低，载体可再生重复利用，空间位阻小，反应过程温和，但是牢固性较差。

(2) 包埋法　包埋法是细胞固定化最常用的方法，分为凝胶包埋法和半透膜包埋法。凝胶包埋法是将细胞包埋在各种凝胶内部的微孔中而使细胞固定；半透膜包埋法是将细胞包埋在各种高分子聚合物制成的小球内。

特点：简单，条件温和，稳定性好，包埋细胞容量高；但是包埋法的扩散阻力较大，使细胞的催化活性受到限制，较适合于小分子底物与产物的反应。

(3) 共价结合法　共价结合法是细胞表面上的官能团和固相支持物表面的反应基团之间形成化学共价键连接实现细胞固定化的方法。

特点：结合力较强，但是因为固定过程中反应激烈，操作较复杂，因而对微生物活性存在较大抑制，应用性普遍较差。

(4) 交联法　与共价结合法类似，利用载体表面两个或者两个以上官能团与细胞之间发生分子间的交联使细胞固定化，但交联法所采用的载体是非水溶性的，交联剂多采用戊二醛、双重氮联苯胺等。

特点：细胞与载体结合紧密，但制备麻烦，活力损失较大，适用范围较狭窄。

3. 载体

(1) 无机载体　二氧化硅、陶瓷、高岭土、磷酸钙凝胶、氧化铝、活性炭等。

(2) 合成载体　聚丙烯酰胺、聚苯乙烯、酚醛树脂等。

(3) 蛋白质　明胶、骨胶原等。

(4) 多糖类　琼脂、葡萄糖凝胶、纤维素、DEAE-纤维素、藻酸钙等。

(5) 海藻酸盐　应用广泛，具有无毒、包埋效率高、价格低廉等优点。但是凝胶颗粒的稳定性和机械强度较差，不利于固定化细胞的反复使用。

二、实验条件

(1) 实验材料　酿酒酵母（*Saccharomyces cerevisiae*）。

(2) 实验仪器　电子天平，高压蒸汽灭菌锅，结晶工作台，离心机，恒温培养箱。

(3) 实验试剂

① 6%海藻酸钠溶液　称 0.6g 海藻酸钠，放入 50ml 烧杯中，加入 10ml 的水，放在 70℃温水中进行水浴加热，边加热边搅拌，将海藻酸钠调成糊状，直至完全溶化，用蒸馏水定容到 10ml。

② 豆芽汁蔗糖（或葡萄糖）培养基

黄豆芽	100g
蔗糖（或葡萄糖）	50g
水	1000ml
pH	自然

③ 酵母浸出粉胨葡萄糖培养基

酵母膏	10g
蛋白胨	20g
葡萄糖	20g
水	1000ml
pH	自然

④ 发酵培养基

白糖（蔗糖）	80g
$(NH_4)_2SO_4$	2.0g
KH_2PO_4	1.0g
H_2O	1000ml
pH	自然

三、实验步骤

1. 酵母菌培养

(1) 培养基配制及分装

① 豆芽汁蔗糖（或葡萄糖）培养基　称新鲜豆芽 100g，放入烧杯中，加入水 1000ml，煮沸约 30min，用纱布过滤。用水补足原量，再加入蔗糖（或葡萄糖）50g，煮沸溶化。121℃灭菌 20min。

② 酵母浸出粉胨葡萄糖培养基　配制方法为：溶解 10g Yeast Extract（酵母膏）、20g Peptone（蛋白胨）于 900ml 水中，如制平板加入 20g 琼脂粉；高压灭菌 121℃ 20min，加入

100ml 10×Dextrose（glucose）（葡萄糖）（葡萄糖溶液灭菌后加入）。注：葡萄糖、酵母膏、蛋白胨溶液混合后在高温下可能会发生化学反应，导致培养基成分变化，所以要分别灭菌后再混合。

（2）接种及培养

① 菌种　酿酒酵母；接种量5%。

② 摇瓶培养条件　200r/min，28℃，48h。

2. 细胞固定化

（1）发酵液 3000r/min 离心 10min，菌体沉淀用灭菌水洗一次。

（2）将菌体沉淀悬于1～5ml无菌水制成浓悬液。

（3）向菌悬液中加入6%海藻酸钠溶液5ml，充分混匀。吸入灭菌针筒内，插上针头（5＃～8＃针头）。

（4）将针头通过棉塞插入装有50ml灭菌的0.05mol/L的 $CaCl_2$ 溶液的小三角瓶内；一手匀速摇动三角瓶，另一只手轻推注射器（10ml），令液滴匀速滴入 $CaCl_2$ 溶液中。

（5）滴完后将三角瓶移入22℃水浴，放置1h。

（6）倾去溶液，加入100ml无菌去离子水，洗一遍。

（7）重新加入50ml的0.05mol/L的 $CaCl_2$ 溶液，4℃平衡过夜。

3. 发酵培养基配制及分装

（1）发酵培养基配制　称蔗糖80g、$(NH_4)_2SO_4$ 2.0g、KH_2PO_4 1.0g放入烧杯中，加入水1000ml，溶解。

（2）分装　每组一瓶（250ml注射液用瓶），装200ml，瓶口塞上棉塞或8层纱布，0.08MPa，灭菌25min。

（3）将4℃平衡过夜的固定化细胞悬液 $CaCl_2$ 溶液倾去，倒入部分发酵培养基，摇起后再倒回发酵瓶；塞上灭菌的橡皮塞；将头皮针针头插入橡皮塞，另端浸在装有灭菌水的三角瓶中。

（4）28℃静置培养48h。

4. 酒精生成的检验

（1）打开发酵瓶塞子，嗅闻有无酒精味。

（2）取发酵液5ml加入试管，加10%的 H_2SO_4 溶液2ml；向试管中滴入1%的 $K_2Cr_2O_7$ 溶液；如试管由橙黄色变为黄绿色，证明有酒精生成。

$2K_2Cr_2O_7 + 8H_2SO_4 + 3CH_3CH_2OH \longrightarrow 3CH_3COOH + 2K_2SO_4 + 2Cr_2(SO_4)_3$（黄绿色）$+ 11H_2O$

四、结果与计算

1. 酵母摇瓶培养生长情况：生长量测定。
2. 固定化细胞制备过程中观察到的现象。
3. 酒精发酵过程中观察到的现象。
4. 发酵液酒精检测结果。

五、思考题

1. 本实验的第一和第三阶段都进行了液体培养过程，有何不同？为什么？
2. 制备固定化细胞的方法有哪些？细胞固定化的意义是什么？

六、注意事项

实验过程中注意无菌操作。

七、参考文献

[1] 李莉莉，叶美莉，叶燕锐．酿酒酵母乙醇发酵性能与胁迫耐性的相关性．华南理工大学学报（自然科学版），2011，39（9）：134-139.

[2] 徐建东，单春会，童军茂．细胞固定化在酿造葡萄酒中的应用．食品研究与开发，2010，31（12）：18-22.

[3] 史淑芝，代翠红，鲁兆新．固定化酵母对能源甜菜乙醇发酵效果研究．中国农学通报，2011，27（26）：160-162.

[4] Veera V R B, Subba R S, Damodara R M, et al. Optimization of fermentation conditions for the production of ethanol from sago starch by CO-immobilized amyloglucosidase and cells of Zymomonas mobilis using response surface methodology. Enzyme and Microbial Technology, 2006, 38（1）: 209-214.

[5] Zbigniew J, Ewelina, Tomasz B, et al. Ethanol fermentation with yeast cells immobilized on grains of porous ceramic sinter. Journal of food and nutrition sciences, 2007, 57（4）: 245-250.

实验二　固定化葡萄糖异构酶生产果葡糖浆

一、实验原理

葡萄糖经葡萄糖异构酶作用可生成果糖，葡萄糖异构化反应平衡时，可将40％～50％的葡萄糖转化为果糖。人们将这种葡萄糖与果糖混合的糖浆称为果葡糖浆或高果糖浆。

固定化酶，就是把游离的水溶性酶限制或固定于某一局部的空间或固体载体上，使其保持活性并可反复利用的方法。常用的固定化酶的方法主要有载体结合法、交联法和包埋法。

包埋法是将酶包在凝胶微小格子内，或是将酶包裹在半透性聚合物膜内的固定化方法。包埋法是制备固定化酶最常用的方法，此法的优点是：酶分子本身不参加格子的形成，大多数酶都可用该法固定化，且方法较为简便；酶分子仅仅是被包埋起来而未受到化学作用，故活力较高。可用于包埋的聚合物有：胶原、卡拉胶、海藻酸钙、聚丙烯酰胺凝胶等，其中海藻酸钙包埋法应用较为广泛。海藻酸钠为天然高分子多糖，且有固化、成型方便、对微生物毒性小等优点。利用海藻酸钠固定化酶操作简便、安全、成本低廉。本实验采用海藻酸钙包埋法，以葡萄糖异构酶为材料生产果葡糖浆。

二、实验条件

（1）实验材料　葡萄糖异构酶。

（2）实验仪器　10ml注射器，恒流泵，烧杯，烧瓶，玻璃夹套柱，磁力搅拌器，超级恒温水浴，分光光度计。

（3）实验试剂　葡萄糖异构酶，40％葡萄糖溶液，4％海藻酸钠溶液，0.05mol/L $CaCl_2$ 溶液，pH7.8磷酸盐缓冲液，无菌生理盐水，$MgSO_4 \cdot 7H_2O$，1.5％半胱氨酸盐酸溶液，0.12％咔唑无水乙醇溶液，69％（体积分数）硫酸溶液，50μg/ml标准果糖溶液。

三、实验步骤

1. 固定化葡萄糖异构酶的制备

（1）将4g海藻酸钠溶解于100ml蒸馏水中，100℃水浴溶解。

（2）将 20g 葡萄糖异构酶加入 100ml pH 7.8 的磷酸盐缓冲液中，充分混匀。

（3）将葡萄糖异构酶溶液与海藻酸钠溶液按体积比 1：2 混合。

（4）通过注射器将海藻酸钠-葡萄糖异构酶混合液滴入连续磁力搅拌的 $CaCl_2$ 溶液中。

（5）收集固定化酶颗粒，置于 $CaCl_2$ 溶液中，4℃过夜。

2. 固定化葡萄糖异构酶连续生产果葡糖浆

（1）用无菌生理盐水充分洗涤固定化酶颗粒。

（2）开启恒温水浴锅，温度调节为 60℃。

（3）倾去浸泡固定化酶的生理盐水，将固定化酶颗粒装入玻璃夹套柱内，保持 60℃恒温。

（4）以 0.1g/L 向葡萄糖溶液中加入 $MgSO_4 \cdot 7H_2O$，充分溶解。

（5）利用恒流泵，将加入 $MgSO_4 \cdot 7H_2O$ 的 40%葡萄糖溶液自反应柱底部泵入。

（6）收集反应液，适当稀释，用半胱氨酸-咔唑法，在 560nm 波长下测定样品的吸光值（操作见表 11-1），并计算果糖含量。

3. 果糖标准曲线的制作

果糖标准曲线的制作方法见表 11-1。

表 11-1　果糖标准曲线的制作

试剂/ml	管号			
	0	1	2	3
标准果糖溶液	0	0.2	0.4	0.8
蒸馏水	1.0	0.8	0.6	0.2
1.5%半胱氨酸盐酸溶液	0.2	0.2	0.2	0.2
69%硫酸溶液(摇匀)	6.0	6.0	6.0	6.0
0.12%咔唑无水乙醇溶液(振荡)	0.2	0.2	0.2	0.2
60℃保温时间/min	10	10	10	10
OD_{560}				

四、结果与计算

记录所收集反应液的吸光值，填入表 11-2，并计算。

表 11-2　果糖含量的测定

试剂/ml	管号			
	0	1	2	3
样品	0	1.0	1.0	1.0
蒸馏水	1.0	0	0	0
1.5%半胱氨酸盐酸溶液	0.2	0.2	0.2	0.2
69%硫酸溶液(摇匀)	6.0	6.0	6.0	6.0
0.12%咔唑无水乙醇溶液(振荡)	0.2	0.2	0.2	0.2
60℃保温时间/min	10	10	10	10
OD_{560}				

1. 果糖含量

$$果糖(\%)=\frac{F\times n}{W\times 10^6}\times 100 \qquad (11\text{-}1)$$

式中，F 为由标准曲线所得果糖的量，μg；n 为样品稀释倍数；W 为样品质量，g；10^6 为单位换算。

2. 葡萄糖转化率

$$葡萄糖转化率(\%)=\frac{样品中果糖百分含量}{40}\times 100 \tag{11-2}$$

式中，40 为底物溶液中葡萄糖的百分含量。

五、注意事项

操作过程注意酶适用温度和 pH 范围。

六、参考文献

[1] 刘佳才，侯平然．酶法生产果葡糖浆的发展．冷饮与速冻食品工业，2001，7 (3)：39-42.

[2] 蒋丽萍，张静．果葡糖浆的特性及其在食品中的应用．新疆畜牧业，2009，3：39-40.

[3] Ram Sarup Singh, Rajesh Dhaliwal, Munish Puri. Production of high fructose syrup from Asparagus inulin using immobilized exoinulinase from *Kluyveromyces marxianus* YS-1. Journal of industrial microbiology and biotechnology, 2007, 34: 649-655.

[4] 游新侠，仇农学．咔唑比色法测定苹果渣提取液果胶含量的研究．四川食品与发酵，2007，43 (1)：19-22.

实验三 β-半乳糖苷酶的固定化及应用

一、实验原理

固定化酶在使用过程中有很多优点，在制备固定化酶时应用最多的方法是共价结合法。本实验用尼龙作为载体，对 β-半乳糖苷酶进行固定化。尼龙的机械强度高，有一定的亲水性，对蛋白质有一定的稳定作用，并且可以用很多种方法进行部分降解活化。

本实验以尼龙为载体的酶固定化基本原理为：

$$\text{nylon}\cdots—CH_2—CO—NH—CH_2—\cdots\text{nylon}$$

$$\downarrow NH_2—CH_2—CH_2—CH_2—N(CH_3)_2\ (20℃、12h)$$

$$\text{nylon}\cdots—CH_2—CO—NH—CH_2—CH_2—CH_2—N(CH_3)_2+NH_2—CH_2—\cdots\text{nylon}$$

$$HOC—CH_2—CH_2—CH_2—CHO\downarrow$$

$$HOC—CH_2—CH_2—CH_2—CH═N—CH_2—\cdots\text{nylon}$$

$$E—NH_2\downarrow (4℃、16h)$$

$$(固定化酶)E—N═CH—CH_2—CH_2—CH_2—CH═N—CH_2—\cdots\text{nylon}$$

由于尼龙在生产和运输等过程中会使尼龙表面污染有非聚合单体、催化剂及污染物等，为了除去污染物要在使用前进行尼龙的清洗工作。另外，用 $CaCl_2$ 甲醇溶液处理尼龙会有利于 3-二甲氨基丙胺对尼龙的部分降解。此方法是利用酶分子的氨基进行偶联，如果酶活性中心存在氨基，一定要加以保护，本实验不需要另外对酶的氨基进行保护。

乳糖酶（β-半乳糖苷酶 EC 3.2.1.23）的性能作用为：乳糖酶主要作用是通过特定条件下水解 β-D-半乳糖苷键，将乳糖水解成 α-D-葡萄糖和 β-D-半乳糖，即使乳糖水解为葡萄糖和半乳糖。不同来源的 β-半乳糖苷酶的最适 pH 值和最适作用温度是不同的（见表 11-3)。钾离子、铵离子的存在可提高酶的活性。钠离子、钙离子有轻微的抑制作用。重金属对酶有强烈的抑制作用。在正常使用浓度下，72h 可使 74％的乳糖水解。该酶必须保存在密闭容器中，放在阴凉避光处，温度为 2～4℃，酶在此条件下仍具有活性。

表 11-3　不同来源 β-半乳糖苷酶的性质

来　源	分子量/kD	最适 pH 值	最适温度/℃
嗜热乳酸细菌	530	6.2～7.5	55～57
保加利亚乳杆菌	215	6.0～6.4	65
大肠杆菌	540	7.2	40
脆壁酵母	201	6.6	37
乳酸酵母	135	6.9～7.3	35
黑曲霉	124	3.0～4.0	55～60
米曲霉	90	5.0	50～55

有一定比例的婴儿及某些成人由于肠内缺乏正常的乳糖分解酶而导致出现喂食牛奶后的腹泻等乳糖不耐受现象，故欧洲有国家将乳糖酶和溶菌酶（防腐）加入牛奶，以供人们饮用。本实验通过固定化技术把 β-半乳糖苷酶变成水不溶性酶，就可以进行连续的酶反应来除去乳糖，从而通过工业化生产来降低成本。

二、实验条件

（1）实验材料　尼龙 66 网（40～70 目），鲜牛奶，乳糖酶（食品工业用）。

（2）实验仪器　恒温水浴锅，分光光度计，SBA-40C 型生物传感分析仪。

（3）实验试剂　1mol/L NaOH，1mol/L HCl，0.1mol/L 磷酸盐缓冲液（pH 7.0），0.1%乳糖溶液，20%三氯乙酸。

① 12.5%戊二醛溶液　将 25%的戊二醛 50ml 用 0.1mol/L 的磷酸盐缓冲液定容至 100ml 。溶液配制后应放在 4℃冰箱内并在一周内使用。

② $CaCl_2$ 溶液　将 18.6g 的 $CaCl_2$ 溶解在 18.6ml 的水中，然后用甲醇定容到 100ml。

③ 3′,5′-二硝基水杨酸试剂（DNS 试剂）

a. 甲液：溶解 6.9g 结晶酚于 15.2ml 10%NaOH 中，并稀释到 69ml，在此溶液中加入 6.9g 亚硫酸氢钠。

b. 乙液：称取 255g 酒石酸钾钠，加到 300ml 10% NaOH 中，再加入 880ml 1%的 3′,5′-二硝基水杨酸溶液。

将甲液与乙液完全混合即得黄色试剂，贮存于棕色试剂瓶中，在室温下放置 7～10 天以后使用。

④ 0.1%葡萄糖标准液　准确称取 100mg 分析纯葡萄糖（预先在 105℃干燥至恒重），用少量蒸馏水溶解后定容至 100ml，冰箱保存备用。

三、实验步骤

1. 酶固定化

将 40～70 目的尼龙网裁成 1.5cm×1.5cm 的小片，用 1mol/L NaOH 浸洗 10min→水洗至中性→用 1mol/L HCl 浸洗 10min→水洗至中性→乙醇洗去水分→丙酮洗 20min 除去脂溶性杂质→乙醇除去丙酮→控干。用 $CaCl_2$ 溶液 50℃ 水浴处理 20min→彻底水洗→乙醇脱水→控干。将尼龙网浸入 3-二甲氨基丙胺中 20℃浸泡活化 12h→彻底水洗（这时可以看到有大量的白色沉淀出现）→用 pH7.0 0.1mol/L 的磷酸盐缓冲液洗→用含 12.5%戊二醛的 pH7.0 0.1mol/L 的磷酸盐缓冲液 6℃ 浸泡处理 1h→pH7.0 0.1mol/L 的磷酸盐缓冲液洗→将 1g 尼龙网完全浸入到 20ml 乳糖酶液（约 100 酶活力单位）中，6℃ 浸泡处理 16h→水洗至水中无蛋白即可得到固定化的乳糖酶。

2. 酶活力测定

(1) 生物传感分析仪测定还原糖——葡萄糖方法

使用 SBA-40C 型生物传感分析仪，测定反应后样品的葡萄糖含量。操作步骤如下：

① 开机，自动清洗一次。进样灯闪烁，显示屏显示为 0，使用进样针将 25μl 标准品（含 100mg/100ml 葡萄糖）注入进样口，仪器开始自动定标。反复测定标准品直至前后两针相对误差小于 1%，此时进样灯变为常亮。

② 使用进样针吸取 25μl 样液（若样液浓度较大，需要进行稀释），注入进样口，显示屏显示的数值为测定结果，单位为 mg/100ml。

③ 将样液测定三次以上，进行数据统计。

(2) 比色法测定还原糖方法　在牛奶中含有乳糖等还原性物质，当把乳糖水解成葡萄糖和半乳糖后，溶液的还原性增加。我们可以把还原性的增加看成为乳糖水解的一个指标。3′,5′-二硝基水杨酸与还原糖共热后被还原成棕红色的氨基化合物，在一定范围内，还原糖的量和反应液的颜色强度成正比关系，利用比色法可测知样品的含糖量。乳糖酶的活性单位为：在本实验条件下，37℃ 时，反应 10min，每分钟使 ΔOD_{520} 增加 0.0001 的酶量为 1 个乳糖酶单位。操作步骤如下：

① 酶反应　如表 11-4 所示操作。

表 11-4　酶反应试剂添加量

<table>
<tr><th>管　　号</th><th>1</th><th>2</th><th>3</th><th>4</th></tr>
<tr><td>天然酶/ml</td><td>1</td><td></td><td>1</td><td></td></tr>
<tr><td>固定化酶/g</td><td></td><td>1</td><td></td><td>1</td></tr>
<tr><td>0.1%乳糖溶液/ml</td><td>20</td><td>20</td><td></td><td></td></tr>
<tr><td>鲜牛奶/ml</td><td></td><td></td><td>20</td><td>20</td></tr>
<tr><td colspan="5">37℃水浴，不时摇动</td></tr>
<tr><td>在不同时间 (min)取样</td><td colspan="4">0　20　40　60　90　120　150　180　240</td></tr>
<tr><td>每次取样/ml</td><td colspan="4">1</td></tr>
<tr><td>加三氯乙酸/ml</td><td colspan="4">0.2</td></tr>
<tr><td colspan="5">离心(4000r/min)，10min 后，上清液用于测定还原糖</td></tr>
</table>

② 各实验样品在不同的酶反应时间取样离心后，以 0 时间管为对照，按照表 11-5 进行还原糖的测定。

表 11-5　反应试剂添加量

<table>
<tr><th>管　　号</th><th>0</th><th>1</th><th>2</th><th>3</th><th>4</th><th>5</th><th>6</th><th>7</th><th>8</th><th>9</th></tr>
<tr><td>取样时间/min</td><td></td><td>0</td><td>20</td><td>40</td><td>60</td><td>90</td><td>120</td><td>150</td><td>180</td><td>240</td></tr>
<tr><td>蒸馏水/ml</td><td>0.2</td><td>0</td><td>0</td><td>0</td><td>0</td><td>0</td><td>0</td><td>0</td><td>0</td><td>0</td></tr>
<tr><td>待测样品/ml</td><td>0</td><td>0.2</td><td>0.2</td><td>0.2</td><td>0.2</td><td>0.2</td><td>0.2</td><td>0.2</td><td>0.2</td><td>0.2</td></tr>
<tr><td>DNS 试剂/ml</td><td>0.15</td><td>0.15</td><td>0.15</td><td>0.15</td><td>0.15</td><td>0.15</td><td>0.15</td><td>0.15</td><td>0.15</td><td>0.15</td></tr>
<tr><td>加热</td><td colspan="10">混匀后于沸水浴 5min</td></tr>
<tr><td>冷却</td><td colspan="10">立即用流动的冷水冷却</td></tr>
<tr><td>蒸馏水/ml</td><td>4.65</td><td>4.65</td><td>4.65</td><td>4.65</td><td>4.65</td><td>4.65</td><td>4.65</td><td>4.65</td><td>4.65</td><td>4.65</td></tr>
<tr><td colspan="11">充分混匀，测定光密度(OD_{520})</td></tr>
</table>

四、实验结果

分别测定并填写各号管不同时间样品的测定结果（表 11-6～表 11-9）。

表 11-6　1 号管不同时间样品的测定结果

管　　号	0	1	2	3	4	5	6	7	8	9
取样时间/min	\	0	20	40	60	90	120	150	180	240
OD_{520}	0									
ΔOD_{520}	\	0								
葡萄糖/(mg/100ml)										

表 11-7　2 号管不同时间样品的测定结果

管 号	0	1	2	3	4	5	6	7	8	9
取样时间/min	\	0	20	40	60	90	120	150	180	240
OD_{520}	0									
ΔOD_{520}	\	0								
葡萄糖/(mg/100ml)										

表 11-8　3 号管不同时间样品的测定结果

管　　号	0	1	2	3	4	5	6	7	8	9
取样时间/min	\	0	20	40	60	90	120	150	180	240
OD_{520}	0									
ΔOD_{520}	\	0								
葡萄糖/(mg/100ml)										

表 11-9　4 号管不同时间样品的测定结果

管　　号	0	1	2	3	4	5	6	7	8	9
取样时间/min	\	0	20	40	60	90	120	150	180	240
OD_{520}	0									
ΔOD_{520}	\	0								
葡萄糖/(mg/100ml)										

用 20min 时的实验结果计算出 1ml 天然酶和 1g 固定化酶的活力，并计算出酶活回收率。

五、注意事项

根据不同来源的 β-半乳糖苷酶的最适 pH 值调整缓冲液的 pH 值。

六、参考文献

[1]　伦世仪．生化工程．北京：中国轻工业出版社，2003.

[2]　张丹凤，王洁等．低乳糖奶生产工艺研究．草食家畜，2001，3（9）：50-51.

[3]　梅乐和，岑沛霖．现代酶工程．北京：化学工业出版社，2006.

[4]　李文．β-半乳糖苷酶在液态奶中的应用技术研究．北京：北京农业大学出版社，2005.

（本章由秦粉菊、姚雪梅编写）

第十二章　生物分离技术

实验一　银杏叶总黄酮提取、分离与初步鉴定

一、实验原理

用有机溶剂法从银杏叶中提取黄酮类成分，利用黄酮类物质在热乙醇中溶解度较高，将其提取出来。在单因素试验的基础上，进行正交试验，并得出优化的银杏叶黄酮提取条件。

硅胶柱色谱是用来分离黄酮类化合物的理想方法，其原理是通过基质分子与黄酮类化合物分子上的酚羟基形成氢键缔合物而产生作用，其作用力强弱取决于黄酮类化合物分子上羟基的数目与位置以及溶剂与黄酮类化合物和基质之间形成氢键缔合能力的大小。利用不同比例的水和醇混合溶剂作为洗脱剂，能成功分离各种类型的黄酮。

黄酮化合物分子结构中具有C5、C6位的酚羟基或邻二酚羟基可与金属盐试剂铝盐生成有色络合物，该黄酮络合物在510nm处有最大的吸收峰，因此，可用分光光度法在510nm处测出黄酮含量。另外，利用黄酮与一些试剂会发生特殊的显色反应来检测提取液中是否含有黄酮。

二、实验条件

（1）实验材料　银杏叶粉末：10月份采集银杏叶，在40℃烘箱中干燥至恒重，用高速干粉粉碎机将银杏叶粉碎，过60目筛后，装在广口瓶中，密封并储存于－20℃冰箱中备用。

（2）实验仪器　高速干粉粉碎机，旋转蒸发仪，恒温水浴锅，高速离心机，玻璃色谱柱（2.5cm×45cm），精密天平，鼓风干燥箱，可见分光光度计，部分收集器，试管，烧杯，量筒，250ml磨口锥形瓶，移液管，胶头滴管，10ml容量瓶，25ml容量瓶，100ml容量瓶，50cm长的铁丝。

（3）实验试剂

① 不同体积分数的乙醇（30%、50%、70%、90%），10%硝酸铝溶液，5%亚硝酸钠，质量分数为4.3%的氢氧化钠，$NaBH_4$溶液。

② 石油醚，色谱硅胶（100～200目），普通硅胶（60～100目），质量分数为10%的氢氧化钠，10%$FeCl_3$，10%$FeCl_2$，2%$NaBH_4$溶液，甲醇，盐酸，镁粉。

③ 大孔吸附树脂（DM-130，其湿视密度为0.7mg/ml）。

三、实验步骤

1. 银杏叶总黄酮提取条件的优化

（1）不同浸提剂体积分数对银杏叶总黄酮提取率的影响　取银杏叶干粉原料20g，分成8组（每组2.5g，每个实验条件重复两次），用10倍体积（指料液比V/m为10：1）即25ml的30%、50%、70%、90%的乙醇浸提（温度70℃，时间90min），浸提时每隔15min用手轻摇2min。浸提所得粗液进行离心20min（4500r/min），得浸提上

清液。精密吸取上清液 1.0ml，分别置于 10ml 容量瓶中，加质量分数为 5%的亚硝酸钠 0.4ml，放置 6min 后，加质量分数为 10%的硝酸铝 0.4ml，放置 6min，再加质量分数为 4.3%的氢氧化钠 4ml，加蒸馏水至刻度，摇匀，放置 15min，在 510nm 波长下测得其吸光度值，比较不同浸提剂体积分数下所得提取液的吸光度值大小，得出最优的浸提剂体积分数。

(2) 不同浸提时间对银杏叶总黄酮提取率的影响　取银杏叶干粉原料 20g，分成 8 组（每组 2.5g，每个实验条件重复两次），按 10∶1（指料液比 V/m）的液料比加入 70%乙醇进行浸提（温度 70℃），浸提时间分别为 60min、90min、120min、150min，浸提时每隔 15min 用手轻摇 2min。浸提所得粗液进行离心 20min（4500 r/min），得浸提上清液。精密吸取上清液 1.0ml，分别置于 10ml 容量瓶中，加质量分数为 5%的亚硝酸钠 0.4ml，放置 6min 后，加质量分数为 10%的硝酸铝 0.4ml，放置 6min，再加质量分数为 4.3%的氢氧化钠 4ml，加蒸馏水至刻度，摇匀，放置 15min，在 510nm 波长下测得其吸光度值，比较不同浸提时间下所得提取液的吸光度值大小，得出最优的浸提时间。

(3) 不同料液比对银杏叶总黄酮提取率的影响　取干粉原料 20g，分成 8 组（每组 2.5g），按 8∶1、11∶1、13∶1、16∶1（指料液比 V/m，即 ml/g）的液料比加入 70%乙醇进行浸提（温度 70℃，时间 90min），浸提时每隔 15min 用手轻摇 2min。浸提所得粗液进行离心 20min（4500 r/min），得浸提上清液。精密吸取上清液 1.0ml，分别置于 10ml 容量瓶中，加质量分数为 5%的亚硝酸钠 0.4ml，放置 6min 后，加质量分数为 10%的硝酸铝 0.4ml，放置 6min，再加质量分数为 4.3%的氢氧化钠 4ml，加蒸馏水至刻度，摇匀，放置 15min，在 510nm 波长下测得其吸光度值，按 $V \cdot A$ 值的大小比较得出最优的料液比。

(4) 不同浸提温度对银杏叶总黄酮提取率的影响　取银杏叶干粉原料 20g，分成 8 组（每组 2.5g，每个实验条件重复两次），按 10∶1（指料液比 V/m）的液料比加入 70%乙醇，分别在 50℃、60℃、70℃、80℃温度下浸提 90min。浸提时每隔 15min 用手轻摇 2min。浸提所得粗液进行离心 20min（4500r/min），得浸提上清液。精密吸取上清液 1.0ml，分别置于 10ml 容量瓶中，加质量分数为 5%的亚硝酸钠 0.4ml，放置 6min 后，加质量分数为 10%的硝酸铝 0.4ml，放置 6min，再加质量分数为 4.3%的氢氧化钠 4ml，加蒸馏水至刻度，摇匀，放置 15min，在 510nm 波长下测得其吸光度值，比较不同浸提温度下所得提取液的吸光度值大小，得出最优的浸提温度。

(5) 柱色谱样品的制备

① 将本实验中所有的乙醇提取的浸提液集中起来（记录浸提液所对应的原料质量 M），量取其总体积 $V_{提取}$，将提取液分出 50ml，将这 50ml 提取液倒入干燥并已称重（记为 m_2）的 50ml 小烧杯中，先用水浴干燥至无醇味，再放入烘箱中干燥至恒重，称重（记为 m_1）。

② 其余提取液旋转蒸发浓缩至 20ml 左右后，放置于分液漏斗中，按等量体积加入石油醚后塞上塞子并充分摇匀，弃石油醚层，得下层黄酮液，将所得黄酮液旋蒸浓缩成稀浸膏状，加入 3～4g 60～100 目的硅胶，在烧杯里进行拌胶，并将其放在 70℃烘箱中烘到成分散的颗粒即可，备用。

(6) 正交实验　在单因素实验的基础上，以银杏黄酮得率作为考察指标，选取提取时间、提取温度、提取液料比和不同提取剂浓度为考察因素，各取 3 个水平，进行 $L_9(3^4)$ 正交实验，以确定银杏黄酮的最优提取工艺条件。因素与水平设计见表 12-1 和表 12-2。

表 12-1 正交试验因素水平表

水平	因素			
	A 提取时间/min	B 提取温度/℃	C 提取剂浓度/%	D 液料比/(g/ml)
1				
2				
3				

表 12-2 正交实验结果及分析

实验号	因素				得率/(mg/g)
	A	B	C	D	
1	1	1	1	1	
2	1	2	2	2	
3	1	3	3	3	
4	2	1	2	3	
5	2	2	3	1	
6	2	3	1	2	
7	3	1	3	2	
8	3	2	1	3	
9	3	3	2	1	
K_1					
K_2					
K_3					
R					

2. 银杏叶总黄酮的分离纯化

(1) 基质的预处理 量取所需的大孔吸附树脂，以 95%乙醇浸泡 24h，充分溶胀后备用。

(2) 装柱 将酒精浸泡好的基质约 100ml（指混匀状态下取样），通过漏斗缓慢倒入柱中（柱中已经装好 10ml 95%乙醇），边加边用木夹子轻敲柱子，同时用铁丝轻轻压实。流速应控制在 20 滴/min，待装至 20cm 柱高（在整个装柱过程中，树脂应浸泡在溶液中，否则会出现断痕、气泡等。若柱子无砂芯，要在装柱前加一小团大拇指指甲大小的棉花封住柱子，以防基质漏出）。

(3) 平衡 用 95%乙醇洗柱，不时检查流出的乙醇液，待乙醇液与去离子水以 1∶3 的体积比混合，振摇至不显白色浑浊时结束洗柱，用超纯水将柱中树脂洗至无醇味后备用。

(4) 上样 取拌好硅胶的样品上柱，待柱中样品刚好到基质上表面时，关闭旋钮，用小勺子缓缓将样品均匀地倒在基质上面，若样品表面不平，可用样品勺轻轻拨平整。

(5) 洗脱（解吸附） 依次用去离子水 150ml（流速约 30 滴/min）、40%乙醇 200ml（流速约 30 滴/min）、70%乙醇 300ml（流速约 20 滴/min）、95%乙醇 200ml（流速约 40 滴/min）进行洗脱，利用部分收集器进行收集（注：若无部分收集器，也可利用试管放在试管架上按序接收洗脱液），每管收集 8ml 洗脱液，每收集一管，则取其中 1ml 进行盐酸-镁粉反应，另取 0.1ml 洗脱液在 510nm 波长下测其吸光度值。

盐酸-镁粉反应操作步骤为：取一试管，加入 1ml 样品醇溶液和少许（少于 0.5g）镁粉，然后滴加 4～5 滴浓盐酸混匀，置沸水浴加热 2～3min 后，如出现红色则示有游离黄酮类或黄酮，另取一试管，以1ml蒸馏水替代黄酮洗脱液，按照同样的步骤进行操作，作为空白对照。

最后，将所有显示有黄酮存在的收集管中的洗脱液集中起来，测出其总体积$V_{纯化}$，摇匀后，取1ml按前面的方法测定其吸光度值$A_{纯化}$，然后从总的纯化液中分别预留10ml和50ml纯化液，用保鲜膜封闭后放在4℃中低温保存，将其余的纯化液旋蒸浓缩至10ml，用保鲜膜密封后备用。

(6) 树脂再生　树脂使用后统一放在烧杯中，先用3倍体积的2%～4% NaOH溶液浸泡2～4h（或作小容量清洗），放尽碱液后，用去离子水冲洗树脂直至排出水接近中性为止。再用3倍体积的5% HCl溶液浸泡4～8h，放尽酸液，用去离子水漂洗至中性。

3. 银杏叶黄酮的定量与初步鉴定

(1) 标准曲线的绘制　精密称取芦丁对照品200mg，用体积分数（下同）为70%的乙醇溶解，定容至100ml容量瓶中摇匀。精密移取10ml芦丁乙醇液于25ml容量瓶中，用蒸馏水定容，得到0.8mg/ml标准溶液。精密吸取标准溶液0、0.2ml、0.4ml、0.6ml、0.8ml、1.0ml，分别置于10ml容量瓶中，加质量分数为5%的亚硝酸钠0.4ml，放置6min后，加质量分数为10%的硝酸铝0.4ml，放置6min，再加质量分数为4.3%的氢氧化钠4ml，加蒸馏水至刻度，摇匀，放置15min，进行全波长扫描，在510nm处有最大吸收波长，得到芦丁浓度与吸光度的标准曲线。

(2) 物质初步鉴定操作（使用纯化液浓缩得到10ml样液）

① 在所纯化的提取液2ml中加入10%的氢氧化钠（质量分数）溶液2ml，若银杏黄酮液马上由黄色变为深黄色，则认定黄酮化合物的存在。

② 在所纯化的提取液两份（各为2ml）分别加入10% $FeCl_3$和10% $FeCl_2$，若发现两种离子都使银杏黄酮溶液变为蓝绿色，则可认定黄酮化合物的存在。

③ $NaBH_4$反应：取黄酮纯化液2ml，再加等量的2% $NaBH_4$的甲醇溶液1min后加浓盐酸数滴，若有紫色或紫红色出现，则说明此黄酮纯化液中有二氢黄酮存在。

(3) 银杏总黄酮的得率　根据已测得的纯化液$A_{纯化}$及标准曲线方程和实验各步中的稀释倍数，计算银杏总黄酮的得率。

(4) 银杏黄酮粗提液的纯度测定　取前面实验中所预留的50ml银杏黄酮粗提液，放置在已经烘干，并已经称好质量为m_1的小烧杯中，放在真空干燥箱中干燥，干燥到恒重后，称其重量m_2，得银杏黄酮浸膏重量为(m_2-m_1)，再根据前面所得标准曲线方程的公式算出50ml提取液对应的黄酮量，纯度计算见后面的结果与计算。

(5) 银杏黄酮纯化液的纯度测定　取前面实验中预留的50ml纯化液，放置在已经烘干，并已经称好质量为m_3的小烧杯中，放在真空干燥箱中干燥，干燥到恒重后，称其重量m_4，得黄酮浸膏重量为(m_4-m_3)，再根据前面所得标准曲线方程的公式算出50ml纯化液对应的银杏黄酮量。

四、结果与计算

1. 相关计算公式

(1) 黄酮得率　将实验测得的纯化液的$A_{纯化}$代入标准曲线方程：

$$Y=KA+b \tag{12-1}$$

式中，Y表示黄酮浓度，mg/ml；A表示吸光值；K表示一次方程曲线的斜率；b表示一次方程曲线的截距。

可以得到待测样品的黄酮浓度 $c_{纯化}$（单位为 mg/ml），其中 $c_{纯化}=Y\times 10$（由于测定浓度过程中，待测液由 1ml 稀释到 10ml）。

$$\begin{aligned}黄酮得率(\%)&=测得的黄酮含量(mg)/原料总质量\times 100\%\\&=(c_{纯化}\times V_{纯化})(mg)/(M\times 1000)(mg)\times 100\%\end{aligned}\tag{12-2}$$

式中，M 表示单因素实验所耗去原料粉末的总质量；$c_{纯化}$ 表示样品上柱纯化后所得的总纯化液的浓度；$V_{纯化}$ 表示样品上柱纯化后所得的总纯化液的总体积。

(2) 银杏黄酮纯化前的纯度 $=\dfrac{c_{纯化}}{m_2-m_1}\times\dfrac{50}{V_{提取}-50}\times V_{纯化}\times 100\%$　(12-3)

式中，$\dfrac{50}{V_{提取}-50}\times V_{纯化}$ 表示 50ml 粗提液对应的纯化液的体积，$V_{提取}$ 表示单因素试验中所得的所有提取液的总和；m_1 表示烘干的小烧杯质量；m_2 表示前面实验中所预留的 50ml 银杏黄酮粗提液烘干到恒重后，与小烧杯一起的总的质量；$c_{纯化}$ 与 $V_{纯化}$ 的含义同公式(12-2)。

(3) 目的物质纯化后的浓度 $=\dfrac{c_{纯化}\times 50\times 100\%}{m_4-m_3}$　(12-4)

式中，m_3 表示另一烘干的小烧杯质量；m_4 表示前面实验中所预留的 50ml 银杏黄酮纯化液烘干到恒重后，与小烧杯一起的总的质量。

(4) 纯化倍数计算

$$纯化倍数\ N=\frac{银杏黄酮纯化后的纯度}{银杏黄酮纯化前的纯度}\tag{12-5}$$

2. 结果与分析

将正交实验结果填入表 12-2，进行方差分析，并比较出四个因素对银杏黄酮得率影响的大小次序，得出优化的银杏黄酮提取工艺条件组合，并进行验证。绘制银杏黄酮洗脱曲线（即：接收洗脱液试管管号与吸光度值的对应曲线图），并计算出银杏黄酮的纯度及纯化倍数。

五、注意事项

1. 银杏叶总黄酮提取条件的优化的实验注意事项

(1) 将本实验中所有的乙醇提取的银杏叶黄酮浸提液集中起来（一定要记下这些浸提液所对应的原料质量 M），摇匀后量取其总体积 V，将提取液分出 50ml，将这 50ml 和其余银杏黄酮液分置于两个烧杯中，然后将两个烧杯置于 4℃左右的低温下并用保鲜膜封闭保存，以供后面纯化实验使用。

(2) 在银杏黄酮提取过程中，每隔一段时间要进行轻摇，摇晃时幅度要小，以免使提取原料粘在壁上，造成原料损失。

(3) 在做不同料液比对银杏黄酮提取的影响实验时，比较结果优劣要用 $V\cdot A$，即：体积×吸光度值。

(4) 离心前一定要认真平衡好，两管质量平衡误差应在 0.1g 以内。在离心过程中，专人看护以免发生事故。

(5) 实验当中的提取液一定要全部从磨口锥形瓶和离心管中倒出，在将离心好的银杏黄酮倒出时，小心倾倒，勿将底部的沉降物倒出来。

(6) 银杏黄酮提取过程中一定要在锥形瓶上加上塞子，若乙醇蒸发较快时（如：80%以上的高浓度乙醇提取时），可以考虑在磨口锥形瓶上加一蛇形管，但低浓度乙醇提取时没有必要加蛇形管。

(7) 测量吸光度时，以1ml乙醇代替样液作为空白对照。

2. 银杏叶总黄酮的分离纯化的注意事项

(1) 装柱前在柱子底部加一小棉花球（针对柱底部无砂芯的柱子）。

(2) 装柱时，边加树脂边用木质棒（或橡胶棒）轻敲柱子，使基质缓缓下沉。

(3) 装柱要求连续、均匀、无纹格、无气泡，表面平整，整个色谱过程中液面一定不得低于树脂表面。

(4) 要注意及时开启和关闭旋钮，即在上一种液体刚好没入基质时，才开始加入下一种液体，且一定要用玻棒引流。

(5) 在加入好样品后（在洗壁前）就要接收洗脱液。整个洗脱过程要注意控制流速，不宜过快。

(6) 柱子预处理时的流出液用三角瓶或烧杯接收，而上样后的黄酮洗脱液则用试管接收。

(7) 所预留的纯化液50ml，必须是在所有洗脱下来的验证后有黄酮特征反应的纯化液混匀后才能取液。

3. 银杏叶黄酮的定量与初步鉴定的实验注意事项

(1) 在进行目的物质得率的确定的实验中，一定要注意实验数据测量的精确性。

(2) 在进行目的物质的纯度测定的实验中，要注意黄酮容器（小烧杯）一定要先在高温烘干后称其重量，然后把黄酮倒入其内，在高温下进行烘干至恒重。

(3) 在测定洗脱液的 A 值时，若洗脱液经过稀释到 n 倍后再测定时，则须在原来的 $c_{纯化}$ 数值的基础上再乘以稀释倍数 n，再去计算相应的得率和纯度。在此情况下，测定液相当于稀释了两次，一次是样液本身的稀释，另一次是样液测定时加入的显色剂使之稀释到10倍。计算时的倍数是两次稀释倍数的乘积。

六、参考文献

[1] 王桃云，胡翠英，王金虎等．响应面法优化大豆荚壳异黄酮超声-回流萃取工艺．化工进展，2010，29 (3)：537-541.

[2] 李彩霞，高海宁，焦扬等．"黑美人"土豆黄酮提取及抗氧化活性．食品科学，2013，34 (04)：88-93.

[3] 汪洪武，刘艳清，汪远红等．响应面法优化超声提取波罗蜜叶中总黄酮的工艺．中药材，2011，34 (7)：1125-1128.

[4] Kao T H, Chien J T, Chen B H. Extraction yield of isoflavones from soybean cake as affected by solvent and supercritical carbon dioxide. Food Chemistry, 2008, 107: 1728-1736.

实验二　溶菌酶的提取、分离纯化及其活性测定

一、实验原理

溶菌酶（lysozyme），全称为1,4-β-N-溶菌酶，又称黏肽 N-乙酰基胞壁酰水解酶，属于 α-乳白蛋白家族。人们对溶菌酶的研究始于20世纪初，英国细菌学家Fleming发现人的唾液、眼泪中存在有溶解细菌细胞壁的酶，因其具有溶菌作用，故命名为溶菌酶。此后人们在

微生物、植物、无脊椎动物和高等动物中也发现了溶菌酶的存在，其中鸡蛋清溶菌酶的研究和应用已相当深入和广泛。

溶菌酶广泛存在于动植物及微生物体内，鸡蛋和哺乳动物的乳汁是溶菌酶的主要来源，鸡蛋清溶菌酶是由129个氨基酸残基组成的碱性球蛋白，单一肽链，相对分子质量为14388，分子内含有4对二硫键。由于其所含的碱性氨基酸残基比酸性氨基酸残基多，等电点约为10.5～11，最适温度50℃，最适pH为6～7。鸡蛋清中的溶菌酶的含量约占蛋白质总量的3.4%～3.5%。它富含碱性氨基酸，是一种碱性蛋白质，其N端为赖氨酸，C端为亮氨酸，可分解溶壁微球菌、巨大芽孢杆菌、黄色八叠球菌等革兰阳性菌。

目前，溶菌酶仍属于紧俏的生化物质。溶菌酶既是药品又是保健品，还是生化药物中理想的药物酶，国外已经开始用于药物制剂、食品和饮料的添加剂、生化试剂和医学诊断剂等中。溶菌酶在医药、食品防腐和生物工程中应用非常广泛。另外，人体溶菌酶还可作为多种疾病的诊断指标。

溶菌酶常温下在中性盐溶液中具有较高天然活性，在中性条件下溶菌酶带正电荷，因此在分离制备时，先采用等电点法，D152型树脂柱色谱法除杂蛋白，再经Sephadex G-50色谱柱进一步纯化。使用SDS-PAGE鉴定溶菌酶纯度，采用考马斯亮蓝法测蛋白质含量、分光光度法测定酶活性。最后得到纯度较高的溶菌酶产品。

二、实验条件

(1) 实验材料　鸡蛋清（市售鸡蛋）。

(2) 实验仪器　Bio-Rad低压色谱系统，Bio-Rad垂直电泳系统，低速离心机，高速冷冻离心机（可用50ml离心管），紫外/可见分光光度计，玻璃色谱柱（1.6cm×60cm），烧杯（50ml、200ml、250ml），移液枪，培养皿，玻璃棒，普通漏斗，定性快速滤纸，200ml量筒，50ml离心管，移液管（10ml），试管及试管架，部分收集器，核酸蛋白质检测仪，记录仪，冰箱，摇床，玻璃棒，布氏漏斗（500ml），吸滤瓶（1000ml），G-3砂芯漏斗（500ml），梯度混合仪（500ml），循环水式真空泵。

(3) 实验试剂　溶菌酶标准品，蛋白质分子量Marker，丙烯酰胺，双丙烯酰胺，SDS，Sephadex G-50，D152大孔弱酸性阳离子交换树脂，透析袋（截留分子质量10 kD），蓝色葡聚糖-2000，甘氨酸，TEMED，过硫酸铵，Tris碱，硫酸铵，考马斯亮蓝，甲醇，冰醋酸，溴酚蓝。

底物微球菌粉，固体氯化钠（NaCl），固体磷酸氢二钠，磷酸二氢钠固体，磷酸钠，乙醇，蒸馏水，甲醇，三氯乙酸，丙酮，*N*-乙酰葡萄糖胺，硫酸铜，硫酸亚铁，硫酸锌，氯化镁，氯化钙，氢氧化钠，盐酸，蛋白含量测定（考马斯亮蓝法）试剂，聚乙二醇20000，40%甘油，牛血清白蛋白，磷酸。

三、实验步骤

1. 新鲜鸡蛋清的制备与粗分离

(1) 蛋清的制备　将4～5个新鲜的鸡蛋洗净，晾干（或用吸水纸擦干水），敲破鸡蛋小头，再在大头打一小孔进气，使蛋清从小头流出（鸡蛋清pH值不得小于8），轻轻搅拌5min，使鸡蛋清的稠度均匀，用两层纱布过滤除去脐带块，量取其体积V_1。

(2) 溶菌酶粗分离　如图12-1所示。

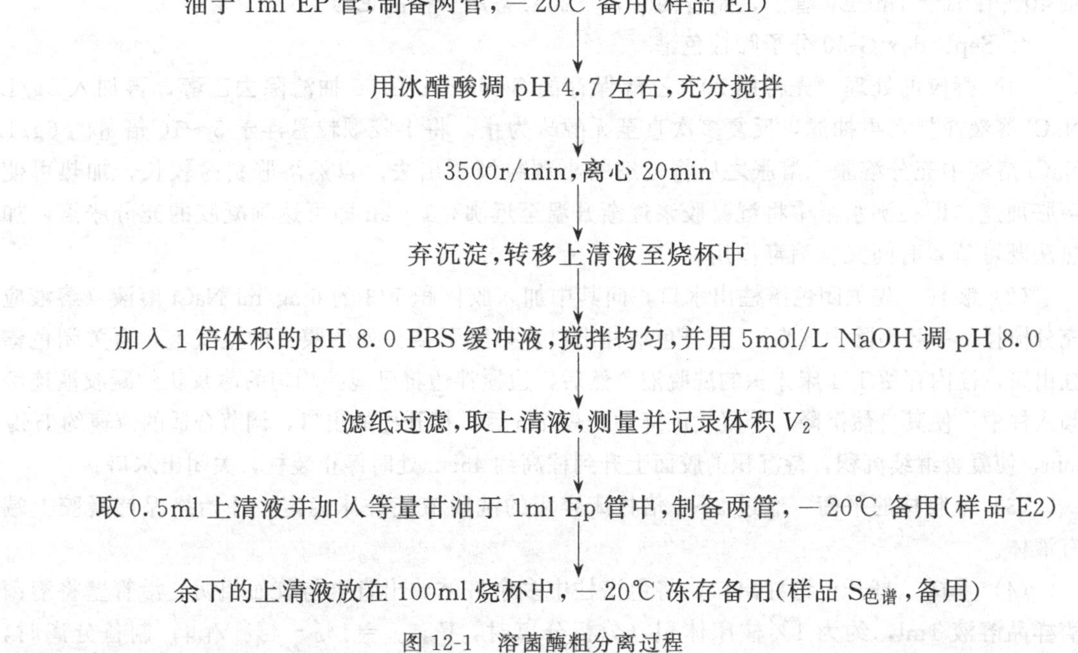

图 12-1　溶菌酶粗分离过程

2. 树脂柱色谱分离纯化

（1）D152 树脂处理　将 D152 树脂先用蒸馏水洗去杂物，滤出，用 1mol/L NaOH 浸泡并搅拌 4～8h，抽滤除 NaOH，用蒸馏水洗至近 pH7.5，抽滤，再用 1mol/L HCl 按上述方法处理树脂，直到全部转变成氢型，抽滤除 HCl，用蒸馏水洗至近 pH 5.5，保持过夜，如果 pH 值不低于 5.0，抽滤除 HCl，用 2mol/L NaOH 处理树脂使之转变为钠型，pH 值不小于 6.5。加 pH 6.5　0.02mol/L 磷酸盐缓冲液平衡树脂。

（2）装柱　取直径 1.6cm、长度为 40cm 的色谱柱，自顶部注入经处理的上述树脂悬浮液，关闭色谱柱出口，待树脂沉降后，放出过量的溶液，再加入一些树脂，至树脂沉积至 15～20cm 高度即可。从柱顶部继续加入 pH6.5 0.02mol/L 磷酸盐缓冲液平衡树脂，使流出液 pH 为 6.5 为止，关闭色谱柱出口，保持液面高出树脂表面 1cm 左右。

（3）上柱吸附　将样品 $S_{色谱}$ 缓缓直接加到树脂顶部，打开色谱柱出口使其缓慢流入柱内，流速为 1ml/min，注意观察并记录 280nm 下吸收值的变化。

（4）冲平　用柱平衡液（pH6.5，0.02mol/L 磷酸盐缓冲液）洗脱杂蛋白，洗涤离子交换柱至无穿透峰为止，流速约 1.5ml/min。在吸收峰下降段留样 E3，取约 1ml 于 EP 管，－20℃冻存备用。

（5）洗脱　在收集洗脱液的过程中，逐管用紫外分光光度计检验杂蛋白的洗脱情况，当基线开始走平后，改用含 1.0mol/L NaCl 的 pH6.5、浓度为 0.02mol/L 的磷酸钠缓冲液洗脱，收集洗脱液。

3. 浓缩与透析

（1）聚乙二醇浓缩　将上述洗脱液合并装入透析袋内，置容器中，外面覆以聚乙二醇，容器加盖，酶液中的水分很快就被透析膜外的聚乙二醇所吸收。当浓缩到 5ml 左右时，用蒸馏水洗去透析膜外的聚乙二醇，小心取出浓缩液。

(2) 透析除盐　以蒸馏水透析除盐 24h。量取浓缩液体积 V_4，取 0.5ml 清液并加入等量 40%甘油于 1ml EP 管中，制备两管，－20℃备用（样品 E4）。

4. Sephadex G-50 分子筛柱色谱

(1) 凝胶的处理　先将用 20%乙醇保存的 Sephadex G-50 抽滤除去乙醇，再加入 6g/L NaCl 溶液搅拌，再抽滤，反复多次直至无醇味为止。将干胶颗粒悬浮于 5～10 倍量的 6g/L NaCl 溶液中充分溶胀，溶胀之后将极细的小颗粒倾泻出去。自然溶胀费时较长，加热可使溶胀加速，即在沸水浴中将湿凝胶浆逐渐升温至近沸，1～2h 即可达到凝胶的充分胀溶。加热法既可节省时间又有消毒作用。

(2) 装柱　先关闭色谱柱出水口，向其中加入胶体积 1/3 的 6mg/ml NaCl 溶液（溶液应充分搅拌，并超声除去气泡）。打开色谱柱出口，排除下接头处滤膜下的空气泡，再关闭色谱柱出口，柱内存留 1/4 床体积的洗脱液，然后，边搅拌边将已搅拌均匀的薄浆状的凝胶液连续倾入柱中，使其自然沉降，等凝胶沉降约 2～3 cm 后，打开柱的出口，调节合适的流速约 1ml/min，使凝胶继续沉积，待沉积的胶面上升到柱高约 45cm 处时停止装柱，关闭出水口。

(3) 凝胶柱的平衡　通过 2～3 倍柱床容积的洗脱液使柱床稳定，并始终保持凝胶上端有液体。

(4) 上样　打开色谱柱出口，将色谱柱中多余液体放出直至与胶面相切。沿管壁将溶菌酶样品溶液 1ml，约为 1%柱床体积（分析分离时，$V_{sample}=1\%\sim4\%\ V_{bed}$；制备分离时，$V_{sample}=10\%\sim30\%\ V_{bed}$），小心加到凝胶床面上，应避免将床面凝胶冲起，打开色谱柱出口，使样品溶液流入柱内，同时收集流出液，当样品溶液流至与胶面相切时，关闭色谱柱出口。按加样操作，用 1ml 洗脱液冲洗管壁两次。最后加入 3～4ml 洗脱液于凝胶上，旋紧上口螺丝帽，柱进水口连通恒压瓶，柱出水口与核酸蛋白质检测仪比色池进液口相连，比色池出液口再与自动部分收集器相连。

(5) 洗脱　样品流完后，先分次加入少量 6mg/ml NaCl 洗脱液洗下柱壁上的样品，连接恒流泵，使流速为 0.5ml/min，用部分收集器收集，每 10min 收集一管。

(6) 聚乙二醇浓缩　合并活性峰溶液，用聚乙二醇浓缩到 5ml 左右时，用蒸馏水洗去透析膜外的聚乙二醇，小心取出浓缩液。

(7) 透析除盐　蒸馏水透析除盐 24h。收集透析液，量取体积 V_5，取 0.5ml 清液并加入等量 40%甘油于 1ml EP 管中，制备两管，－20℃备用（样品 E5）。

5. 溶菌酶纯度的测定

采用 SDS 聚丙烯酰胺凝胶电泳进行测定（具体参见陈钧辉主编的《生物化学实验》第4 版）。

6. 溶菌酶活力的测定

(1) 酶液配制　准确称取溶菌酶样品 5 mg，用 0.1mol/L pH 6.2 磷酸盐缓冲液（PBS）配成 1 mg/ml 的酶液，再将酶液稀释成 50 μg/ml。

(2) 底物配制　取干菌粉 5mg 加上述缓冲液少许，在乳钵中（或匀浆器中）研磨 2min，倾出，稀释到 15～25ml，此时吸光度最好在 0.5～0.7 范围内。

(3) 活力测定　先将酶和底物分别放入 25℃恒温水浴预热 10min，吸取底物悬浮液 4ml 放入比色杯中，在 450nm 波长处读出吸光度，此为零时读数。然后吸取样品液 0.2ml（相当于 10 μg 酶），每隔 30s 读 1 次吸光度，到 180s 时共计下 7 个读数。具体操作见表 12-3。

表 12-3　酶活力测定操作

比色皿	1(调零)	2(对照)	3(平行 1)	4(平行 2)
PBS 缓冲液/ml	3	—	—	—
细胞 PBS 悬液/ml	—	3	2.8	2.8
分别用酶液 E1～E5/ml	—	—	0.2	0.2

在室温，以 1 号管为对照，每隔 30s 分别测定 2 号、3 号、4 号管在 450nm 处的吸光度，结果填入表 12-4。

表 12-4　酶活力测定结果

时间/s	0	30	60	90	120	150	180
2 号							
3 号							
4 号							

溶菌酶对干菌粉细胞壁的降解作用会导致光密度的降低，观察悬液 OD_{450} 反应前后的变化。根据以下的酶活力定义，测定溶菌酶 E1～E5 活性。

活力单位的定义是：在 25℃、pH6.2、波长为 450nm 时，每分钟引起吸光度下降 0.001 为 1 个活力单位 U 。酶活力单位计算公式为：

$$\text{酶活力单位数}=\Delta A_{450\text{nm}}/(t\times 0.001) \tag{12-6}$$

式中，ΔA 表示吸光值的变化量；t 表示测定时间，min；0.001 表示变化多少个 0.001。

7. 蛋白质含量的测定

采用考马斯亮蓝法进行测定（具体参见陈钧辉主编的《生物化学实验》第 4 版）。

四、结果与计算

收集 E1 至 E5 号样品（均进行了不同程度的定量稀释）。其中 E1 取自蛋清；E2 取自经等电点沉淀、离心及过滤后的蛋清；E3 取自洗涤离子交换柱至无穿透峰时，在吸收峰下降段留样；E4 取自离子交换的洗脱峰（纯化的溶菌酶）；E5 取自凝胶色谱洗脱液。

记录 E1 至 E5 样品对应的体积（ml），并测定相应样品的蛋白质浓度（mg/ml）、活力（U/ml），然后计算出比活力（U/mg）和总活力（U）。从而计算溶菌酶在各步的回收率和提纯倍数。最后对 E1 至 E5 各样品进行 SDS-PAGE 电泳，凝胶扫描，并用凝胶扫描分析软件计算溶菌酶的分子量和在各样品中的百分含量。汇总所有实验结果完成表 12-5。

表 12-5　溶菌酶的提取、分离纯化及其活性测定结果

样品	体积/ml	蛋白浓度/(mg/ml)	总蛋白/mg	活力/(U/ml)	比活力/(U/mg)	总活力/U	回收率/%	提纯倍数
制备蛋清(E1)	$V_1=$						100	1
溶菌酶分离(E2)	$V_2=$							
平衡液洗脱的吸收峰下降段留样(E3)	—		—		—	—	—	—
D152 树脂柱色谱分离(E4)	$V_4=$							
Sephadex G-50 色谱分离(E5)	$V_5=$							

注：比活力（U/mg）=活力/蛋白质浓度；总活力（U）=活力×体积；回收率=回收的样品活力占总活力的百分数；提纯倍数=提纯的比活力与初始比活力的比值。

五、注意事项

1. 新鲜鸡蛋清的制备与粗分离的注意事项

（1）保存样品需明确标记名称、班级、组号、日期，最好使用标签纸。

（2）要选取新鲜的鸡蛋作为原料，最好为40天内的新鲜鸡蛋，蛋清pH不应低于8.0。等电点沉淀后利用离心的办法，要尽量除去沉淀。

（3）调节pH时要避免局部过酸。

（4）提取过程中尽量避免泡沫的产生。

（5）要防止蛋清被细菌污染变质，不要混入蛋黄和其他杂质，以免影响凝胶对蛋白质的吸附力。

2. 离子交换柱色谱的注意事项

（1）离子交换树脂在使用前需要再生，阴离子交换树脂以“碱—酸—碱”的顺序进行处理，阳离子交换树脂以“酸—碱—酸”的顺序进行处理和再生。装柱时要求粒度均匀，比较致密，柱床表面平整，柱中无裂缝、气泡和沟流的现象。

（2）加样蛋白浓度低于20mg/ml，上样体积小于柱体积的1/3。

（3）在整个实验过程中，流速必须得到一定的控制。过大，会使填料压缩紧密，导致流速过低，色谱柱有可能堵塞而使实验失败，流速过小，实验时间过长，引起酶的活性变化。

（4）冲平过程不可忽略。因为在上样过程中，还有未挂柱的蛋白未能从色谱柱中完全流出，因此需先用缓冲液对整个色谱柱进行冲平，以便使未结合或结合不紧密的杂蛋白流出，以免干扰洗脱。

（5）进行色谱分离时，应考虑色谱介质对样品的承载量。样品量过大，会导致吸附不完全，并直接影响到分离效果。

3. 凝胶色谱注意事项

（1）始终保持柱内液面高于凝胶表面，否则会导致凝胶变干或混入气泡，影响分离效果。

（2）装柱要均匀，既不过松，也不过紧，最好在要求的操作压下装柱，流速不宜过快，避免因此而压紧凝胶。

（3）始终保持柱内液面高于凝胶表面，否则水分蒸发，凝胶变干。也要防止液体流干，使凝胶混入大量气泡，影响液体在柱内的流动。

（4）所用凝胶比较昂贵，需小心操作，实验后回收，尽量避免浪费和损失。

4. 蛋白质含量测定的注意事项

（1）蛋白质与考马斯亮蓝G-250结合的反应十分迅速，在2min左右反应达到平衡；其结合物在室温下1h内基本稳定。如果测定要求很严格，可以在试剂加入后的5～20min内测定光吸收，因为在这段时间内颜色是最稳定的。

（2）测定中，蛋白-染料复合物会有少部分吸附于比色杯壁上，实验证明此复合物的吸附量是可以忽略的。测定完后可用乙醇将蓝色的比色杯洗干净。

（3）一般被测样品的A_{595}值在0.1～0.5之间，所以如果样品A_{595}值太大，可以减少取样量，或定量稀释后再进行测定。

六、参考文献

[1] Thammasirirak S, Ponkham P, Preecharram S, et al. Purification, characterization and comparison of reptile lysozymes. Comparative Biochemistry and Physiology Part C: Toxicology & Pharmacology, 2006, 143 (2): 209-217.

[2] 林立．溶菌酶分离方法综述及进展．广州化工，2012，40（7）：53-56.

[3] 成丽丽，邓玉，赵芯等．鸭卵清溶菌酶的分离纯化及性质．食品科学，2012，33（17）：198-202.

[4] 王小锁，陈志阳，徐修礼等．如何在本科生实习中开设蛋清溶菌酶实验．山西医科大学学报：基础医学教育版，2002，4（4）：335-336.

实验三　超临界萃取薄荷挥发油

一、实验原理

薄荷（*Mentha haplocalyx* Britq.）为唇形科薄荷属多年生宿根草本植物，又名水薄荷、苏薄荷、鱼香草、人丹草等。薄荷挥发油是薄荷中的主要化学成分。薄荷新鲜叶含挥发油0.8%～1%，干茎叶中含1.3%～2%。根据其挥发油成分可归纳为6个化学型，即薄荷酮-胡薄荷酮型、胡椒酮型、氧化胡椒酮-氧化胡椒烯酮型、芳樟醇-氧化胡椒酮型、香芹酮型、薄荷醇-乙酸薄荷酯型。薄荷挥发油的药理活性主要体现在清凉止痒，兴奋中枢神经，抗早孕、抗着床、抑制子宫收缩，利胆、抑制回肠平滑肌，祛痰，抗真菌、抗病毒等方面。研究还表明，薄荷挥发油中所含的胡薄荷酮（pulegone）可能是导致肝毒性的成分。国内外生产上提取挥发油的方法主要有水蒸气蒸馏法，用于实验室研究的方法主要有有机溶剂（石油醚、乙醚等）法、超声波法和超临界CO_2萃取法等。

超临界CO_2是指处于临界温度与临界压力（称为临界点）以上状态的一种可压缩的高密度流体，其分子间力很小，类似于气体，而密度却很大，接近于液体，因此具有介于气体和液体之间的气液两重性质，溶解性高，流动性较高，比普通液体溶剂传质速率高，具有较好的渗透性。超临界CO_2的这些特殊物理化学性质决定了超临界CO_2萃取技术具有以下重要特点：① 提取效率高；② 无溶剂残留毒性；③ 天然活性成分和热敏性成分不易被分解破坏，能最大限度地保持提取物的天然特征，可实现选择性分离等诸多优点。这些优点使超临界CO_2萃取技术受到广泛青睐，尤其广泛运用在天然物质的提取中。

二、实验条件

(1) 实验材料　薄荷（自采，7月下旬采地上部的茎叶，在40℃下烘干处理72 h，烘干后粉碎，密封备用），薄荷脑标准品，CO_2（食品级），高纯氮气（99.99%）。

(2) 实验仪器　高速万能粉碎机，电热恒温干燥箱，电子天平，气相色谱仪，超临界萃取装置。

(3) 实验试剂　工业乙醇，正己烷。

三、实验步骤

1. 标准曲线的绘制

精确称取薄荷脑标准品150mg于10ml容量瓶中，加正己烷至刻度，摇匀制成15.00mg/ml的标准液。分别精密称取标准液0.2ml、0.6ml、1.0ml、1.4ml、2.0ml于10ml容量瓶中，用正己烷稀释至刻度，摇匀，分别进样1μl。

色谱条件：色谱柱，HP-FFAP（25 m×0.32 μm）；检测器，FID检测器；气化室温度，220℃；检测器温度，220℃；程序升温，65～115℃，1℃/min；载气，N_2；体积流量，1.0ml/min；进样量：1μl。在上述色谱条件下，薄荷脑与其他成分完全分离，薄荷脑保留时间约32min。以薄荷脑峰面积和对应质量浓度绘制标准曲线，得回归方程。

2. 超临界CO_2萃取方法

称取粉碎后的样品1.5kg装入萃取釜中。调节萃取温度及分离温度至设定值。开泵加压至设定的萃取压力，并调节CO_2流量。当达到实验设定的萃取时间后，调节减压阀，减压至常压。收集薄荷油，测得体积 V，用正己烷稀释一定倍数（n）后按照标准曲线方法测定薄荷脑含量 c，计算薄荷脑得率。

$$\text{薄荷脑得率(mg/g)}=\frac{c\times n\times V}{1500} \tag{12-7}$$

3. 正交实验

按上述萃取方法，参照单因素实验结果，以薄荷脑含量作为考察指标，选取萃取压力（A）、萃取温度（B）、CO_2 流量（C）和萃取时间（D）4 个因素为考察因素，各取 3 个水平，进行 L_9（3^4）正交实验，以确定超临界 CO_2 萃取薄荷挥发油的最优提取工艺条件。因素与水平设计见表 12-6。

表 12-6　正交试验因素水平表

水　平	因　素			
	A 萃取压力/MPa	B 萃取温度/℃	C CO_2 流量/(L/h)	D 萃取时间/h
1	8	40	20	1
2	10	50	30	1.5
3	12	60	40	2

四、结果与计算

1. 标准曲线绘制结果

见表 12-7。

表 12-7　标准曲线绘制结果

编　号	1	2	3	4	5
浓度/(mg/ml)	0.3	0.9	1.5	2.1	3.0
峰面积					
回归方程				R^2	

2. 正交实验结果及分析

见表 12-8。

表 12-8　正交实验结果及分析

实验号	因　素				得率/(mg/g)
	A	B	C	D	
1	1	1	1	1	
2	1	2	2	2	
3	1	3	3	3	
4	2	1	2	3	
5	2	2	3	1	
6	2	3	1	2	
7	3	1	3	2	
8	3	2	1	3	
9	3	3	2	1	
K_1					
K_2					
K_3					
R					

4 个因素对薄荷脑得率的影响主次顺序为_____＞_____＞_____＞_____，最佳提取工艺条件为 A_B_C_D_，验证得率为_____。

五、注意事项

超临界萃取装置为高压流动装置，要熟悉操作流程才能操作。高压运转时不得离开仪器，如发生异常情况要立即停机、关闭总电源检查。

六、参考文献

［1］ 李岗，余德顺，杨军等．超临界 CO_2 萃取薄荷挥发油及其抗氧化能力的研究．食品科技，2013，(1)：276-279.

［2］ 熊将，花儿．正交试验优化超临界 CO_2 提取草果挥发油工艺．食品科学，2012，33 (24)：48-51.

［3］ Suetsugu T，Tanaka M，Iwai H，et al. Supercritical CO_2 extraction of essential oil from Kabosu (*Citrus sphaerocarpa* Tanaka) peel. Flavour，2013，2 (1)：18.

实验四　荷叶生物碱提取与分离纯化

一、实验原理

生物碱是一类含氮的化合物，有类似碱的性质，具有生理活性。荷叶中含多种生物碱，它们中大部分碱性都较弱，不能直接溶于水，能溶于氯仿、乙醚、乙醇、甲醇等有机溶剂；但是易溶于酸性介质，生成可溶性盐。至今已从荷叶中分离出众多生物碱类化合物，根据母核结构的不同，可将荷叶生物碱分为以下 4 类：①单苄基异喹啉类　亚美罂粟碱、衡州乌药碱、*N*-甲基衡州乌药碱等；②阿朴啡类　荷叶碱、*N*-去甲基荷叶碱、莲碱、番荔枝碱等；③去氢阿朴啡类　去氢荷叶碱、去氢莲碱等；④氧化阿朴啡类　鹅掌楸碱等。研究表明，荷叶生物碱具多种药理作用，如降脂减肥作用、抑菌作用、抗病毒作用等。

微波在提取过程中主要有两方面作用：①微波辐射过程是高频电磁波穿透提取介质，到达物料的内部。由于吸收微波能，细胞内部温度迅速上升，使其细胞内部压力超过细胞壁膨胀承受能力，细胞破裂。细胞内有效成分自由流出，在较低的温度条件下被提取介质捕获。②微波所产生的电磁场加速目标组分向提取溶剂界面扩散的速率，以水作溶剂为例，在微波场下，水分子高速转动成为激发态，这是一种高能量不稳定状态，或者水分子汽化，加强提取组分的驱动力；或者水分子本身释放能量回到基态，所释放的能量传递给其他物质分子，加速其热运动，缩短目标组分的分子由物料内部扩散到提取溶剂界面的时间，从而使萃取速率提高数倍，同时还降低了萃取温度，最大限度保证萃取的质量。微波辅助提取技术在食品工业和化学工业上的应用研究虽然起步只有短短几年的时间，但已有的研究成果和应用成果已足以显示其以下优越性：①反应快；②产率高，质量好；③后处理方便；④安全，无污染。

大孔吸附树脂（macroporous resin）是 20 世纪 60 年代末发展起来的一类有机高聚物吸附剂，它具有多孔网状结构和较好的吸附性能。吸附质通过树脂的孔道而扩散到树脂的内表面被吸附，不同吸附质的分子量和构型的差异造成其吸附能力不同，在不同的洗脱条件下先后与树脂解吸附，达到分离纯化的目的。目前已广泛应用于废水处理、医药工业、临床鉴定和食品等领域，在我国，采用大孔吸附树脂分离纯化中药有效成分已越来越受到人们的重视。

二、实验条件

(1) 实验材料　荷叶粉（市售荷叶烘干后以高速万能粉碎机粉碎，过 60 目筛），荷叶碱标准品，D101-A 型大孔吸附树脂。

(2) 实验仪器　高速万能粉碎机，紫外可见分光光度计，电子天平，微波炉，旋转蒸发仪，恒温水浴锅，500ml 具塞三角瓶，烧杯，色谱柱，分液漏斗，布氏漏斗，容量瓶，移液管，刻度吸管，石英比色皿，洗瓶，吸水纸，擦镜纸等。

(3) 实验试剂　氯仿，NaOH，HCl，溴甲酚绿溶液（0.125g 溴甲酚绿溶于 12.5ml 0.2mol/L NaOH 溶液中，加入邻苯二甲酸氢钾 2.55 mg，定容至 250ml）。

三、实验步骤

1. 标准曲线的绘制

精确称量荷叶碱标准样品 4.00mg 于容量瓶中，用氯仿定容至 100ml，得 40μg/ml 的标准溶液，备用。

另取 6 个 5ml 容量瓶，分别准确吸取 0.0、0.5ml、1.0ml、1.5ml、2.0ml、2.5ml 40μg/ml 的标准溶液于其中，加氯仿定容至刻度，摇匀，在 274nm 波长处测定其光吸收值。以浓度为横坐标、吸光度（OD 值）为纵坐标，绘制标准曲线。

2. 荷叶生物碱提取

准确称取荷叶粉 10.00g，加入一定体积 pH3 的盐酸溶液，以 900W 微波处理数分钟后，置于 90℃水浴中浸提，4500r/min 离心 15min，取上清液，测其体积 V。

3. 正交实验

在单因素实验的基础上，以荷叶生物碱得率作为考察指标，选取微波时间、料液比、提取时间为考察因素，各取 3 个水平，进行 $L_9(3^3)$ 正交实验，以确定荷叶生物碱的最优提取工艺条件。因素与水平设计见表 12-9。

表 12-9　正交试验因素水平表

水　平	因　素		
	A 微波时间/min	B 液料比(V/m)	C 提取时间/h
1	1.5	20	3
2	2.5	30	4
3	3.5	40	5

4. 提取液中荷叶生物碱的测定

取样品溶液稀释到适当倍数（n），按照标准曲线制作法测定吸光值，代入标准曲线回归方程，计算提取液中荷叶生物碱的浓度 c（μg/ml）。

$$荷叶生物碱得率(mg/g)=\frac{c\times n\times V}{1000\times 10} \tag{12-8}$$

5. 荷叶生物碱的纯化

收集所有荷叶生物碱提取液，测得体积 V_1(ml) 和浓度 c_1(μg/ml)。取 10ml 提取液真空干燥后称得质量 m_1(μg)，计算荷叶生物碱提取液纯度。

$$荷叶生物碱提取液纯度(\%)=\frac{c_1\times 10}{m_1}\times 100\% \tag{12-9}$$

其余提取液用旋转蒸发仪将滤液浓缩至 50ml，用 0.01mol/L 的 HCl 调节 pH 至 2～3 后过滤，滤液用氯仿 60ml 分 3 次萃取，弃去氯仿层，以除去脂类。取上层液体，加入 0.5mol/L NaOH 调节 pH 至 7 左右，静置片刻，待肉眼可见沉淀，过滤，除去鞣质。滤液再用 0.5mol/L NaOH 调节 pH 至 10.5，定容至 150ml，置于暗处保存备用。

取 50ml 经预处理的 D101-A 型大孔吸附树脂（用 95％的乙醇浸泡 24h 后，用蒸馏水洗至中性；再用 5％的 NaOH 浸泡 12h，用蒸馏水洗至中性；后再用 5％的 HCl 浸泡 12h，用蒸馏水洗至中性备用）装入色谱柱，150ml 母液加入色谱柱，流出流量控制在 1ml/min，吸附完毕后分别用 20％(150ml)、40％(150ml)、60％(150ml) 和 80％(150ml) 不同乙醇浓度进行梯度洗脱，洗脱液每 10ml 收集一管，按照步骤 4. 测定荷叶生物碱浓度，绘制洗脱曲线。合并浓度大于 1μg/ml 的收集管，测得体积 V_2(ml)、浓度 c_2(μg/ml)，真空干燥后称得质量 m_2(μg)，计算荷叶生物碱纯化液纯度、纯化倍数以及纯化损耗。

$$\text{荷叶生物碱纯化液纯度}(\%)=\frac{c_2\times V_2}{m_2}\times 100\% \tag{12-10}$$

$$\text{纯化倍数}=\frac{\text{生物碱纯化液纯度}}{\text{生物碱提取液纯度}} \tag{12-11}$$

$$\text{纯化损耗}(\%)=1-\frac{c_2\times V_2}{c_1\times(V_1-10)}\times 100\% \tag{12-12}$$

四、结果与计算

1. 标准曲线绘制结果

见表 12-10。

表 12-10　标准曲线绘制结果

编　号	1	2	3	4	5
浓度/(μg/ml)	4.0	8.0	12.0	16.0	20.0
A_{274}					
回归方程				R^2	

2. 正交实验结果及分析

见表 12-11。

表 12-11　正交实验结果及分析

实验号	因素				得率/(mg/g)
	A	B	C	D	
1	1	1	1	1	
2	1	2	2	2	
3	1	3	3	3	
4	2	1	2	3	
5	2	2	3	1	
6	2	3	1	2	
7	3	1	3	2	
8	3	2	1	3	
9	3	3	2	1	
K_1					
K_2					
K_3					
R					

3 个因素对荷叶生物碱得率的影响主次顺序为______＞______＞______，最佳提取工艺条件为 A__B__C__，验证得率为______。

3. 结果与分析

绘制荷叶生物碱洗脱曲线。通过大孔吸附树脂纯化后，获得的荷叶生物碱纯度提高____

__，纯化过程损失荷叶生物碱为______。

五、注意事项

1. 旋转蒸发仪加热槽通电前必须加水，不允许无水干烧。浓缩过程中注意控制温度，防止母液暴沸冲入收集瓶。

2. 微波加热时间不宜过长，否则会引起生物碱的降解。

六、参考文献

[1] 肖桂青，田云，卢向阳等．微波辅助提取荷叶生物碱条件的优化．氨基酸和生物资源，2007，29（2）：76-79.

[2] 刘树兴，郭瑞霞，赵芳．超声波法提取荷叶生物碱的研究．食品科学，2009，30（16）：52-55.

[3] 陈浩浩，罗少建，范华均等．密闭微波辅助提取 HPLC 测定苦参中苦参碱和氧化苦参碱．现代科学仪器，2010，4（2）：108-111.

实验五　平菇多糖提取与分离纯化

一、实验原理

平菇（*Pleurotus ostreatus*）又名侧耳、秀珍菇，属于担子菌门伞菌亚门伞菌纲伞菌目侧耳属，是一种常见的食用菌，在我国栽培广泛。平菇营养丰富、味道鲜美，还可以入药，是食药两用菌。每百克干品含蛋白质 7.8～17.8g、脂肪 1.0～2.3g、粗纤维 5.6g、还原糖 0.87～1.8g、多糖类 57.6～81.8g，其多糖含量极其丰富。平菇多糖是一种高分子多糖类活性物质，具抗氧化、抗肿瘤和免疫调节等活性，而且对 DPPH·自由基具有明显的清除作用，除现有的生物活性的临床应用外，对其开发特质性功能仍在研究中，拥有巨大的市场潜能。

微波萃取是利用电磁场的作用使固体或半固体物质中的某些有机物成分与基体有效地分离，并能保持分析对象的原本化合物状态的一种分离方法。物料在微波辐射下吸收微波能，细胞内部的温度将迅速上升，从而使细胞内部的压力超过细胞壁膨胀所能承受的能力，结果细胞破裂，其内的有效成分自由流出，溶解于萃取介质中。而且微波所产生的电磁场可加大被萃取组分的分子由固体内部向固液界面扩散的速率。微波萃取具有试剂用量少、加热均匀、热效率高、不存在热惯性、工艺简单以及回收率较高等优点，被誉为“绿色提取工艺”。

二、实验条件

（1）实验材料　平菇子实体清水洗净，50℃烘干至恒重，以高速万能粉碎机粉碎后过 100 目筛，得子实体干粉备用。

（2）实验仪器　高速万能粉碎机，紫外可见分光光度计，电子天平，旋转蒸发仪，微波炉，离心机，真空干燥箱。

（3）实验试剂　95%的乙醇，浓硫酸，苯酚，葡萄糖，氯仿，正丁醇，无水乙醇。

三、实验步骤

1. 标准曲线的绘制

在 7 支试管中分别加入 0.1mg/ml 葡萄糖标准品溶液 0、0.1ml、0.2ml、0.4ml、0.6ml、0.8ml、1.0ml，编号 1～7，加蒸馏水至 1ml，在冰水浴中加入 5%苯酚水溶液 0.5ml、浓硫酸 5ml，混匀，沸水浴 2min，冷水浴冷却，以 1 号管为对照，于 485nm 波长下测定各管吸光值，以浓度（c）为横坐标、吸光度（D）为纵坐标，绘制标准曲线。

2. 平菇多糖提取流程

平菇子实体干粉 3g 加入 75ml 蒸馏水→微波处理→70℃热水浸提→离心（4000r/min、15min）取上清液→真空干燥仪浓缩至 10ml→1/2 体积 Sevage 试剂（氯仿、正丁醇体积比 4：1）去蛋白三次→3 倍体积无水乙醇沉淀（4℃ 静置 12 h）→离心（4000r/min、15min）取沉淀→无水乙醇洗涤沉淀三次→干燥→得多糖粗提物。

3. 正交实验

在单因素实验的基础上，以平菇多糖得率作为考察指标，选取微波功率（W）、微波时间（min）、热水浸提时间（h）为考察因素，各取 3 个水平，进行 $L_9(3^3)$ 正交实验，以确定平菇多糖的最优提取工艺条件。正交试验因素与水平设计见表 12-12。

表 12-12　正交试验因素水平表

水平	因素		
	A 微波功率/W	B 微波时间/min	C 热水浸提时间/h
1	500	2	2
2	700	3	3
3	800	4	4

四、结果与计算

1. 标准曲线绘制

见表 12-13。

表 12-13　标准曲线绘制

编号	1	2	3	4	5	6	7
浓度/(μg/ml)	0	10	20	40	60	80	100
A_{485}							
回归方程						R^2	

2. 多糖得率和多糖粗提物纯度的计算

(1) 采用差重法称量提取得到的水溶性粗多糖干重 M，可计算多糖得率：

$$多糖得率(\%)=粗多糖干重\ M/子实体干重\times 100\% \tag{12-13}$$

(2) 取多糖粗提物用蒸馏水溶解至适当体积 V(ml)，苯酚-硫酸法测得 485nm 波长下吸光度，代入标准曲线得多糖粗提物水溶液浓度 c(μg/ml)，可计算多糖粗提物纯度：

$$多糖粗提物纯度(\%)=\frac{c\times V}{M}\times 100\% \tag{12-14}$$

3. 正交实验结果及分析

见表 12-14。

表 12-14　正交实验结果表

实验号	因素			得率/%
	A	B	C	
1	1	1	1	
2	1	2	2	
3	1	3	3	
4	2	1	2	
5	2	2	3	

续表

实验号	因素			得率/%
	A	B	C	
6	2	3	1	
7	3	1	3	
8	3	2	1	
9	3	3	2	
K_1				
K_2				
K_3				
R				

3个因素对平菇多糖得率的影响主次顺序为______＞______＞______，最佳平菇多糖提取工艺条件为A__ B__ C，验证得率为______，纯度为______。

五、注意事项

测定多糖浓度时注意浓硫酸的安全使用。

六、参考文献

[1]　顾华杰，黄金汇，金琎等．4种灰树花多糖测定方法的比较．江苏农业科学，2011，39（4）：400-402.

[2]　朱兴一，陈秀，谢捷等．基于响应面法的闪式提取香菇多糖工艺优化．江苏农业科学，2012，40（5）：243-245.

[3]　范晓良，颜继忠，阮伟峰．香菇多糖的提取、分离纯化及结构分析研究进展．海峡药学，2012，24（5）：1-3.

（本章由王桃云、钱玮编写）

第十三章　生物信息学基础

实验一　基因和基因组数据库

一、实验原理

核酸序列是了解生物体结构、功能、发育和进化的根本出发点。随着测序技术的发展，国际上已经建立起许多公共的核酸序列数据库和基因组图谱数据库。这些数据库包含了现有已知的核苷酸序列、单核苷酸多态性、结构、性质，以及它们的科学命名、来源、参考文献等相关描述，为生物学研究人员提供了大量有用的信息。这些数据库由专门的机构建立和维护，它们负责收集、组织、管理和发布生物分子数据，并提供数据检索和分析工具。目前国际上比较权威的核酸一级序列数据库有三个，分别是美国生物技术信息中心（National Center for Biotechnology Information，NCBI）的 GenBank（http：//www. ncbi. nlm. nih. gov/web/Genbank/index/html）、欧洲分子生物学实验室的 EMBL（http：//www. ebi. ac. uk/embl/index/html）及日本遗传研究所的 DDBJ（http：//www. ddbj. nig. ac. jp/）。这三个数据库实现了数据的相互交换和信息共享，因此数据内容基本一致，仅在格式上有所不同，对于特定的查询，三个数据库的响应结果均相同。除此以外，各国基因组研究中心还分别组建了基因组数据库，其内容涵盖了基因组结构、基因单位、基因组图谱等，其中具有代表性的基因组数据库有：①人类基因组数据库 GDB（http：//www. gdb. org/），这是一个出现较早的基因组数据库，为人类基因组计划（HGP）保存和处理基因组图谱数据，其内容包括人类基因组区域、人类基因组图谱以及人类基因组内的变异。②NCBI 基因组数据库 Genome（http：//www. ncbi. nlm. nih. gov），Genome 提供由世界各研究机构提交的 900 多个种属的基因组数据，收录了完整的染色体组以及重叠序列的图谱。③Ensembl（http：//www. ensembl. org/），Ensembl 是一个综合性的基因组数据库，包括所有公开的人类基因组 DNA 序列，现在还收录了其他基因组，如大鼠、小鼠、线虫、果蝇等。

本实验将介绍如何通过 Entrez 数据库查询系统对 GenBank 进行检索，从而掌握主要基因和基因组数据库结构形式、访问路径和查询方法。

Entrez 是 NCBI 所提供的在线数据库检索系统。Entrez 将 NCBI 的核酸、蛋白质序列和基因图谱、蛋白质结构数据库整合在一起，因此可以实现跨库检索，即在其中任一数据库检索，便可获得其他相关数据库中的信息。

GenBank 是 NCBI 建立的基因序列数据库，它是一个历史数据库，收录了所有曾经发表的 DNA 序列，因此被认为是一个冗余的数据库。完整的 GenBank 数据库包括序列文件、索引文件以及其他有关文件，其中最常用的是序列文件，基本单位是序列条目，包括核苷酸碱基排列顺序和注释两部分。序列文件由单个的序列条目组成。序列条目由字段组成。索引文件是根据数据库中作者、参考文献等字段建立的，用于数据库查询。

二、实验条件

计算机（联网）。

三、实验步骤

1. 浏览基因组数据库网站

进入 GenBank（http://www.ncbi.nlm.nih.gov/web/Genbank/index/html），了解其结构，记录最新更新版本、目前可获得的最新记录条数等信息。

2. 利用 Entrez 获取序列信息，浏览数据库条目

进入 Entrez 主页（http：//www.ncbi.nlm.nih.gov/Entrez/），检索前列腺素合成酶 PTGS1 的核酸序列：在 Search 后的搜索栏中输入关键词 PTGS1，点击“GO”查询得到 NCBI 各数据库中条目的数目。再选择 GENE 数据库，记录下条目的数目。点击进入 GENE 检索结果，选择“Homo sapiens”相关条目，找到人类前列腺素合成酶“PTGS1”。

3. 从核酸序列记录文件中获取生物信息

点击 PTGS1 的超链接，阅读序列格式的解释，理解各字段的含义，并保存查询到的核苷酸记录。

4. GenBank 序列的显示格式与保存

以步骤 3. 所获得的核酸序列结果页面为例，在显示模式“Display”的下拉菜单中选择序列的格式，如 FASTA，然后点击 Display 按钮，序列就以 FASTA 格式出现。如果需要保存该条序列信息，则复制该序列（包括“＞”开始的标题行）并将其粘贴到一个 word 文档中。打开 word 文档，清除文档中所有的段落标记和空格，在标题行（以“＞”开头）后、序列开始前添加一个段落标记，保存文件。

四、结果与计算

保存查询的核酸序列文档，分析并回答以下问题：

1. 该基因的名称是什么？
2. 基因位于染色体的什么位置？
3. 人类 PTGS1 的 mRNA 序列在 RefSeq 中的序列号是什么？
4. 该基因的功能是什么？
5. 该基因的表达产物是什么？
6. 该基因的表达可能受到哪些因子的调控？

五、注意事项

1. 实验时不允许登陆与课程无关的网络，或利用计算机做与课程无关的事情。
2. 实验完毕后，必须关闭所用计算机。离开实验室前，关闭电源、门窗、灯等。

六、参考文献

[1] 孙清鹏．生物信息学应用教程．北京：中国林业出版社，2012.
[2] 奎恩，孙啸等．生物信息学概论．北京：清华大学出版社，2004.
[3] T Charlie Hodgman，Andrew French，David R Westhead. 生物信息学．第 2 版．北京：科学出版社，2010.

实验二 蛋白质数据库

一、实验原理

随着蛋白质组数据的增长和复杂程度的增加，需要数据库将这些数据以结构化的形式组

织起来，以便于研究者查询和分析。过去的几年内，蛋白质数据库数量迅速增长，覆盖面逐渐扩大，为研究者提供了极大的便利。蛋白质数据库理论上可分为以下几个类别：蛋白质序列数据库、三维结构数据库、代谢数据库、相互作用数据库、蛋白图谱数据库、表达谱和结构域数据库、翻译后修饰数据库等。由于蛋白质数据库日新月异，不可能在此作全部介绍，本节着重介绍蛋白质序列数据库和结构数据库。

1. 蛋白质序列数据库

具有代表性的蛋白质序列数据库如下：

GenBank——www. ncbi. nlm. nih. gov/

PIR——http：//pir. georgetown. edu/

EMBL/trEMBL——www. ebi. ac. uk/trembl/

Swiss-Prot——www. expasy. ch/sprot/

UniProt——http：//www. pir. uniprot. org/

(1) NCBInr 非冗余蛋白质数据库　NCBI 提供了一系列在生物学研究领域中应用广泛的数据库，除了核酸序列数据库 GenBank，还可以通过 NCBI 的搜索引擎 Entrez-Proteins 从 Swiss-Prot、PDB、PIR 和 GenBank 序列编码区（CDS）等蛋白质数据库中检索蛋白质，并去除重复序列，检索到的条目构成了 NCBInr 非冗余蛋白质数据库。NCBInr 包含大量的蛋白质序列，几乎囊括了目前已知的所有蛋白质。网页仅给出很少量的注释信息，以文本的形式逐行显示，包括蛋白质的名称、物种、序列号、功能编码区基因信息以及蛋白质序列。

(2) PIR　PIR（http：//pir. georgetown. edu/）是一个全面的、经过注释的非冗余蛋白质序列数据库。其中所有序列数据都经过整理，超过 99%的序列已按蛋白质家族分类，一半以上还按蛋白质超家族进行分类。除了蛋白质序列数据之外，PIR 还提供以下注释信息：

① 蛋白质名称、分类学、物种来源；

② 蛋白质的序列和长度；

③ 关于原始数据的出版文献；

④ 蛋白质功能和蛋白质的一般特征，包括基因表达、翻译后处理、活化等；

⑤ 序列中相关的位点、功能区域；

⑥ 对于数据库中的每一个条目，提供链接到其他数据库的交叉索引，包括 GenBank、trEMBL、DDBJ、GDB、RefSeq、GenPept 数据库，PIR 与这些数据库网站所提供的蛋白质注释信息互相引用但并不完全相同。

(3) Swiss-Prot　Swiss-Prot 数据库是带有注释的通用型序列数据库，提供了高质量的蛋白质注释，数据库中的所有序列条目都经过有经验的分子生物学家和蛋白质化学家通过计算机工具并查阅有关文献资料仔细核实，Swiss-Prot 中的蛋白质注释是人工添加的，SIB 和 EBI 中有专人负责蛋白质序列资料的查询、整理、分析、注释和发布工作，力图提供高质量的蛋白质序列和注释信息。这些注释为用户提供了非常有价值的信息。Swiss-Prot 序列数远低于 PIR 数据库，这源于 Swiss-Prot 的非冗余性。许多数据库根据不同的文献报道对同一蛋白质序列设置独立的条目，而在 Swiss-Prot 中，尽量将相关的数据归并，对每个蛋白质只保留一个一致的序列信息，蛋白质序列的突变体、其他剪切形式及不一致的测序结果则收录在序列的注释特征表中，大大降低了数据库的冗余程度。

(4) TrEMBL 数据库　TrEMBL 数据库中的蛋白质序列不是直接由实验得到，而是根据 EMBL/Genbank/DDBJ 核酸数据库中的编码序列（coding sequence，CDS）翻译而自动生成，通过计算机自动产生蛋白质注释，注释质量有所下降，然而注释速度大为提高。TrEMBL 收录的低水平注释序列尚未收录到 Swiss-Prot 数据库中，因此是 Swiss-Prot 数据库的有效补充。如果根据核酸编码序列翻译的蛋白质序列已经出现在 Swiss-Prot，则 TrEMBL 会将该序列删除以减少冗余性。

(5) UniProt　2002 年，SIB、EBI 和 PIR 将 3 个蛋白质数据库（即 PIR 的 PIR-PSD、Swiss-Prot 和 TrEMBL）统一起来，组建了蛋白质数据库国际纵队 UniProt（Universal Protein Resource，http：//www. ebi. ac. uk/uniprot/index. html）。现在通过 UniProt 就可以访问这三个数据库中的蛋白质数据。

2. 蛋白质结构数据库

蛋白质分子的功能是通过三维空间结构实现的。因此，除了蛋白质一级序列数据库外，三维空间结构数据库则是另一类重要的蛋白质信息数据库。蛋白质结构数据库的基本内容是实验测定的蛋白质分子空间结构原子坐标。近年来，随着晶体衍射技术和多维核磁共振溶液构象测定方法的成熟，越来越多的蛋白质分子结构被测定，蛋白质分子结构数据库的数据量迅速上升。下面列出了目前主要的蛋白质结构数据库的网址：

RCSB-PDB——http：//www. rcsb. org/pdb/

MSD——http：//www. ebi. ac. uk/msd/index. html

CATH——http：//www. biochem. ucl. ac. uk/bsm/cath/

SCOP——http：//scop. mrc-lmb. cam. ac. uk/scop/

NRL-3D——www2. ebi. ac. uk/pdb

HSSP—www. gdb. org/Dan/protein/nrl3d. html

PDB（http：//www. rcsb. org/pdb/）是国际上最著名的蛋白质分子结构数据库，PDB 中含有通过实验（X 射线晶体衍射，核磁共振 NMR）测定的生物大分子的三维结构，该数据库也包括许多冗余的数据。

二、实验条件

计算机（联网）。

三、实验步骤

1. 进入蛋白质序列数据库 UniProt，了解其结构，记录最新版本及发布日期、访问地址、包括哪些字库、各有什么特点。

2. 检索 uniprot 寻找 PTGS1 核酸序列有无表达的蛋白质，获得其蛋白质序列记录的注释信息，包括：功能特点、结构特征、序列，并以 FASTA 格式保存蛋白质序列。

3. 获得蛋白质的结构数据。在步骤 2. 的 PTGS1 蛋白质序列页面右上角找到该蛋白质序列号，点击其右侧的 download files 选项，从下载选项中选择 PDB file（text），将文件以 PDB 格式保存到本地磁盘。

四、结果与计算

1. 写出至少三个该蛋白质的别名。

2. 该蛋白质位于细胞什么位置？

3. 该蛋白质由多少个氨基酸组成？

4. 该蛋白质参与哪些生物过程？有何生物功能？

五、注意事项

1. 实验时不允许登陆与课程无关的网络，或利用计算机做与课程无关的事情。

2. 实验完毕后，必须关闭所用计算机。离开实验室前，关闭电源、门窗、灯等。

六、参考文献

[1] 孙清鹏. 生物信息学应用教程. 北京：中国林业出版社，2012.

[2] 奎恩，孙啸等. 生物信息学概论. 北京：清华大学出版社，2004.

[3] T Charlie Hodgman，Andrew French，David R Westhead. 生物信息学. 第2版，北京：科学出版社，2010.

实验三　同源性搜索

一、实验原理

序列比对是对于序列相似性的一种定性描述，其根本任务是通过比较生物分子的序列，发现序列之间的相似性，找出序列之间共同的区域，或者辨别序列之间的差异。通过序列的相似性可以推断得到序列的结构和功能，还可以判断序列之间的同源性，推测序列之间的进化关系。

BLAST（Basic local alignment search tool）是一个NCBI开发的序列相似搜索程序，能够在小于15s的时间内对整个DNA数据库执行序列搜索，快速查找与靶序列具有连续相同片段的序列。可以登录 http：//www. ncbi. nlm. nih. gov/Education/BLASTinfo/tut1. html 了解BLAST的详细功能。

本实验将通过NCBI主页（http：//www. ncbi. nlm. nih. gov）上提供的BLAST功能，寻找某一特定序列的来源及功能。

二、实验条件

计算机（联网）。

三、实验步骤

将实验一和实验二获得的Fasta格式的核酸和蛋白质序列提交到NCBI的BLAST运算平台（http：//www. ebi. ac. uk/blastall/）。选择适合的程序和数据库：对于核酸序列，选择blastn和embl数据库；对于蛋白质序列，选择blastp和swissprot数据库。点击“Submit”按钮，开始blast同源性检索。检索需等待一定的时间，查看匹配结果，打开匹配度较高的序列，了解文件格式，查看其生物来源和功能等。

四、结果与计算

根据检索内容回答下面的问题：

1. 前列腺素合成酶基因的BLAST的结果有多少个相似序列，其中匹配程度最高为100%的序列其登陆号为多少？

2. 此段序列中对应前列腺素合成酶基因的片段从多少碱基对（bp）到多少碱基对（bp）？

3. 前列腺素合成酶的功能是什么？相似序列有哪些，分别来自什么物种，有何功能？

4. 基因和蛋白质的BLAST结果是否相同？

5. 将基因序列的前21个核苷酸去掉，同时将对应的氨基酸从蛋白质序列中去掉，重新blast，结果是否有变化？将核苷酸/氨基酸从序列末端去除，重新blast，匹配结果是否相同？不断增加去除的个数，达到多少个的时候BLAST结果发生改变？

五、注意事项

1. 实验时不允许登陆与课程无关的网络，或利用计算机做与课程无关的事情。

2. 实验完毕后，必须关闭所用计算机。离开实验室前，关闭电源、门窗、灯等。

六、参考文献

[1] 孙清鹏．生物信息学应用教程．北京：中国林业出版社，2012.

[2] 奎恩，孙啸等．生物信息学概论．北京：清华大学出版社，2004.

[3] T Charlie Hodgman, Andrew French, David R Westhead. 生物信息学．第2版．北京：科学出版社，2010.

实验四 分子系统发生分析

一、实验原理

本实验将介绍核酸和蛋白质等生物大分子的系统发生分析和分子进化树的构建方法。分子系统发生分析是生物信息学的基本内容，旨在研究生物分子的进化模式、方向和速率等。多序列比对是研究相关分子进化关系的基本方法。例如，从不同的物种中选取具有进化同源性的核酸或蛋白质序列进行联配和聚类分析，可以判断物种的亲缘关系、发现生物分子的进化保守区域或突变敏感区域。多序列比对有助于预测蛋白质的功能和结构或鉴定蛋白质家族的新成员。最常用的多序列比对工具是ClustalW，利用这个工具可以对蛋白质和核酸序列进行比对，除掉结构相同的或者只有个别碱基序列不同的序列，最后保留的结果则将被用于构建分子系统树。常用的进化分子树构建方法有：距离法、简约法和最大似然法等。国际上最通用的系统树构建软件为Phylip（http：//bioweb. pasteur. fr/seqanal/phylogeny/phylip-uk. html），这是一个免费的进化分析工具，集成了多个系统发生分析的程序。本实验将结合ClustalW和Phylip构建分子系统进化树。

二、实验条件

计算机（联网）。

三、实验步骤

1. 获取待分析序列

首先确定感兴趣的序列（通常由测序获得），然后通过NCBI的BLAST检索具有相似性的同源核酸或蛋白质序列，并以Fasta格式下载，所有序列粘贴到同一个文件中。

2. 多序列比对

本实验采用ClustalW对已知DNA序列或者蛋白质序列做多序列比对。首先进入ClustalW页面（http：//www. ebi. ac. uk/Tools/msa/clustalw2/），将所有Fasta格式的序列复制并粘贴到数据输入框，或者用浏览键上传本地文件。选择缺省参数，输出格式选择Phylip，点击“Submit”运行多序列比对。将比对结果粘贴到一个新的文本文件中，另存为‘*. phy’，作为phylip的输入文件。

3. 用 Phylip 软件推导进化树

Phylip 所用的文件都来自 Phylip 软件包的‘exe’文件夹，路径为‘C：\ Program Files \ phylip-3. 68 \ exe’。因此必须将 ClustalW 生成的 Phylip 文件复制到‘exe’文件夹内。

(1) 进入 exe 文件夹，双击运行‘seqboot. exe’，将会弹出一个控制窗口，询问输入文件的名称。按照路径输入 ClustalW 生成的 PHY 文件（*. phy)，回车。输 Y 确认参数为缺省，bootstrap 的次数一般为 100～1000，缺省情况下为 100。在 Random number seed (must be odd)？的下面输入一个 4N+1 的奇数种子，程序开始运行，并在 exe 文件夹中产生输出文件 outfile。将输出文件改名为“. txt”结尾的文件，用文本编辑器打开，可以看到该文件有 100 个 Phylip 格式的比对。

注意：所有 Phylip 程序默认‘infile’为输入文件名，为防止混淆，不要将文件命名为‘infile’（或‘intree’）。此外，所有 Phylip 程序将输出文件命名为‘outfile’（或‘outtree’），因此一旦得到‘outfile’或‘outtree’，应立即改名，以避免被新生成的 outfile 文件覆盖。

(2) 采用距离矩阵法推测进化树。这里采用 DNADIST 程序（仅适用于 DNA 序列，蛋白质序列则用 PROTDIST）计算输入文件的距离矩阵。双击打开 DNADIST. exe，将上一步 SEQBOOT 的输出文件作为输入文件。选项 D 有四种距离模式可以选择，选项 M 输入 100。输 Y 确认参数，程序开始运行，并在 EXE 文件夹中产生 outfile，更名。

(3) 用 neighbor 程序对输入序列生成邻位连接树（Neighbour-joining tree)。

以上一步中 DNADIST 的输出文件作为输入文件，执行 NEIGHBOR. exe。M 输入 100，输 Y 确认参数，程序开始运行，并在 exe 文件夹中产生 outfile 和 outtree 两个输出文件，改名。

(4) 由 consense 程序获得最优树（bootstrap)。　双击打开 consense. exe，选择刚才产生的树文件（outtree）作为输入文件。输入 Y 确认设置。程序将生成两个输出文件：outfile 和 outtree，这就是进化树分析的最终结果。

4. 进化树的编辑和阅读

(1) TREEVIEW　CONSENSE 生成的 outtree 文件可改为 *. tre 文件，直接双击在 treeview 里查看；也可以不改文件扩展名，直接用 treeview 软件打开编辑。Treeview 是一个免费的进化树阅读软件，可以根据 Phylip 得到的树输出文件，做出无根树、有根树，并在树中显示进化距离。

(2) DRAWTREE　DRAWTREE 也可用于绘制无根树。双击运行 DRAWTREE 程序，输入 CONSENSE 生成的 outtree 文件。输入‘font1’作为 font 文件名。将‘Final plotting device’改为 MS-Windows Bitmap，分辨率 1500×1500。输入 Y 确认参数，程序开始运行，并出现进化树的预览窗口。如果对预览结果不满意的话，点击‘File>change parameters’修改参数直到满意为止，点击‘File>plot’，得到‘plotfile’，将其重命名为‘. bmp’，双击即可看到树图。如果要编辑进化树，可以用‘retree. exe’对 CONSENSE 生成的原始‘outtree’树文件进行编辑。

四、结果与计算

采用实验一所检索的 DNA 序列进行系统发育树的构建结果（包括序列比对结果及最终生成的树）。

五、注意事项

1. 实验时不允许登陆与课程无关的网络，或利用计算机做与课程无关的事情。

2. 实验完毕后，必须关闭所用计算机。离开实验室前，关闭电源、门窗、灯等。

六、参考文献

[1] 孙清鹏. 生物信息学应用教程. 北京：中国林业出版社，2012.

[2] 奎恩，孙啸等. 生物信息学概论. 北京：清华大学出版社，2004.

[3] T Charlie Hodgman，Andrew French，David R Westhead. 生物信息学. 第2版. 北京：科学出版社，2010.

（本章由陈佳佳编写）

附　录

附录一　法定计量单位和单位换算

1. 公制的词冠

T＝tera＝10^{12}；G＝giga＝10^9；M＝mega＝10^6

k＝kilo＝10^3；c＝centi＝10^{-2}；m＝milli＝10^{-3}

μ＝micro＝10^{-6}；n＝nano＝10^{-9}；p＝pico＝10^{-12}

f＝femto＝10^{-15}；a＝atto＝10^{-18}；z＝zepto＝10^{-21}

2. 通用的缩写

ds　双链（例如 dsDNA）

ss　单链（例如 ssDNA）

bp 碱基对

kb　大约 1 000 个碱基或碱基对

Mb　(megabase)：1 000 000bp

Da　道尔顿，分子质量单位；kDa＝1 000Da，MDa＝1 000 000Da

M_W　分子量

M (mol/L)　摩尔浓度，每升溶液中溶质的物质的量（mol）

mol　物质的绝对数量

λ　波长

λ_{max}　最大光吸收时的最大波长

3. 数据换算

(1) 核酸分光度的换算

在光程为 1cm 的石英比色皿中，一个 OD_{260} 相当于：

1 个 33μg/ml 的单链低聚核苷酸溶液；

1 个 36μg/ml 的单链 DNA 溶液；

1 个 50μg/ml 的双链 DNA 溶液；

1 个 40μg/ml 的单链 RNA 溶液。

(2) 核酸的换算

1μg of 1 000 bp DNA＝1.52pmol＝9.1×10^{11} molecules

1μg of pUC18/19 质粒 DNA(2 686bp)＝0.57pmol＝3.4×10^{11} molecules

1μg of pBR322 质粒 DNA(4 361bp)＝0.35pmol＝2.1×10^{11} molecules

1μg of M13mp18/19 载体 DNA(7 250bp)＝0.21pmol＝1.3×10^{11} molecules

1μg of λ 噬菌体 DNA(48 502bp)＝0.03pmol＝1.8×10^{10} molecules

1pmol of 1 000bp DNA＝0.66μg

1pmol of pUC18/19 质粒 DNA(2 686 bp)＝1.77μg

1 pmol of pBR322 质粒 DNA(4 361 bp)＝2.88μg

1 pmol of M13mp18/19 载体 DNA(7 250 bp) ＝4.78μg

1 pmol of λ 噬菌体 DNA(48 502 bp)＝32.01μg

1kb 双链 DNA(钠盐)＝6.6×10^5 Da

1kb 单链 DNA(钠盐)＝3.3×10^5 Da

1kb 单链 RNA(钠盐)＝3.4×10^5 Da

(3) 蛋白质的换算

100pmol 100 000Da 蛋白质＝10μg

100pmol 50 000Da 蛋白质＝5μg

100pmol 10 000Da 蛋白质＝1μg

(4) 蛋白质核酸的换算

分子质量 10 000Da 的蛋白质＝270bp DNA

分子质量 30 000Da 的蛋白质＝810bp DNA

分子质量 37 000Da 的蛋白质＝1 000bp DNA（对应编码 333 个氨基酸的能力）

分子质量 50 000Da 的蛋白质＝1.35kb DNA

分子质量 100 000Da 的蛋白质＝2.7kb DNA

附录二 常见缓冲液配制

1. 磷酸盐缓冲液（0.1mol/L）

贮备液 A：0.2mol/L 磷酸二氢钠

$NaH_2PO_4\cdot H_2O$ 相对分子质量为 138.01，0.2mol/L 溶液为 27.60g/L；

$NaH_2PO_4\cdot 2H_2O$ 相对分子质量为 156.03，0.2mol/L 溶液为 31.21g/L。

贮备液 B：0.2mol/L 磷酸氢二钠

$Na_2HPO_4\cdot 2H_2O$ 相对分子质量为 178.05，0.2mol/L 溶液为 35.61g/L；

$Na_2HPO_4\cdot 12H_2O$ 相对分子质量为 358.22，0.2mol/L 溶液为 71.64g/L。

附表 2-1 磷酸盐缓冲液配制（x ml A＋y ml B，稀释至 200ml）

pH	x	y	pH	x	y
5.7	93.5	6.5	6.9	45.0	55.0
5.8	92.0	8.0	7.0	39.0	61.0
5.9	90.0	10.0	7.1	33.0	67.0
6.0	87.7	12.3	7.2	28.0	72.0
6.1	85.0	15.0	7.3	23.0	77.0
6.2	81.5	18.5	7.4	19.0	81.0
6.3	77.5	22.5	7.5	16.0	84.0
6.4	73.5	26.5	7.6	13.0	87.0
6.5	68.5	31.5	7.7	10.5	89.5
6.6	62.5	37.5	7.8	8.5	91.5
6.7	56.5	43.5	7.9	7.0	93.0
6.8	51.0	49.0	8.0	5.3	94.7

2. Tris 缓冲液（0.05mol/L）

某一特定 pH 的 0.05mol/L Tris 缓冲液的配置：将 50ml 0.1mol/L Tris 碱溶液与附表 2-2 所列出的相应体积（ml）的 0.1mol/L HCl 混合，加水调体积至 100ml。

附表 2-2　Tris 缓冲液配制

pH 值(25℃)	0.1mol/L HCl 体积/ml	pH 值(25℃)	0.1mol/L HCl 体积/ml
7.10	45.7	8.10	26.2
7.20	44.7	8.20	22.9
7.30	43.4	8.30	19.9
7.40	42.0	8.40	17.2
7.50	40.3	8.50	14.7
7.60	38.5	8.60	12.4
7.70	36.6	8.70	10.3
7.80	34.5	8.80	8.5
7.90	32.0	8.90	7.0
8.00	29.2		

3. 柠檬酸-柠檬酸钠缓冲液（0.1mol/L）

贮备液 A：0.1mol/L 柠檬酸

（$C_6H_8O_7$）·H_2O 相对分子质量为 210.14，0.1mol/L 溶液为 21.01g/L。

贮备液 B：0.1mol/L 柠檬酸钠

（$Na_3C_6H_8O_7$）·$2H_2O$ 相对分子质量为 294.12，0.1mol/L 溶液为 29.41g/L。

附表 2-3　柠檬酸-柠檬酸钠缓冲液配制（x ml A+y ml B）

pH	x	y	pH	x	y
3.0	18.6	1.4	5.0	8.2	11.8
3.2	17.2	2.8	5.2	7.3	12.7
3.4	16.0	4.0	5.4	6.4	13.6
3.6	14.9	5.1	5.6	5.5	14.5
3.8	14.0	6.0	5.8	4.7	15.3
4.0	13.1	6.9	6.0	3.8	16.2
4.2	12.3	7.7	6.2	2.8	17.2
4.4	11.4	8.6	6.4	2.0	18.0
4.6	10.3	9.7	6.6	1.4	18.6
4.8	9.2	10.8			

4. 醋酸缓冲液（0.2mol/L）

贮备液 A：0.2mol/L 醋酸钠

NaAc·$3H_2O$ 相对分子质量为 136.09，0.2mol/L 溶液为 27.22g/L。

贮备液 B：0.2mol/L 醋酸

HAc 物质的量浓度为 17.4mol/L，0.2mol/L 溶液为 11.55ml/L。

附表 2-4　醋酸缓冲液配制（x ml A+y ml B）

pH(18℃)	x	y	pH(18℃)	x	y
3.6	0.75	9.25	4.8	5.90	4.10
3.8	1.20	8.80	5.0	7.00	3.00
4.0	1.80	8.20	5.2	7.90	2.10
4.2	2.65	7.35	5.4	8.60	1.40
4.4	3.70	6.30	5.6	9.10	0.90
4.6	4.90	5.10	5.8	9.40	0.60

5. 碳酸钠-碳酸氢钠缓冲液（0.05mol/L）

贮备液 A：0.2mol/L 碳酸钠

Na_2CO_3相对分子质量为 105.99，0.2mol/L 溶液为 21.20g/L。

贮备液 B：0.2mol/L 碳酸氢钠

$NaHCO_3$相对分子质量为 84.00，0.2mol/L 溶液为 16.80g/L。

附表 2-5 碳酸钠-碳酸氢钠缓冲液配制（x ml A＋y ml B，稀释至 200ml）

pH	x	y	pH	x	y
9.2	4.0	46.0	10.0	27.5	22.5
9.3	7.5	42.5	10.1	30.0	20.0
9.4	9.5	40.5	10.2	33.0	17.0
9.5	13.0	37.0	10.3	35.5	14.5
9.6	16.0	34.0	10.4	38.5	11.5
9.7	19.5	30.5	10.5	40.5	9.5
9.8	22.0	28.0	10.6	42.5	7.5
9.9	25.0	25.0	10.7	45.0	5.0

6. pH 计标准缓冲液

pH 计用的标准缓冲液要求：有较大的稳定性、较小的温度依赖性，其试剂易于提纯。

常用标准缓冲液的配制方法如下：

pH＝4.00（10～20℃） 将邻苯二甲酸氢钾在 105℃干燥 1h 后，称取 5.07g 加重蒸馏水溶解至 500ml；

pH＝6.88（20℃） 称取在 130℃干燥 2h 的 3.401g 磷酸二氢钾（KH_2PO_4），8.95g 磷酸氢二钠（$Na_2HPO_4 \cdot 12H_2O$）或 3.549g 无水磷酸氢二钠（Na_2HPO_4），加重蒸馏水溶解至 500ml；

pH＝9.18（25℃） 称取 3.8144g 四硼酸钠（$Na_2B_4O_7 \cdot 10H_2O$）或 2.02g 无水四硼酸钠（$Na_2B_4O_7$），加重蒸馏水溶解至 1000ml。

附录三 离心机转速与相对离心力换算

离心机转速与相对离心力换算公式：

$$RCF = 1.119 \times 10^{-5} \times r \times n^2$$

式中，r 为离心机头的半径（角头），或离心管中轴底部内壁到离心机转轴中心的距离（甩平头），cm；n 为离心机每分钟的转速，r/min；RCF 为相对离心力，以地心引力即重力加速度的倍数表示，一般用 g（或数字×g）表示。

此外，根据 RCF 值（g 值）、n（r/min）值、r 值之间的关系，可从附图 3-1、附图 3-2

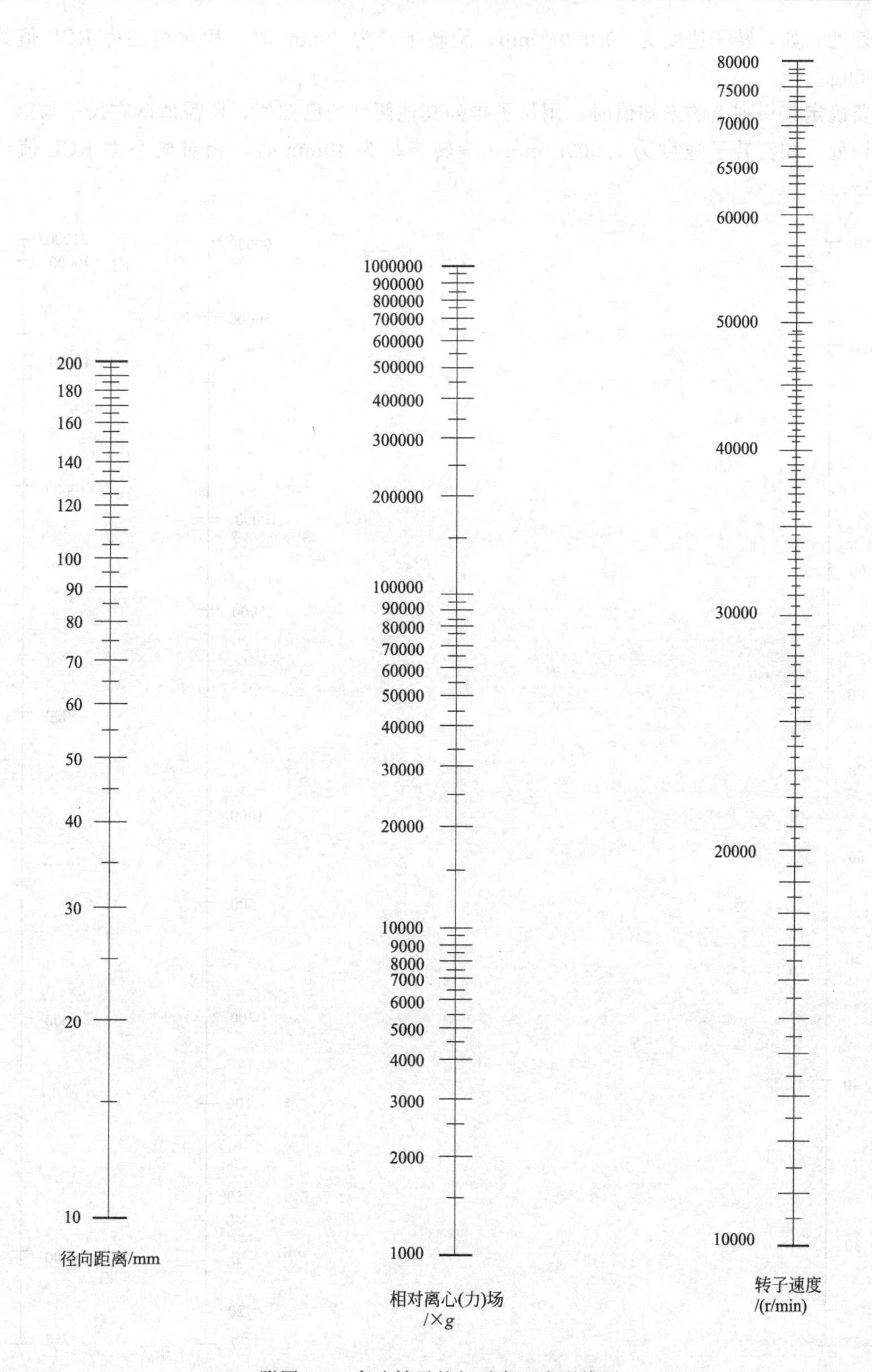

附图 3-1　高速转子的相对离心力列线图

中大致读出各种数值（附图 3-1、附图 3-2 引自《TaKaRa Biotechnology Catalog Online》）。

要确定某一列上的未知值时，用尺子排列其他两列的已知值，所需值落在尺子与第三列的交切处。如：转子速度为 80 000r/min，旋转半径为 20mm 时，相对离心力 RCF 值约为 150 000g。

要确定某一列上的未知值时，用尺子排列其他两列的已知值，所需值落在尺子与第三列的交切处。如：转子速度为 5 000r/min，旋转半径为 40mm 时，相对离心力 RCF 值约为 1 100g。

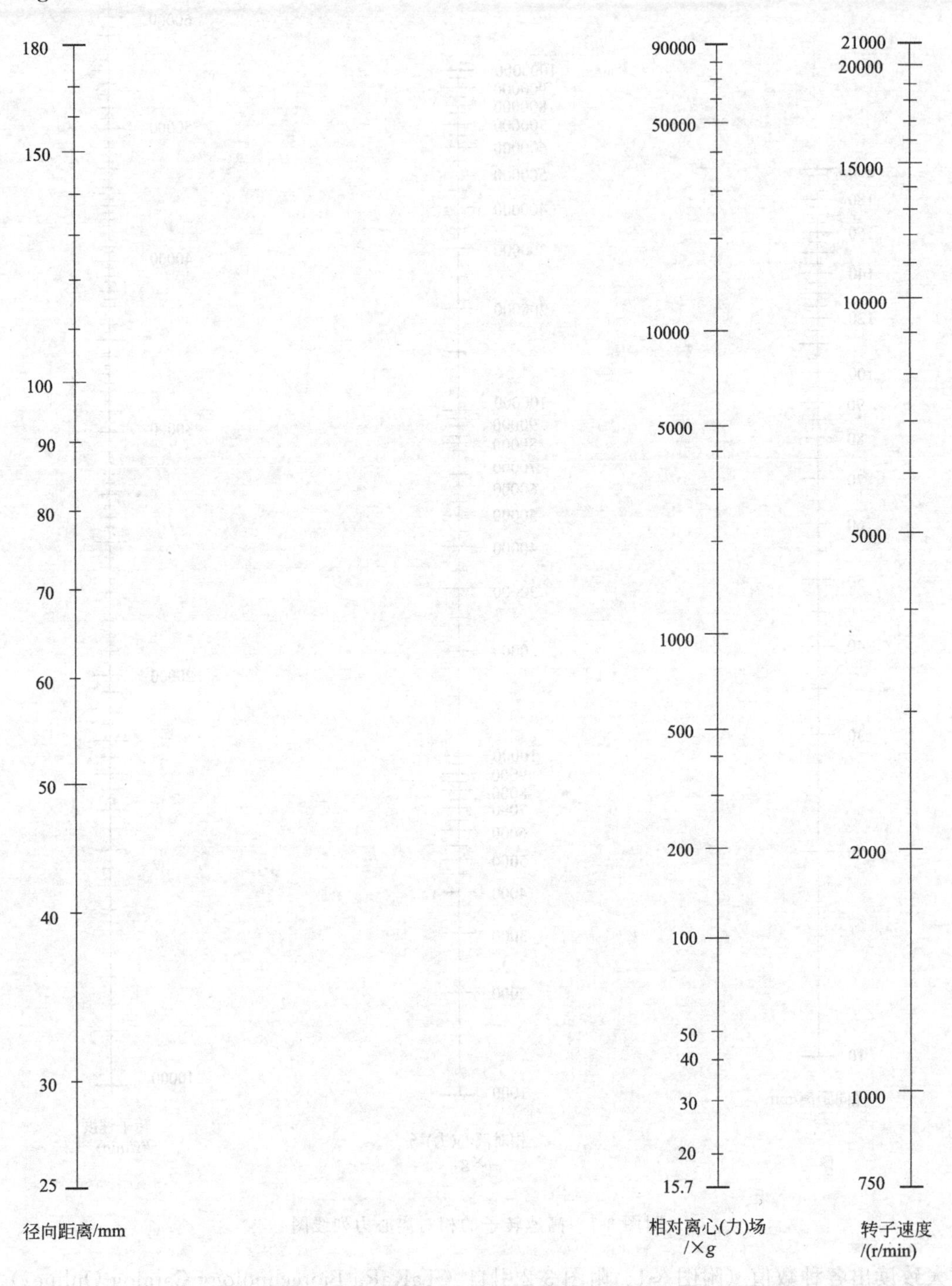

附图 3-2 低速转子的相对离心力列线图

附录四　色谱法常用数据

1. 离子交换纤维素技术数据

附表 4-1　离子交换纤维素技术数据

离子交换纤维素	性状	长度/μm	交换当量/(mg N/g)	蛋白吸附容量/(mg/g)		床体积/(ml/g)	
DEAE-纤维素				胰岛素(pH8.5)	牛血清清蛋白(pH8.5)	pH6.0	pH7.5
DE-22	改良纤维性①	12～400	1.0±0.1	750	450	7.7	7.7
DE-23	同上(除细粒)	18～400	1.0±0.1	750	450	8.3	9.1
DE-32	微粒性(干粉)	24～63	1.0±0.1	850	660	6.0	6.3
DE-52	同上(溶胀)	24～63	1.0±0.1	850	660	6.0	6.3
CM-纤维素				溶菌酶(pH5.0)	7Sγ 球蛋白(pH5.0)	pH5.0	pH7.5
CM-22	改良纤维性	12～400	0.6±0.06	600	150	7.7	7.7
CM-23	同上(除细粒)	18～400	0.6±0.06	600	150	9.1	9.1
CM-32	微粒性(干粉)	24～63	1.0±0.1	1 260	400	6.8	6.7
CM-52	同上(溶胀)	24～63	1.0±0.1	1 260	400	6.8	6.7

① 英国 Whatman 厂的型号，原来有旧型号如 DE-1，为长纤维性，长度 1000μm，还有 DE-11，纤维性，50～250μm，对牛血清清蛋白的吸附容量仅为 130mg/g。

2. 聚丙烯酰胺凝胶的技术数据

附表 4-2　聚丙烯酰胺凝胶的技术数据

型号	排阻的下限(M_r)	分级分离的范围(M_r)	膨胀后的床体积/(ml/g 干凝胶)	膨胀所需最少时间(室温)/h
Bio-gel-P-2	1 600	200～2 000	3.8	2～4
Bio-gel-P-4	3 600	500～4 000	5.8	2～4
Bio-gel-P-6	4 600	1 000～5 000	8.8	2～4
Bio-gel-P-10	10 000	5 000～17 000	12.4	2～4
Bio-gel-P-30	30 000	20 000～50 000	14.9	10～12
Bio-gel-P-60	60 000	30 000～70 000	19.0	10～12
Bio-gel-P-100	100 000	40 000～100 000	19.0	24
Bio-gel-P-150	150 000	50 000～150 000	24.0	24
Bio-gel-P-200	200 000	80 000～300 000	34.0	48
Bio-gel-P-300	300 000	100 000～400 000	40.0	48

注：上述各种型号的凝胶都是亲水性的多孔颗粒，在水和缓冲溶液中很容易膨胀，生产厂为 Bio-Rad Laboratories, Rich-mond, California, USA。

3. 琼脂糖凝胶的技术数据

琼脂糖是琼脂内非离子型的组分，它在 0～4℃、pH4～9 范围内是稳定的。

附表 4-3 琼脂糖凝胶的技术数据

名称、型号	凝胶内琼脂糖质量分数	排阻的下限(M_r)	分级分离的范围(M_r)	生产厂商
Sagavac10	10	2.5×10^5	$1\times10^4\sim2.5\times10^5$	Seravac Laboratories, Maidenhead, England
Sagavac8	8	7×10^5	$2.5\times10^4\sim7\times10^5$	
Sagavac6	6	2×10^6	$5\times10^4\sim2\times10^6$	
Sagavac4	4	15×10^6	$2\times10^5\sim15\times10^6$	
Sagavac2	2	150×10^6	$5\times10^5\sim15\times10^7$	
Bio-GelA-0.5M	10	0.5×10^5	$<1\times10^4\sim2.5\times10^6$	Bio-Rad Laboratories, California, U. S. A.
Bio-GelA-1.5M	8	1.5×10^6	$<1\times10^4\sim1.5\times10^6$	
Bio-GelA-5M	6	5×10^6	$1\times10^4\sim5\times10^6$	
Bio-GelA-15M	4	15×10^5	$4\times10^4\sim15\times10^6$	
Bio-GelA-50M	2	50×10^6	$1\times10^5\sim50\times10^6$	
Bio-GelA-150M	1	150×10^6	$1\times10^6\sim150\times10^6$	

4. 凝胶过滤色谱介质的技术数据

附表 4-4 凝胶过滤色谱介质的技术数据

凝胶过滤介质名称	分离范围	颗粒大小/μm	特性/应用	pH 稳定性工作	耐压/MPa	最快流速/(cm/h)
Superdex30	<10 000	24～44	肽类、寡糖、小蛋白等	3～12	0.3	100
Superdex75	3 000～70 000	24～44	重组蛋白、细胞色素	3～12	0.3	100
Superdex200	10 000～600 000	24～44	单抗、大蛋白质	3～12	0.3	100
Superose6	5 000～5×10^6	20～40	蛋白质、肽类、多糖、核酸	3～12	0.4	30
Superose12	1 000～300 000	20～40	蛋白质、肽类、寡糖、多糖	3～12	0.7	30
Sephacryl S-100HR	1 000～100 000	25～75	肽类、小蛋白质	3～11	0.2	20～39
Sephacryl S-200HR	5 000～250 000	25～75	蛋白质,如清蛋白	3～11	0.2	20～39
Sephacryl S-300HR	10 000～1.5×10^6	25～75	蛋白质、抗体	3～11	0.2	20～39
Sephacryl S-400HR	20 000～8×10^6	25～75	多糖、具延伸结构的大分子如蛋白质、多糖、脂质体	3～11	0.2	20～39
Sepharose6 Fast Flow	10 000～4×10^6	平均 90	巨大分子	2～12	0.1	300
Sepharose4 Fast Flow	60 000～20×10^6	平均 90	巨大分子如重组乙型肝炎表面抗原	2～12	0.1	250
Sepharose2B	70 000～40×10^6	60～200	蛋白质、大分子复合物、病毒、不对称分子如核酸和多糖(蛋白质、多糖)	4～9	0.004	10
Sepharose4B	60 000～20×10^6	45～165	蛋白质、多糖	4～9	0.008	11.5
Sepharose 6B	10 000～4×10^6	45～165	蛋白质、多糖	4～9	0.02	14
Sepharose CL-2B	70 000～40×10^6	60～200	蛋白质、大分子复合物、病毒、不对称分子如核酸和多糖(蛋白质、多糖)	3～13	0.005	15
Sepharose CL-4B	60 000～20×10^5	45～165	蛋白质、多糖	3～13	0.012	26
Sepharose CL-6B	10 000～4×10^6	45～165	蛋白质、多糖	3～13	0.02	30

5．离子交换色谱介质的技术数据

附表 4-5　离子交换色谱介质的技术数据（一）

离子交换介质名称	最高载量	颗粒大小/μm	pH 稳定性工作	耐压/MPa	最快流速/(cm/h)
SOURCE 15Q	25mg 蛋白质	15	2～12	4	1 800
SOURCE 15S	25mg 蛋白质	15	2～12	4	1 800
Q Sepharose H. P.	70mg BSA	24～44	2～12	0.3	150
SP Sepharose H. P.	55mg 核糖核酸酶	24～44	3～12	0.3	150
Q Sepharose F. F.	120mg HSA	45～165	2～12	0.2	400
SP Sepharose F. F.	75mgBSA	45～165	4～13	0.2	400
DEAE Sepharose F. F.	110mg HSA	45～165	2～9	0.2	300
CM Sepharose F. F.	50mg 核糖核酸酶	100～300	6～13	0.2	300
Q Sepharose Big Beads		100～300	2～12	0.3	1 200～1 800
SP Sepharose Big Beads	60mgBSA	干粉 40～120	4～12	0.3	1 200～1 800

附表 4-6　离子交换色谱介质的技术数据（二）

离子交换介质名称	最高载量	颗粒大小/μm	特性/应用	pH 稳定性工作	耐压/MPa	最快流速/(cm/h)
QAE Sephadex A-25	1.2mg 甲状腺球蛋白，80mg HSA	干粉 40～120	纯化低分子量蛋白质、多肽、核苷以及巨大分子(M_r>200 000)，在工业传统应用上具有重要作用	2～10	0.11	475
QAE Sephadex A-50	1.2mg 甲状腺球蛋白，80mgHSA	干粉 40～120	批量生产和预处理用，分离中等大小的生物分子(30～200 000)	2～11	0.01	45
SP Sephadex C-25	1.1mgIgG，70mg 牛羰合血红蛋白质，230mg 核糖核酸酶	干粉 40～120	纯化低分子量蛋白质、多肽、核苷以及巨大分子(M_r>200 000)，在工业传统应用上具有重要作用	2～10	0.13	475
SP Sephadex C-50	8mgIgG，110mg 牛羰合血红蛋白	干粉 40～120	批量生产和预处理用，分离中等大小的生物分子(30～200 000)	2～10	0.01	45
DEAE Sephadex A-25	1mg 甲状腺球蛋白，30mgHAS，140mg α-乳清蛋白	干粉 40～120	纯化低分子量蛋白质、多肽、核苷以及巨大分子(M_r>200 000)，在工业传统应用上具有重要作用	2～9	0.11	475
DEAE Sephadex A-50	2mg 甲状腺球蛋白，110mgHSA	干粉 40～120	批量生产和预处理用，分离中等大小的生物分子(M_r>200 000)，在工业传统应用上具有重要作用	2～9	0.11	45
CM Sephadex C-25	1.6mgIgG，70mg 牛羰合血红蛋白 190mg 核糖核酸酶	干粉 40～120	纯化低分子量蛋白质、多肽、核苷以及巨大分子(M_r>200 000)，在工业传统应用上具有重要作用	6～13	0.13	475
CM Sephadex C-50	7mgIgG，140mg 牛羰合血红蛋白，120mg 核糖核酸酶	干粉 40～120	批量生产和预处理用，分离中等大小的生物分子(30～200 000)	6～10	0.01	45

附录五 常用电泳缓冲液及凝胶加样缓冲液

1. 常用电泳缓冲液

附表 5-1 常用电泳缓冲液

缓冲液	工作液	贮存液/L
Tris-乙酸(TAE)	1× 40mmol/L Tris-乙酸 1mmol/L EDTA	50× 242 g Tris 碱 57.1ml 冰醋酸 100ml 0.5mol/L EDTA(pH8.0)
Tris-硼酸(TBE)①	0.5× 45mmol/L Tris-硼酸 1 mmol/L EDTA	5× 54gTris 碱 27.5g 硼酸 20ml 0.5mol/L EDTA(pH8.0)
Tris-磷酸(TPE)	1× 90mmol/L Tris-磷酸 2 mmol/L EDTA	10× 108g Tris 碱 15.5ml 磷酸(85%,1.69g/ml) 40ml 0.5mol/L EDTA(pH8.0)
Tris-甘氨酸②	1× 25mmol/L Tris-Cl 250mmol/L 甘氨酸 0.1%SDS	5× 15.1g Tris 碱 94g 甘氨酸(电泳级) 50ml 10%SDS(电泳级)

① TBE 通常配制成 5×或 10×贮存液。浓的贮存液的 pH 值应为 8.3，用前稀释。由同一浓度贮存液配制凝胶液和电泳缓冲液。5×贮存液更稳定，在存放时不会出现沉淀。用 0.22μm 滤膜将 5×或 10×贮存液过滤可防止或推迟沉淀的形成。

② Tris-甘氨酸缓冲液用于 SDS-聚丙烯酰胺凝胶。

2. 凝胶加样缓冲液

凝胶加样缓冲液在琼脂或丙烯酰胺状态下，加入用于分析的 DNA 样品时，可加蔗糖、甘油或聚蔗糖等来提高样品密度。

加入 DNA 样品（在 TE 缓冲液中）后要立即电泳。这些凝胶加样缓冲液有三种作用：提高样品密度，同时确保 DNA 均匀散落于溶液中；给样品添色，从而使加样更简单；含有电场中向阳极迁移的已知速率的染色剂。因不受琼脂浓度的影响，溴酚蓝在琼脂凝胶的移动比二甲苯青 FF 快近乎 2.2 倍。溴酚蓝在 0.5×TBE 琼脂凝胶中以相当于 300bp 线性双链 DNA 的速率移动，而二甲苯青 FF 以相当于 4kb 线性双链 DNA 的速率移动。当琼脂在凝胶中的浓度位于 0.5%～1.4%之间时，这种关系不受显著影响。选用哪一类型的加样染色剂根据经验而定。但溴甲酚绿在碱性 pH 环境下，呈现比溴酚蓝更鲜明的色彩，故在碱性凝胶中，可用溴甲酚绿作为示踪染色剂。

一般来说，这些凝胶加样缓冲液不经灭菌。每 10μl 总样品中加入 6×缓冲液 2μl，或者每 9μl 总样品中加入 10×缓冲液 1μl。

附表 5-2 凝胶加样缓冲液配制

缓冲液类型	6×缓冲液	10ml 中的体积
Ⅰ	0.25%溴酚蓝 0.25%二甲苯青 FF 40%(w/v)蔗糖水溶液	1%,2.5ml 1%,2.5ml 4g

续表

缓冲液类型	6×缓冲液	10ml 中的体积
Ⅱ	0.25%溴酚蓝	1%,2.5ml
	0.25%二甲苯青 FF	1%,2.5ml
	15%聚蔗糖水溶液	1.5g
Ⅲ	0.25%溴酚蓝	1%,2.5ml
	0.25%二甲苯青 FF	1%,2.5ml
	30%甘油水溶液	3ml
Ⅳ	0.25%溴酚蓝	1%,2.5ml
	40%蔗糖水溶液	4g
Ⅴ	碱性加样缓冲液	
	300mmol/L NaOH	10mol/L,0.3ml
	6mmol/L EDTA	0.5mol/L(pH8),0.12ml
	18%聚蔗糖水溶液	1.8g
	0.15%溴甲酚绿	15mg
	0.25%二甲苯青 FF	1%,2.5ml

注：所有的溶液必须用双蒸水配制，贮存在一次性塑料制品或绝对不含去污剂残液的干净玻璃容器中。

附录六　植物组织培养常用培养基配方

附表 6-1　植物组织培养常用培养基配方（单位：mg/L）

成　分	MS	ER	HE	SH	B_5	N_6	NT	BE
大量元素								
NH_4NO_3	1 650	1 200				463	825	
KNO_3	1 900	1 900		2 500	2 500	2 830	950	5 055.5
$CaCl_2 \cdot 2H_2O$	440	440	75	200	150	166	220	441.1
$MgSO_4 \cdot 7H_2O$	370	370	250	400	250	185	1 233	493
KH_2PO_4	170	340				400	680	272.18
$(NH_4)_2SO_4$					134			
$NaNO_3$			600					
$NaH_2PO_4 \cdot H_2O$			125	345	150			
KCl			750					
微量元素								
KI	0.83		0.01	1.0	0.75	0.8	0.83	0.83
H_3BO_3	6.2	0.63	1.0	5.0	3.0	1.6	6.2	6.183
$MnSO_4 \cdot 4H_2O$	22.3	2.23	0.1	10.0	10.0	4.4	22.3	22.3
$ZnSO_4 \cdot 7H_2O$	10.6		1.0	1.0	2.0	1.5	8.6	8.627
Zn(螯合的)		15						
$Na_2MoO_4 \cdot 2H_2O$	0.25	0.025		0.1	0.25		0.25	0.242
$CuSO_4 \cdot 5H_2O$	0.025	0.002 5	0.03	0.2	0.04		0.025	0.025
$CoCl_2 \cdot 6H_2O$	0.025	0.002 5		0.1	0.025		0.025	0.024
$AlCl_3$			0.03					
$NiCl_2 \cdot 6H_2O$			0.03					
$FeCl_3 \cdot 6H_2O$			1.0					
Na_2-EDTA	37.3	37.3		20	37.3	37.3	37.3	11.167
$FeSO_4 \cdot 7H_2O$	27.8	27.8		15	27.8	27.8	27.8	8.341

续表

成　　分	MS	ER	HE	SH	B_5	N_6	NT	BE
有机物								
蔗糖/(g/L)	30	40	20	30	20	50	10	
葡萄糖/(g/L)								21.62
肌醇	100		100	1 000	100		100	180.16
甘露醇/(mol/L)							0.5～0.7	
烟酸	0.5	0.5		5.0	1.0	0.5		0.492
盐酸吡哆醇	0.5	0.5		0.5	1.0	0.5		0.822
烟酸硫胺素	0.1	0.5	1.0	5.0	10.0	1.0	1.0	1.349
甘氨酸	2.0	2.0				2.0		
D-泛酸			2.5					
半胱氨酸			10					
尿素			200					
氯化胆碱			0.5					
植物生长调节剂								
吲哚乙酸	1～30					0.2		
萘乙酸(NAA)		1.0					3.0	
6-苄基氨基腺嘌呤(6-BA)	0.04～10	0.02	0.25		1.0	1.0	1.0	
2,4-二氯苯氧乙酸(2,4-D)			1.0	0.50	0.1～1.0	2.0		
p-氯苯氧乙酸				0.2				
pH	5.7	5.8	5.8	5.8	5.5	5.8	5.6	5.0

注：MS，Murashige 和 Skoog，1962；ER，Eriksson，1965；HE，Heller，1953；SH，Schenk 和 Hildebrandt，1972；B_5，Gamborg，1970；N_6，朱至清等，1975；NT，Nagata 和 Takebe，1971；BE，Beasley，1977。

附录七　常见市售酸碱浓度

附表 7-1　常见市售酸碱浓度

名　称	分子式	M_r	相对密度	质量分数/%	物质的量浓度/(mol/L)
盐酸	HCl	36.47	1.19	37.2	12.0
			1.18	35.2	11.3
			1.10	20.0	6.0
硝酸	HNO_3	63.02	1.425	71.0	16.0
			1.40	65.6	14.5
			1.37	61.0	13.3
硫酸	H_2SO_4	98.1	1.84	95.3	18.0
高氯酸	$HClO_4$	100.5	1.67	70.0	11.65
			1.54	60.0	9.2
磷酸	H_3PO_4	98.0	1.69	85.0	14.7
醋酸	CH_3COOH	60.5	1.05	99.5	17.4
			1.075	80.0	14.3
氨水	NH_4OH	35.0	0.90	58.6	15.1
氢氧化钠	$NaOH$	40.0	1.53	50.0	19.1
			1.11	10.0	2.75
氢氧化钾	KOH	56.1	1.52	50.0	13.5
			1.09	10.0	1.94

附录八 主要的限制性核酸内切酶作用位点及切割形成 DNA 片段的平均大小

附表 8-1 主要的限制性核酸内切酶作用位点及切割形成 DNA 片段的平均大小

酶	序列	线虫	果蝇	大肠杆菌	人	小鼠	酵母	爪蟾
Apa Ⅰ	GGGCCC	40 000	6 000	15 000	2 000	3 000	20 000	5 000
Asc Ⅰ	GGCGCGCC	400 000	60 000	20 000	80 000	100 000	500 000	200 000
Avr Ⅱ	CCTAGG	20 000	20 000	150 000	8 000	7 000	20 000	15 000
*Bam*H Ⅰ	GGATTC	9 000	4 000	5 000	5 000	4 000	9 000	5 000
Bgl Ⅰ	GCCN5GGC	25 000	4 000	3 000	3 000	4 000	15 000	6 000
Bgl Ⅱ	GCGCGC	4 000	4 000	6 000	3 000	3 000	4 000	3 000
*Bss*H Ⅱ	GCGCGC	30 000	6 000	2 000	10 000	15 000	30 000	20 000
Dra Ⅰ	TTTAAA	1 000	1 000	2 000	2 000	3 000	1 000	2 000
Eag Ⅰ	CGGCCG	20 000	3 000	4 000	10 000	15 000	20 000	15 000
*Eco*R Ⅰ	GAATTC	2 000	4 000	5 000	5 000	5 000	3 000	4 000
Hind Ⅲ	AAGCTT	3 000	4 000	5 000	4 000	3 000	3 000	3 000
Nae Ⅰ	GCCGGC	15 000	3 000	2 000	4 000	6 000	15 000	6 000
Nar Ⅰ	GGCGCC	15 000	3 000	2 000	4 000	6 000	15 000	7 000
Nhe Ⅰ	GCTAGC	30 000	10 000	25 000	10 000	10 000	10 000	10 000
Not Ⅰ	GCGGCCGC	600 000	30 000	200 000	100 000	200 000	450 000	200 000
Pac Ⅰ	TTAATTAA	20 000	25 000	50 000	60 000	100 000	15 000	50 000
Pme Ⅰ	GTTTAAAC	40 000	40 000	40 000	70 000	80 000	50 000	50 000
Rsr Ⅱ	CGGWCCG	50 000	15 000	10 000	60 000	60 000	60 000	70 000
Sac Ⅰ	GAGCTC	4 000	4 000	10 000	3 000	3 000	9 000	4 000
Sac Ⅱ	CCGCGG	20 000	5 000	3 000	6 000	8 000	20 000	15 000
Sal Ⅰ	GTCGAC	8 000	5 000	5 000	20 000	20 000	10 000	15 000
Sfi Ⅰ	GGCCN5GGCC	1 000 000	60 000	150 000	30 000	40 000	350 000	100 000
*Sgr*A Ⅰ	CXCCGGXG	100 000	20 000	8 000	70 000	80 000	90 000	90 000
Sma Ⅰ	CCCGGG	30 000	10 000	6 000	4 000	5 000	50 000	5 000
Spe Ⅰ	ACTAGT	8 000	9 000	60 000	10 000	15 000	6 000	8 000
Sph Ⅰ	GCATGC	15 000	5 000	4 000	6 000	6 000	10 000	6 000
Srf Ⅰ	GCCCGGGC	1 000 000	90 000	50 000	50 000	90 000	600 000	100 000
Sse Ⅰ	CCTGCAGG	200 000	50 000	40 000	15 000	15 000	150 000	30 000
Ssp Ⅰ	AATATT	1 000	1 000	2 000	2 000	3 000	1 000	2 000
Swa Ⅰ	ATTTAAAT	9 000	15 000	40 000	30 000	60 000	15 000	30 000
Xba Ⅰ	TCTAGA	4 000	9 000	70 000	5 000	8 000	4 000	6 000
Xho Ⅰ	CTCGAG	5 000	4 000	15 000	7 000	7 000	15 000	10 000

注：1. 从线虫（CEL）、果蝇（DRO）、大肠杆菌（ECO）、人（HUM）、小鼠（MUS）、酵母（YSC）和爪蟾预测的平均片段大小。

2. 表中列举了普通用于基因组研究的常用或不常用的限制酶，影响限制酶切割特定基因组的因素有：①G＋C 含量百分比；②特殊的二核苷酸、三核苷酸或四核苷酸的频率；③甲基化程度。使用以上信息结合 DNA 序列的大小则可对限制酶潜在的切割能力做预测。

附录九 几种主要的质粒载体酶切位点及选择标记

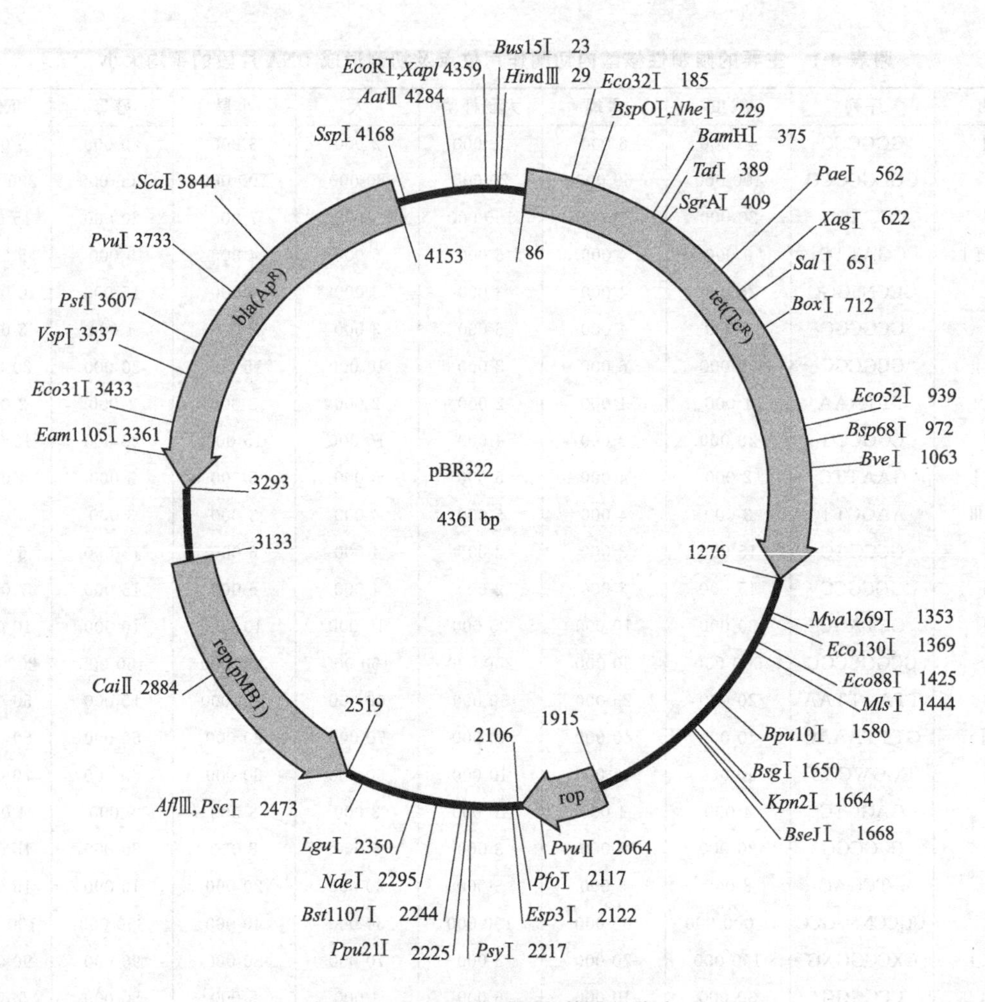

附图 9-1 pBR322 质粒载体酶切位点

（引自 Thermo Scientific-Fermentas Molecular Biology Tools 技术参考）

1. pBR322

pBR322 是最常用的大肠杆菌克隆载体之一。pBR322 的长度为 4361bp，包括：①复制子 *rep* 主管质粒复制（来源——pMB1 质粒）；②*rop* 基因编码 Rop 蛋白 该蛋白可以促进不稳定的 RNAⅠ-RNAⅡ复合物向稳定复合物转化，还可降低拷贝数（来源——pMB1 质粒）；③*bla* 基因 编码 β-内酰胺酶，对氨苄青霉素有抗性（来源——Tn3 转座子）；④*tet* 基因，编码四环素抗性蛋白（来源——pSC101 质粒）。

该环状序列的碱基计数从 *Eco*RⅠ位点 GAATTC 的第一个 T（1）开始，然后依次沿着 *tet* 基因、pMB1 载体元件直到最后的 Tn3 区域。

遗传元件的具体位置：*bla* 基因的 4153—4085 核苷酸（互补链）编码信号肽。图中所示的 *rep* 区域足够促进复制过程。DNA 复制在 2533（+/－1）位点起始，并沿着指示方向延伸。含有 pMB1 和 ColE1 复制子的质粒不兼容，但是它们与含有 p15A 复制子（pACYC177，pACYC184）的质粒完全兼容。使用氯霉素能促进 pMB1 来源质粒的扩增。

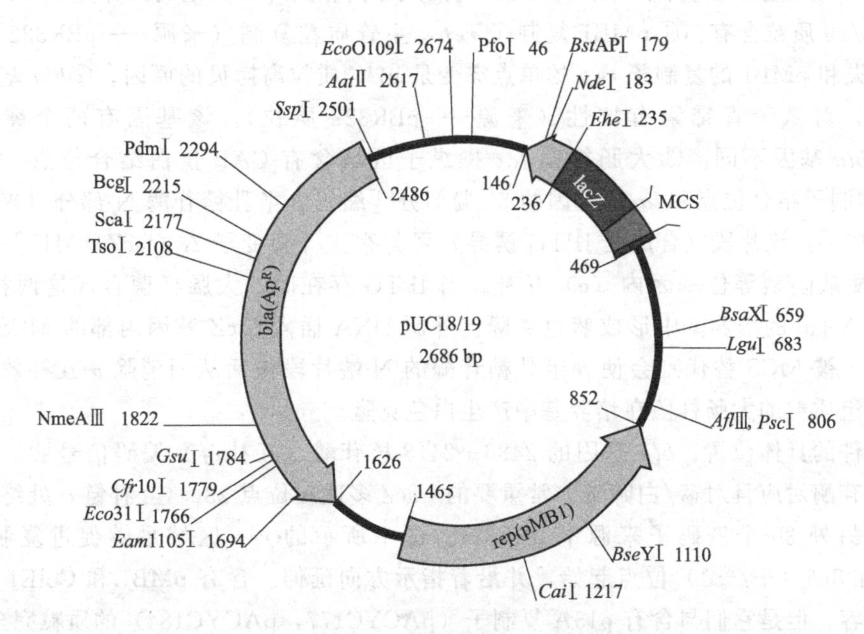

Multiple cloning sites of pUC18

M13/pUC sequencing primer[-20], 17-mer(#S0100)

5′ G TAA AAC GAC GGC CAG TGC CAA GCT TGC ATG CCT GCA GGT CGA CTC TAG A
3′ C ATT TTG CTG CCG GTC ACG GTT CGA ACG TAC GGA CGT CCA GCT GAG ATC T
LacZ ← Val Val Ala Leu Ala Leu Ser Ala His Arg Cys Thr Ser Glu Leu

(399 HindIII; PaeI; SdaI; PstI; BveI; HincII SalI XmiI; XbaI)

GG ATC CCC GGG TAC CGA GCT CGA ATT CGT AAT CAT GGT CAT AGC TGT TTC CTG 3′
CC TAG GGG CCC ATG GCT CGA GCT TAA GCA TTA GTA CCA GTA TCG ACA AAG GAC 5′
Pro Asp Gly Pro Val Ser Ser Ser Asn Thr Ile Met Thr Met

(BamHI; CfrqI Eco88I SmaI; Acc65I KpnI; Ecl136II Eco24I SacI; EcoRI XapI; 455)

M13/pUC reverse sequencing primer[-26],17-mer(#S0101)

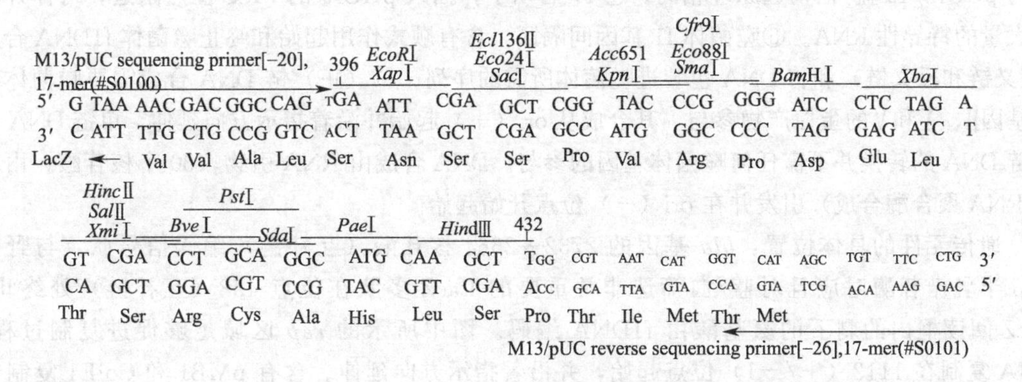

Multiple cloning sites of pUC19

M13/pUC sequencing primer[-20], 17-mer(#S0100)

5′ G TAA AAC GAC GGC CAG TGA ATT CGA GCT CGG TAC CCG GGG ATC CTC TAG A
3′ C ATT TTG CTG CCG GTC ACT TAA GCT CGA GCC ATG GGC CCC TAG GAG ATC T
LacZ ← Val Val Ala Leu Ser Asn Ser Ser Pro Val Arg Pro Asp Glu Leu

(396 EcoRI XapI; Ecl136II Eco24I SacI; Acc65I KpnI; Cfr9I Eco88I SmaI; BamHI; XbaI)

GT CGA CCT GCA GGC ATG CAA GCT TGG CGT AAT CAT GGT CAT AGC TGT TTC CTG 3′
CA GCT GGA CGT CCG TAC GTT CGA ACC GCA TTA GTA CCA GTA TCG ACA AAG GAC 5′
Thr Ser Arg Cys Ala His Leu Ser Pro Thr Ile Met Thr Met

(HincII SalI XmiI; PstI; BveI; SdaI; PaeI; HindIII; 432)

M13/pUC reverse sequencing primer[-26],17-mer(#S0101)

附图 9-2　pUC18/19 质粒载体酶切位点

（引自 Thermo Scientific-Fermentas Molecular Biology Tools 技术参考）

2．pUC18/19

pUC18 和 pUC19 载体是小分子量、高拷贝的大肠杆菌质粒。两个载体的长度均为 2686bp。两个载体除了多克隆位点（MCS）的插入方向相反外，其他的部分完全相同。

pUC18/19 质粒含有：①pMB1 复制子 *rep*，主管质粒复制（来源——pBR322 质粒）。*rop* 基因缺失和 pMB1 的复制子 *rep* 的单点突变是 pUC 质粒高拷贝的原因。②*bla* 基因编码 β-内酰胺酶，对氨苄青霉素有抗性（来源——pBR322 质粒）。该基因有两个突变，与 pBR322 的 *bla* 基因不同。③大肠杆菌 *lac* 操纵子区域含有 CAP 蛋白结合位点、启动子 Plac、*lac* 抑制子结合位点和 *lacZ* 基因的 5′-端部分［编码 β-半乳糖苷酶 N-部分（来源——M13mp18/19)］。该片段（合成受 IPTG 诱导）可与宿主［突变子 Δ（lacZ） M15］编码的 β-半乳糖苷酶缺陷型等位基因内（α）互补。当 IPTG 存在时，大肠杆菌合成这两种片段，从而在含有 X-gal 的培养基中形成蓝色克隆。外源 DNA 插入 *lacZ* 基因内部的 MCS（*lacZ* 的密码子 6-7 被 MCS 替代）会使 β-半乳糖苷酶的 N-端片段失活从而消除 α-互补效应。因此，含有重组质粒的大肠杆菌在培养基中产生白色克隆。

遗传元件的具体位置：*bla* 基因的 2486—2418 核苷酸（互补链）编码信号肽。与野生型 β-半乳糖苷酶对应且对蓝/白筛选非常重要的 LacZ 多肽在位点 236（互补链）处终止；该阅读框内的另外 30 个密码子来源于 pBR322。图中所示的 *rep* 区域足够促进复制过程。DNA 复制在 866（+/－1）位点起始，并沿着指示方向延伸。含有 pMB1 和 ColE1 复制子的质粒不兼容，但是它们与含有 p15A 复制子（pACYC177，pACYC184）的质粒完全兼容。氯霉素能促进 pMB1 来源质粒的扩增。

3．pTZ19R/U

pTZ19R/U 是小分子量（2862bp）噬菌粒。该载体通过在 pUC19 载体中加载噬菌体 f1 基因间隔区（IG）元件，并在 pUC19 质粒 MCS 位点附近插入 T7 启动子序列构建。pTZ19R 和 pTZ19U 的区别在于克隆的 f1IG 区域的方向不同。该类载体设计用于 DNA 克隆、双脱氧 DNA 测序、体外突变等。带有这些噬菌粒的宿主被辅助噬菌体 M13K07 超感染时会产生单链 DNA。pTZ19R/U 噬菌粒含有：①MB1 复制子 *rep*，主管质粒复制（来源——pUC19 质粒）。②*bla* 基因，编码 β-内酰胺酶，对氨苄青霉素有抗性（来源——pUC19 质粒）。③大肠杆菌 *lac* 操纵子区域，含有 CAP 蛋白结合位点、启动子 Plac、*lac* 抑制子结合位点和 *lacZ* 基因 5′-端部分［编码 β-半乳糖苷酶 N-部分（来源——pUC19)］。该片段可蓝/白筛选获得重组的噬菌粒，筛选原理与 pUC18/19 蓝/白筛选原理相同。④T7 启动子，插入 pUC19 的 MCS 位点附近，可体外合成大量的特异性 RNA。⑤噬菌体 f1 基因间隔区，含有顺式作用起始和终止噬菌体 f1DNA 合成（正义链和反义链）和将 DNA 包装进噬菌体所需的序列。单（正）链 DNA 合成需要噬菌体编码基因Ⅱ、Ⅹ和Ⅴ的蛋白产物参与。其合成从 ori（+）起始并沿着指示方向延伸。单链 DNA 向双链 DNA 的转换并不需任何噬菌体基因的参与。DNA 合成由 RNA 引物（30 个核苷酸，由宿主 RNA 聚合酶合成）引发并在 ori（－）位点开始起始。

遗传元件的具体位置：*bla* 基因的 2732—2664 核苷酸（互补链）编码信号肽。与野生型 β-半乳糖苷酶对应且对蓝/白筛选非常重要的 LacZ 多肽在位点 458（互补链）处终止。LacZ 阅读框内的剩下的氨基酸由 f1DNA 编码。图中所示的 *rep* 区域足够促进复制过程。DNA 复制在 1112（+/－1）位点起始，并沿着指示方向延伸。含有 pMB1 和 ColE1 复制子的质粒不兼容，但是它们与含有 p15A 复制子（pACYC177，pACYC184）的质粒完全兼容。氯霉素能促进 pMB1 来源质粒的扩增。

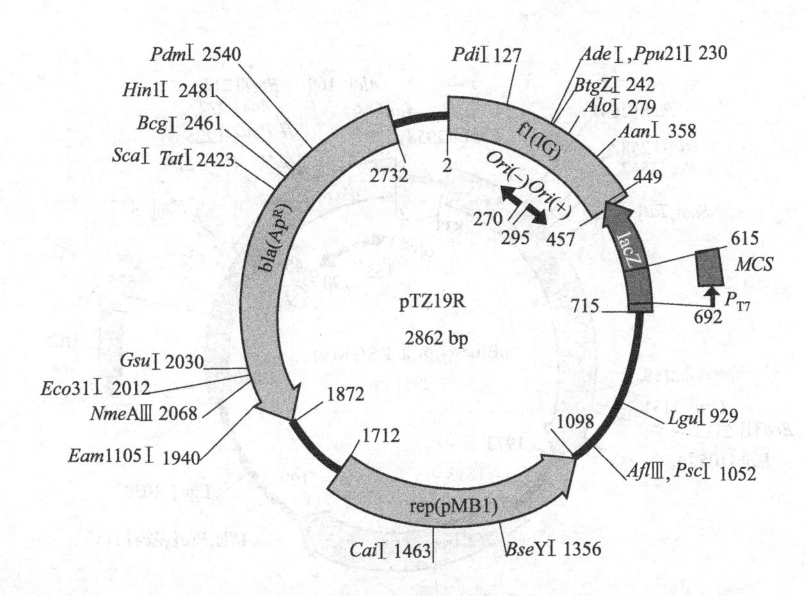

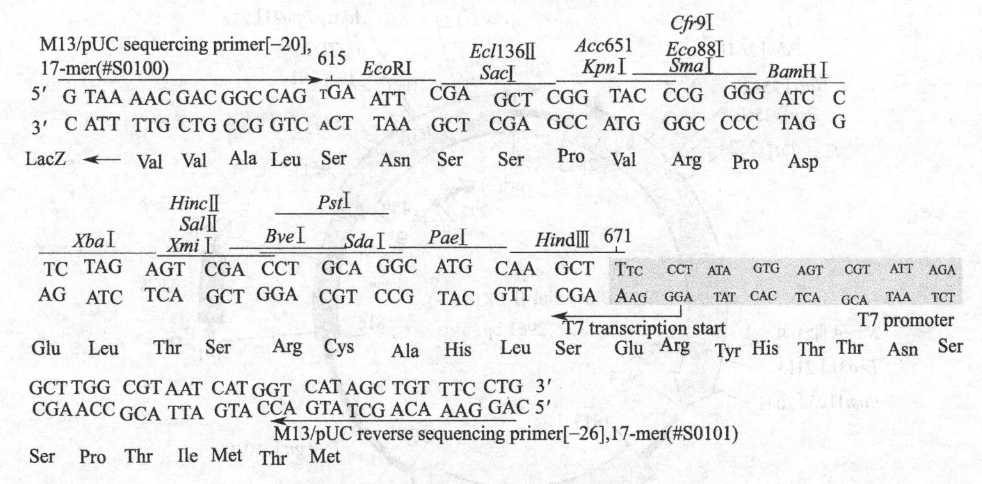

附图 9-3 pTZ19R/U 质粒载体酶切位点

（引自 Thermo Scientific-Fermentas Molecular Biology Tools 技术参考）

4. pBluescriptⅡKS（+/−），pBluescriptⅡSK（+/−）

所有 pBluescriptⅡ噬菌粒的长度均为 2961bp。这些噬菌粒的结构与 pTZ19R/U（见 pTZ19R/U 说明）的结构非常相似。它们的主要区别在于 MCS 和 MCS 两侧启动子不同。pBluescriptⅡ噬菌粒设计用于克隆、双脱氧 DNA 测序、体外突变和体外转录研究。pBluescriptⅡSK 和 KS 载体系列代表的是 MCS（位于 *lacZ* 基因编码 β-半乳糖苷酶 N-端序列内部）的两种不同的方向［KS 表示 *lacZ* 的转录在多克隆（MCS）内部是从 *Kpn*Ⅰ往 *Sac*Ⅰ方向；而 SK 则是从 *Sac*Ⅰ往 *Kpn*Ⅰ方向］。pBluescriptⅡ噬菌粒上的（+）和（−）符号表明克隆的噬菌体 f1 基因间隔区（IG）元件的方向。该噬菌体 f1 基因间隔区（IG）元件含有顺式作用起始和终止噬菌体 f1 DNA 合成和将 DNA 包装进噬菌体所需的序列。单链 DNA 合成需噬菌体编码基因Ⅱ、Ⅹ和Ⅴ的蛋白产物的参与。其合成从 ori（+）起始并沿着指示的方向延伸。单链 DNA 向双链 DNA 转换不需要任何噬菌体基因的参与。DNA 合成由 RNA

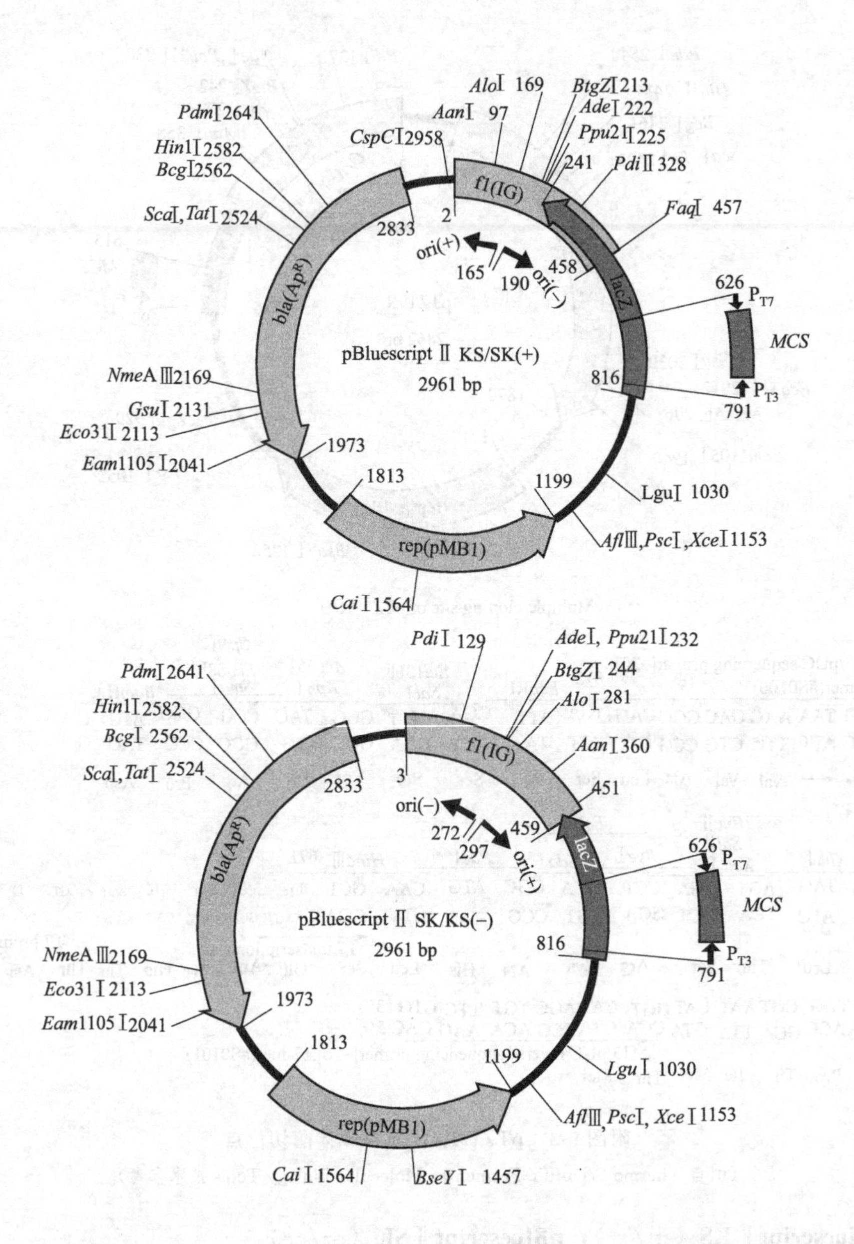

附图 9-4 pBluescriptⅡKS（+/−），pBluescriptⅡSK（+/−）质粒载体酶切位点

（引自 Thermo Scientific-Fermentas Molecular Biology Tools 技术参考）

引物（30 个核苷酸，由宿主 RNA 聚合酶合成）引发并在 ori（−）位点起始。

pBluescript Ⅱ 噬菌粒含有：① f1（IG）——噬菌体 f1 基因间隔区。② *rep*（pMB1）——pMB1 复制子，主管噬菌粒复制。图示的 *rep* 区域足够促进复制过程。DNA 复制在 1213（+/−1）位点起始，并沿着指示的方向延伸。③*bla*（ApR）——基因，编码 β-内酰胺酶，对氨苄青霉素有抗性。核苷酸 2833—2765（互补链）编码信号肽。④*lacZ*——该基因的 5′-端编码 β-半乳糖苷酶的 N-端片段。该片段可以蓝/白筛选重组的噬菌粒。与野生型 β-半乳糖苷酶对应且对蓝/白筛选非常重要的 LacZ 多肽在位点 460（互补链）处终止。同阅读框内剩下的密码子来源于 f1 DNA。

附录十　常见元素的相对原子质量表

附表 10-1　常见元素的相对原子质量表

元素	符号	相对原子质量(A_r)	原子序数	元素	符号	相对原子质量(A_r)	原子序数
氢	H	1.008	1	银	Ag	107.9	47
氦	He	4.003	2	镉	Cd	112.4	48
锂	Li	6.941	3	铟	In	114.8	49
铍	Be	9.012	4	锡	Sn	118.7	50
硼	B	10.81	5	锑	Sb	121.8	51
碳	C	12.01	6	碲	Te	127.6	52
氮	N	14.01	7	碘	I	126.9	53
氧	O	16.00	8	氙	Xe	131.3	54
氟	F	19.00	9	铯	Cs	132.9	55
氖	Ne	20.18	10	钡	Ba	137.3	56
钠	Na	22.99	11	镧	La	138.9	57
镁	Mg	24.31	12	铈	Ce	140.1	58
铝	Al	26.98	13	镨	Pr	140.9	59
硅	Si	28.09	14	钕	Nd	144.2	60
磷	P	30.97	15	钷	Pm	(147)①	61
硫	S	32.07	16	钐	Sm	150.4	62
氯	Cl	35.45	17	铕	Eu	152.0	63
氩	Ar	39.95	18	钆	Gd	157.3	64
钾	K	39.10	19	铽	Tb	158.9	65
钙	Ca	40.08	20	镝	Dy	162.5	66
钪	Sc	44.96	21	钬	Ho	164.9	67
钛	Ti	47.87	22	铒	Er	167.3	68
钒	V	50.94	23	铥	Tm	168.9	69
铬	Cr	52.00	24	镱	Yb	173.0	70
锰	Mn	54.94	25	镥	Lu	175.0	71
铁	Fe	55.85	26	铪	Hf	178.5	72
钴	Co	58.93	27	金	Au	197.0	79
镍	Ni	58.69	28	汞	Hg	200.6	80
铜	Cu	63.55	29	铊	Tl	204.4	81
锌	Zn	65.39	30	铅	Pb	207.2	82
镓	Ga	69.72	31	铋	Bi	209.0	83
锗	Ge	72.61	32	钋	Po	(210)	84
砷	As	74.92	33	砹	At	(210)	85
硒	Se	78.96	34	氡	Rn	(222)	86
溴	Br	79.90	35	钫	Fr	(223)	87
氪	Kr	83.80	36	镭	Ra	(226)	88
铷	Rb	85.47	37	锕	Ac	(227.0)	89
锶	Sr	87.62	38	钍	Th	232.0	90
钇	Y	88.91	39	镤	Pa	231.0	91
锆	Zr	91.22	40	铀	U	238.0	92
铌	Nb	92.91	41	镎	Np	(237)	93
钼	Mo	95.94	42	钚	Pu	(244)	94
锝	Tc	(98).	43	镅	Am	(243)	95
钌	Ru	101.1	44	锔	Cm	(247)	96
铑	Rh	102.9	45	锫	Bk	(247)	97
钯	Pd	106.4	46	锎	Cf	(251)	98

续表

元素	符号	相对原子质量(A_r)	原子序数	元素	符号	相对原子质量(A_r)	原子序数
钽	Ta	180.9	73	锿	Es	(252)	99
钨	W	183.8	74	镄	Fm	(257)	100
铼	Re	186.2	75	钔	Md	(258)	101
锇	Os	190.2	76	锘	No	(259)	102
铱	Ir	192.2	77	铹	Lr	(260)	103
铂	Pt	195.1	78				

① 相对原子质量加括号的数据为该放射性元素半衰期最长同位素的质量数。

附录十一　化学试剂规格

在我国，采用优级纯、分析纯、化学纯三个级别表示化学试剂。

优级纯（GR，绿标）（一级品）：主成分含量很高、纯度很高，适用于重要精密的分析工作和科学研究工作，有的可作基准物质；

分析纯（AR，红标）（二级品）：主成分含量很高、纯度较高，略次于优级纯，干扰杂质很低，适用于工业分析及一般研究工作；

化学纯（CP，蓝标）（三级品）：主成分含量高、纯度较高，存在干扰杂质，适用于工矿、学校的一般分析工作和合成制备。

国外试剂纯度级别说明如下述。

Ultra Pure：超纯，与 GR 级相近；

High Purity：高纯，与 AR 级相近；

Reagent：试剂级，与 CP 级相近；

ACS：美国化学学会标准，与 AR 级相近。

附表 11-1　实际规格中文、英文、缩写对照表

中　文	英　文	缩写或简称
优级纯试剂	Guaranteed reagent	GR
分析纯试剂	Analytial reagent	AR
化学纯试剂	Chemical pure	CP
实验试剂	Laboratory reagent	LR
纯	Pure	Purum Pur
高纯物质(特纯)	Extra pure	EP
特纯	Purissimum	Puriss
超纯	Ultra pure	UP
精制	Purified	Purif
分光纯	Ultra violet Pure	UV
光谱纯	Spectrum pure	SP
闪烁纯	Scintillation Pure	
研究级	Research grade	
生化试剂	Biochemical	BC
生物试剂	Biological reagent	BR
生物染色剂	Biological stain	BS
生物学用	For biological purpose	FBP

续表

中　文	英　文	缩写或简称
组织培养用	For tissue medium purpose	
微生物用	For microbiological	FMB
显微镜用	For microscopic purpose	FMP
电子显微镜用	For electron microscopy	
涂镜用	For lens blooming	FLB
工业用	Technical grade	Tech
实习用	Pratical use	Pract
分析用	Pro analysis	PA
精密分析用	Super special grade	SSG
合成用	For synthesis	FS
闪烁用	For scintillation	Scint
电泳用	For electrophoresis use	
测折射率用	For refractive index	RI
显色剂	Developer	
指示剂	Indicator	Ind
配位指示剂	Complexon indicator	Complex ind
荧光指示剂	Fluorescene indicator	Fluor ind
氧化还原指示剂	Redox indicator	Redox ind
吸附指示剂	Adsorption indicator	Adsorb ind
基准试剂	Primary reagent	PT
光谱标准物质	Spectrographic standard substance	SSS
原子吸收光谱	Atomic adsorption spectorm	AAS
红外吸收光谱	Infrared adsorption spectrum	IR
核磁共振光谱	Nuclear magnetic resonance spectrum	NMR
有机分析试剂	Organic analytical reagent	OAS
微量分析试剂	Micro analytical reagent	MAR
微量分析标准	Micro analytical standard	MAS
点滴试剂	Spot-test reagent	STR
气相色谱	Gas chromatography	GC
液相色谱	Liquid chromatography	LC
高效液相色谱	High performance liquid chromatography	HPLC
气液色谱	Gas liquid chromatography	GLC
气固色谱	Gas solid chromatography	GSC
薄层色谱	Thin layer chromatography	TLC
凝胶渗透色谱	Gel permeation chromatography	GPC
色谱用	For chromatography purpose	FCP

参考文献

[1] 张志良，瞿伟菁，李小方．植物生理学实验指导．第4版．北京：高等教育出版社，2009.

[2] 陈钧辉，李俊，张太平等．生物化学实验．第4版．北京：科学出版社，2008.

[3] 萨姆布鲁克J，拉塞尔D W等著．分子克隆实验指南．第3版．黄培堂等译．北京：科学出版社，2002.

[4] 简·罗斯凯姆斯，琳达·罗杰斯等编．分子生物学实验参考手册．赵宗江，张玉祥，张春月等译．北京：化学工业出版社，2005.

[5] 萨姆布鲁克J，沸里奇E F，曼尼阿蒂斯等著．分子克隆实验指南．第2版．金冬雁，黎孟枫等译．北京：科学出版社，1996.

（本附录由顾华杰编写）